计算机教学研究与实践

——2017学术年会论文集

浙江省高校计算机教学研究会　编

ZHEJIANG UNIVERSITY PRESS
浙江大学出版社

图书在版编目(CIP)数据

计算机教学研究与实践：2017学术年会论文集/
浙江省高校计算机教学研究会编.—杭州：浙江大学出
版社，2017.9

ISBN 978-7-308-17476-3

Ⅰ.①计… Ⅱ.①浙… Ⅲ.①电子计算机—教学研究—
高等学校—学术会议—文集 Ⅳ.①TP3-42

中国版本图书馆 CIP 数据核字（2017）第 246942 号

计算机教学研究与实践
——2017 学术年会论文集
浙江省高校计算机教学研究会　编

责任编辑　陈静毅
责任校对　沈巧华　刘　郡
封面设计　杭州林智广告有限公司
出版发行　浙江大学出版社
　　　　　（杭州市天目山路 148 号　邮政编码 310007）
　　　　　（网址：http://www.zjupress.com）
排　　版　杭州林智广告有限公司
印　　刷　虎彩印艺股份有限公司
开　　本　787mm×1092mm　1/16
印　　张　12.25
字　　数　260 千
版 印 次　2017 年 9 月第 1 版　2017 年 9 月第 1 次印刷
书　　号　ISBN 978-7-308-17476-3
定　　价　49.00 元

目　录

专业建设与课程体系建设

课程建设

教学方法与教学环境建设

实验教学与网络环境建设

专业建设
与课程体系建设

大数据思维培养课程"大数据管理与数据挖掘"

范玉雷　高　楠　朱世豪　杨良怀　龚卫华

浙江工业大学计算机科学与技术学院,浙江杭州,320023

摘　要: 随着互联网＋、云计算、物联网、人工智能等现代先进技术的发展,社会对大学生的要求越来越高,培养学生的大数据思维,使其适应社会发展,成为大学生培养的重要考虑因素。作为计算机和软件工程专业学生唯一接触大数据相关技术的选修课程,"大数据管理与数据挖掘"教学意在探索将多教师协作教学、逆向迁移、案例教学、翻转课堂、实验教学改革等融入教学授课和实验实践中,以实现对学生大数据思维的培养,从而改善教学效果。

关键词: 思维培养;多教师协作教学;逆向迁移;翻转课堂;实验教学改革

1　引　言

随着互联网＋、云计算、物联网、人工智能等现代先进技术的发展,各行各业的变革方兴未艾,而成功的变革都是从思维方式的转变开始。在大数据时代,培养学生的大数据意识,拓宽大学生的就业方向,提升大学生的就业竞争力,主要取决于学生对大数据及其潜在价值的认识和态度,即形成与之相适应的思维方式是真正驾驭大数据和实现其巨大价值的关键[1]。

2　教学现状分析

大数据已成为社会创新的潮流,而相关课程在目前培养方案中却未得到应有的重视,跟不上现今技术的发展趋势。现今高校选修课普遍存在如下一些现象:学生普遍存在盲目选修、学习态度不端正等现象,授课内容更新速度慢,授课方式单一,实验教学多以实践实验为主而忽视思维培养。

2.1　学生盲目选修

由于学生对开设选修课授课内容了解较少,且选课功利性较强,所以学生在选择选修课时,或凭上课时间,与其他上课时间不存在冲突[2];或凭学分,使学分总数达到毕业条件[3,4];或凭从众心理,选择大多数同学选择的,这样可依赖或可帮忙代上课[2];或凭课程本身,学起来轻松,考试容易过[2]。以上这些原因都不利于复合型人才的培养和学生今后的发展。当然也有一些同学是出于兴趣或是认为对自己专业学习有帮助而选的,但是这部分学生仅占少数[2]。大部分同学对于选修课没有明确的学习目的和学习计划,这样的态度将会影响学习效果。

2.2　学习态度不端正

学生的功利心促使其选了课,由于课程内容对于部分学生可能较新或较深,学生慢慢失去对课程的兴趣和注意力。结果在课堂上,一些同学或玩手机,或看闲书,或睡觉[2]。各高等院校对选修课过于宽松的要求也是造成学生学习态度不端正的原因[2]。各高等院校重科研、轻教学的改革方向造成主讲教师不重视选修课,进而影响学生上课学习的态度。

2.3　授课内容更新速度慢

像大部分选修课一样,"大数据管理与数据挖掘"选修课同样具有内容庞杂并且与前沿知识脱离等问题。该选修课内容主要包括数据预处理、数据仓库、关联规则算法、分类算法、聚类算法等经典内容,对于最新的大数据存储管理、NoSQL、大数据处理框架、流数据处理、实时处理、深度学习等内容涉及甚少。授课内容略显陈旧,没有与时俱进。

2.4　授课方式单一

"大数据管理与数据挖掘"选修课主要包含课堂教学和实验教学两个部分,课堂教学为主,实验教学为辅。课堂教学由一位主讲教师站在讲台授课[4,5],枯燥乏味且严重缺少案例的"老学究教学方式"会使得课堂沉闷,严重影响学生听课的兴趣和注意力。对于体系如此庞杂的一门选修课,主讲教师完全上完一门课,也难免会陷入某个领域的问题,达不到普及、传道授业的目的,会渐渐使学生失去选择这门课之初的那种新鲜感,也会在一定程度上影响学生学习的积极性和态度。

2.5　以实践实验为主的实验教学

除了课堂教学,"大数据管理与数据挖掘"选修课的另一个重要环节是实验教学。实验教学主要是安排学生实现关联规则算法、分类算法和聚类算法三大类经典算法,但并未约束学生实现算法所用的编程语言和工具。实验教学重在已有算法实现,即侧重于模仿,没有创新启发。实验教学以培养学生编程能力为主。实际上,该选修课安排在大三下学期,前期课程已经在编程能力上为本门课做了强有力的铺垫,而本门课以培养编程能力为目的的实验教学严重忽视了对学生数据思维的培养,失去了设立该门选修课的重要意义。

3 课程教学探索

为了满足社会需求,提高学生思维水平,与时俱进,以下就"大数据管理与数据挖掘"课程教学的几点探索进行阐述。

3.1 课程选修导引

课程选修导引主要由两个步骤组成:课前选课导引和课堂第一节课导引。课前选课导引可以通过课程网站、主讲教师网站、在线咨询等方式让学生在选课前尽可能地了解课程,这可能需要校院两级的配合,可以参考文献[2]和[5]。课堂第一节课导引对于学生选课也是关键的一个环节,需要给学生讲清楚本门选修课的前修课、课堂教学内容和教学方式安排、实验教学内容和方式安排、课程考核方式以及对未来职业的影响,这些都对学生前两周确定选修课程很重要,有必要在开课第一节课为学生说明。

3.2 课程内容更新

随着大数据技术的发展,课程内容需与时俱进,对课程内容调整如下:

(1)大数据处理模块和流程:数据采集、数据预处理、数据管理、数据分析处理框架、数据挖掘、数据可视化。

(2)大数据管理:SQL 数据库、NoSQL 数据库、NewSQL 数据库、数据仓库、分布式文件系统和分布式数据库系统。

(3)大数据分析处理框架:MapReduce、Hadoop、Spark 和 Storm 等处理框架,建议加入数据分析类的内容。

数据采集和数据可视化两个部分在其他课程有涉及,故可减少此授课内容所需课时。在讲授课程内容过程中务必强调大数据处理整体和部分模块的关系,尤其是强调大数据处理的整体结构,以达到强化学生大数据思维意识的目的,这也是本门课的核心所在。

3.3 多教师协作教学

大学选修课覆盖内容广,而大学老师科学研究多数针对某一个或某几个具体方向,无法完全覆盖大学选修课内容,故可以采用多位教师协调联合授课的方式,因此为每门或者每类课程构建专业的教学团队,从而避免单人授课现象[5-7]。文献[5]提出多位教师协调联合授课也有两种方式:①教学团队共同讲授一门课程,按谁最精通谁讲授的原则分配讲授学时;②将专业课程分解为若干专题讲座或学术报告,每个专题讲座均由一位教师独立完成。多教师协调联合授课可更大范围地拓展学生的知识视野,有助于学生获取最新科技信息,提高学生的专业和研究技能培养,令学生逐渐学会积累新知识的方法,最终达到增强学生综合素质的目的。文献[6]和[7]主要是把该种方法用在了大学英语和软件工程实验教学中,并取得了较好的效果。"大数据管理与数据挖掘"选修课程根据扩充后的课程内容可以分成数据建模管理和数据挖掘两个部分,故由教学团队两位专任教师分别教授这两个部分,允许教师根据工程应用和科研成果安排课程内容。专题讲座方式会因专题内容过于前沿和深入,使得学生觉得乏味枯燥而无法产生兴趣和保持长久的关注力,故不推荐采用这种方式。

3.4 逆向迁移

所谓迁移,指两种学习之间的影响。顺向迁移指先前学习对后继学习的影响;逆向迁移指后继学习对先前学习的影响[9]。选修课是典型的后继学习,对专业必修课学习的深入起到了重要作用。"大数据管理与数据挖掘"选修课教学大纲设定的先修课为离散数学、数据结构、算法分析与设计、概率论、数据库系统原理、计算机程序设计等。为了能够让学生更快速地熟悉和掌握课程内容,教师在讲解授课内容的过程中,在需要先行学习的部分,适当给学生引导,帮助学生回忆和巩固先行学习。"大数据管理与数据挖掘"选修课程内容与专业基础课和必修课息息相关,例如数据仓库与关系数据库、决策树和信息论、贝叶斯和概率论、关联规则算法和数据结构等。比如,对照关系数据库的概念模型、逻辑模型和物理模型来介绍数据仓库,不但能够帮助学生回忆和巩固关系数据库,还能让学生了解和掌握数据仓库的一系列概念,此方式更容易被学生所接受;贝叶斯分类算法的核心即概率论中的概率公式,故在介绍本类算法之前帮学生回顾一下概率论知识,不但能够帮助学生回忆和巩固概率论相关知识,还为讲授贝叶斯分类算法做好铺垫;关联规则算法FP-growth与FP-tree数据结构密切相关,不但能够帮助学生回忆和巩固数据结构树的相关知识,强化学生对数据结构的重视,还有助于学生掌握关联规则算法FP-growth。

3.5 案例教学

案例教学自20世纪80年代引入我国后,已经被越来越多的人接受和运用,它的教学效果也是有目共睹的[2,7,8]。"大数据管理与数据挖掘"选修课程案例教学包括三个部分。

(1)实例教学。教师通过讲解实例让学生了解和掌握相关概念和知识点,比如数据仓库的概念模型、逻辑模型和物理模型,可通过真实的酒店入住数据仓库的数据建模来讲解,学生更容易了解和掌握算法。

（2）案例教学。教师把任务案例布置给学生,让学生搜集资料,分析案例,深入思考、讨论并形成报告,课堂上讲述分享,同学间研讨学习,形成很好的生生之间的互动学习,有助于知识共享和取长补短。本部分内容会在第3.6节详细叙述。

（3）案例实验。教师给学生讲授实例,并把实验任务案例要求布置给学生,让学生独立完成实验案例,帮助学生巩固大数据管理和数据挖掘的相关知识,最重要的是培养学生的大数据思维意识。这也是本门课的关键所在,本部分内容会在第3.7节详细叙述。

3.6 翻转课堂

翻转课堂已被广泛用于高校课堂,并取得了较好的教学效果[10-11]。"大数据管理与数据挖掘"选修课程也采用了翻转课堂教学方式:一是促进学生团队分工协作;二是培养学生搜集和整理材料的能力;三是培养学生语言表达能力和随机应答能力。"大数据管理与数据挖掘"翻转课堂教学主要按照任务案例题目确定、学生分组、指导学生搜集整理资料、学生讲授、师生间互动讨论和师生间打分过程来实施。

首先依据课程内容,并经过全部授课主讲教师商讨,选取部分内容确定为任务案例布置给学生。单个学生可能无法完成一个任务案例,故需要对学生分组。学生分组已被广大中小学[12]以及大学[2,8]广泛采用,学生可以按照男女搭配、能力分配、大班化小等原则进行分组。"大数据管理与数据挖掘"采用自由结组的方式进行学生分组,为避免学生互相推诿和工作分配不均等,在自由分组后可自我推荐组长,或者由主讲教师安排组长人选。然后由组长细化分工,明确分工并分配给组内成员。为达到较好的教学效果,分组由主讲教师督促并指导学生团队搜集整理资料并制作PPT。很重要的一个环节就是学生上台演讲,学生讲课已经被论证具有很积极的作用和良好的教学效果[10-11]。学生讲课之后,在学生组之间进行激烈讨论,能够提高学生学习兴趣,巩固学生知识的累积。最后确定一种合理的方式对学生进行综合评价(将在第3.8节进行详细叙述)。

3.7 实验教学改革

"大数据管理与数据挖掘"选修课程实验以培养学生大数据思维和意识为培养目标,主要通过指定案例模型、自行搜索案例数据、自选数据挖掘工具或编程语言和实验指导的方式达到这个目标。

（1）"指定案例模式"指学生务必在关联规则算法、分类算法和聚类算法三类算法中每一类任挑一个进行案例推演。通过三次案例分析,巩固学生大数据管理和数据挖掘相关知识,同时巩固学生的大数据思维和意识。

（2）"自行搜索案例数据"指学生自己搜索下载案例分析所需数据，主讲教师推荐一些数据源。目的是提高学生的搜索能力并使学生对实际问题有更深入的了解。通过对实际应用场景的了解，学生可以了解数据的采集和数据预处理。

（3）"自选数据挖掘工具或编程语言"指学生进行案例推演分析究竟使用什么工具或使用什么编程语言，不过多约束，并通过课上引导，给学生多一点选择，让学生思维发散和拓展学习更多的工具和语言，比如 JavaScript、Python 和 R 语言，以及 SPSS 和 Weka 软件等，同时也不约束学生自己实现程序，这即不以培养动手编程能力为目的的实验教学设计。

（4）"实验指导"指的是主讲教师对于学生实验实践的指导和监督，解答学生在案例推演分析过程各环节中面临的问题，纠正和强化学生大数据思维和意识的培养。

通过以上方式调整实验难度，侧重点在于搜集数据和大数据思维培养，而弱化动手编程能力的培养。

3.8　过程性考核方式

"大数据管理与数据挖掘"选修课程不采用结果考核方式[2]而采用过程性考核方式，充分考虑教学各个环节学生的表现过程性，考核方式主要由以下几个部分组成：

（1）学生分组讨论：主要从学生分组积极性、学生分工合理性、学生搜集资料充分性和资料整理逻辑合理性等方面考核学生，所有主讲教师针对每一个分组进行打分，并综合所有主讲教师分数确定最终分。

（2）学生论文报告：主要从学生讲述、回答问题、学生互动讨论等方面考查学生，所有主讲教师针对每一个分组进行打分，并最终综合所有主讲教师分数确定最终分。

（3）学生互评：为了促进学生间互动，要求学生也要参与到提问和互动讨论环节中，为约束学生打分公正性，要求学生做好记录作为打分依据，根据各组评分确定学生互评最终分。

（4）学生实验：针对大数据处理各个环节，主讲教师提问并考查学生对于大数据处理各环节的思考深度，从而确定实验评分，包括实验数据合理性、算法选择有效性、算法效率和算法执行等方面。

（5）最终实验报告：本课程作为选修课采用考查而不考试的方式，最终实验报告从内容完整性、关键技术介绍、案例背景、实验环境、算法运行、算法对比、课程心得体会和小结等方面进行评分。

实际上，以上各评分模块可以继续细化为更多指标。我们采用过程性考核方式，最终细化打分项 20 多项，形成了更加合理的课程考核方法。

4　教学效果

可以通过学期末发放调查问卷并统计以检验该学期课程教学效果。本次调查发放调查问卷 45 份，回收 45 份。

调查问卷第一部分为前三题，以选修课调查为主，统计数据表明学生选课看重兴趣的人数占调查学生数的 46.7％，另有 28.9％的学生看重授课内容。选课原因在于提高专业思维的人数占调查学生数的 46.7％，另有 35.6％的学生凭个人兴趣选课。另外还调查了一下逃课原因，认为课程枯燥的人数占调查学生数的 55.6％，另有 24.4％的学生认为选修课没有实用价值。可见很多学生还是依据个人兴趣、授课内容和提高专业思维来选课，这也就说明了课堂第一节课对导引选修课的选择起到了一定的作用。但是很多同学逃课是因为课程枯燥和认为课程没有实用价值，可见课程内容安排有点欠缺以及教学方式单一的影响比较严重，急需调整课程内容和教学方式。

调查问卷第二部分对课程内容进行了调查，包括六道题。统计数据表明，93.3％的学生认为课程内容较好和非常好。通过本课程学习，100％的学生认为有帮助，其中 91.1％学生认为有较大帮助。24.4％的学生认为实验教学环节对自己的学习有很大帮助，62.3％的学生认为实验教学环节对自己的学习有一些帮助，还有 13.3％的学生认为实验教学环节对自己的学习没有帮助。统计结果说明，在课程内容安排上有待于完善，让学生学到更多的东西，拓宽学生的知识面和学习兴趣。但是，在实验环节安排上学生满意度并不是很高，也就是在实验安排上有待改善。

调查问卷第三部分以教学组织和效果调查为主。统计结果表明，35.6％的学生认为教师经常培养学生的数据思维，64.4％的学生认为教师偶尔培养学生的数据思维。学生对教师教学方法满意度排序由高到低如下：提出问题和解决问题、研究生前沿介绍、案例教学、多教师联合授课、以专业思维为目的的实验教学、学生分组讨论。调查分析数据说明主讲教师在课上对学生的数据思维培养还不够，仍需要加强。在教学方法上，多教师联合授课和以大数据思维培养为目的的实验教学的效果已经很明显，但是仍有待于进一步提高，需要反思学生分组讨论部分，然后进行调整和合理规划。

5　结　语

"大数据管理与数据挖掘"课程的教学改革是一个任重而道远的过程，需要不断与时俱进，充实教学内容，根据调查结果调整和完善教学方法和实验环节；需要不断调整师生互动教学,促进师生互动学习,实现"教学相长";更需要广大教师扭转传统观念,提高自身业务水平,为培养具有大数据思维的人才而努力。

参考文献

[1] 马宁. 公安民警大数据思维的培养[J]. 辽宁警察学院学报,2016,18(6):83-86.

[2] 唐萍,程霞,杨燕,等. "农用化学物质与环境"选修课教学实践与探索[J]. 创新与创业教育,2015,6(4):131-133.

[3] 李韶华,赵志宏,任剑莹. 高校选修课教学存在的问题及改进措施[J]. 教育与职业,2012(11):137-138.

[4] 林雯,郑小军,赵团萌. 高校选修课的目标定位与策略选择——以《学习科学与技术》为例[J]. 大学教育,2012,1(4):57-59.

[5] 康拥政,路永婕,温少芳. 高校选修课程教学与管理改革[J]. 中国电力教育,2012(5):16,32.

[6] 王耀芬. 大学英语教学多教师团队协同教学研究[J]. 疯狂英语(教师版),2015(4):24-26,42.

[7] 吴春雷,刚旭,崔学荣. 软件工程综合实验课程的改革与建设[J]. 实验室研究与探索,2017,36(1):180-184.

[8] 蒋荣清. 加强高校选修课教学的几点思考[J]. 科技资讯,2015(29):135-136.

[9] 王昱沣,叶红,史秋峰. 逆向迁移在高校专业选修课教学中的应用[J]. 中国农业教育,2015(1):77-79.

[10] 许莉. 谈学生讲课的积极作用及应注意的问题[J]. 南京金融高等专科学校学报,1995(4):53-54.

[11] 饶彦. 《算法设计与分析》教学中采用学生讲课模式的改革探索[J]. 轻工科技.2013(6):197-198.

[12] 张学成,江林森. 分组教学、活动教学在大学选修课精品课堂建设中的实践研究[J]. 现代语文(学术综合版),2014(2):85-88.

林业信息技术人才培养模式研究与实践[①]

方陆明　吴达胜　徐爱俊　唐丽华

浙江农林大学信息工程学院,浙江杭州,311300

摘　要: 农、林、水、医等行业背景很强的院校如何培养高质量的,能为行业、地方经济和社会发展服务的信息技术应用型创新人才,是这些学校面临的共性问题。本文针对高校林业信息技术应用研究人才培养,从规格和规范、培养方案、培养机制、教学团队建设和支撑条件建设等方面进行了十余年的研究与实践。实践证明:以学校为主体,争取企业、政府参与培养规格、培养方案、培养机制讨论和实践,解决了林业信息技术人才"如何培养"的问题,并从学生就业能力和水平、社会认可度等方面也得到了较好的证实。

关键词: 林业;信息技术;人才培养;模式

1　引　言

"绿水青山就是金山银山。"林业信息化是推动林业现代化、加快绿水青山工程建设的重要途径。没有林业信息化就没有林业现代化,没有林业信息化人才,林业现代化就是一句空话。全国高校大量的信息类专业毕业生与市场上严重缺乏的林业信息技术应用型人才形成了一对尖锐矛盾,因此我们采取了多种措施培养林业信息技术人才来缓解矛盾,比如以林学专业为基础加强信息技术课程[1-2],以信息类专业为基础加强行业背景知识[3-5],开设林业信息工程专业[6]等形式。从2008年开始,我们进行了大量调研学习,并进行了实践。结论是具有行业背景的院校,应当且必须发挥行业优势,培养具备行业背景知识同时又有较强的信息技术应用能力的复合型人才,以满足行业信息化建设的市场需求。本项研究基于信息类专业探讨林业信息技术人才培养途径。

---

① 资助项目:浙江省重点专业建设基金项目。

2 培养规格和规范

林业信息技术人才到底需要怎样的知识结构、基本理论和技术技能？要回答这一问题，我们首先需要建立政产学对接机制：一是组织团队赴浙江省林业厅及省内地、市、县林业管理部门，林场和涉林企业调研；二是邀请业内的领导、专家、管理人员以及基层林技员座谈、咨询。通过对接确定林业信息技术人才培养规格：具有林业背景知识，主要包括识别最常见的 30 种树，了解其生长规律；掌握森林资源调查体系，了解森林资源监测与评价方法；了解森林经营主要内容以及森林资源监测系统框架；具有信息技术类专业普遍的知识体系；具有"理论知识能力、感性认知能力、应用工程能力、社会适应能力"4 种能力。

3 培养方案

3.1 培养方案的形成

培养社会和行业高契合度、高适应度的信息技术应用人才，需要师资、课程与教材、实验与基地多方面支持。我们根据工程教育专业认证通用标准、计算机类专业国家教学质量标准，参照各兄弟院校共性的培养方案，结合各级调研和各种类型的座谈会的要求和呼声，在培养方案中重点对师资、课程与教材、实验与基地等进行了设计。师资方面，6 位老师组建了林业信息技术团队，每位成员都具有林业知识背景，同时具备计算机理论基础和较好的技术技能。课程方面，我们专门设立了林业信息技术课程模块，包括森林资源信息管理学、林业信息系统综合实训、森林生态环境智能监测及应用、农林物联网技术与应用等，并编写了林业信息技术系列教材和辅助教材，包括《森林资源管理信息系统》《森林资源信息管理理论与应用》《林业电子政务系统研究与实践》《森林防火地理信息系统》等。实验与基地方面，我们建立了林业信息技术实验室，在浙江清凉峰国家级自然保护区建立了 1000 亩（1 亩 ≈ 666.7 平方米）的信息采集基地，用于相关课程的实习，以林业信息技术实验室为主体于 2014 年建立了"林业智能监测与信息技术"浙江省重点实验室，能更好地支撑相关课程的学习和实践，有更多的成果反哺到教学，使林业背景知识更加丰富，实践能力得到进一步强化。

3.2 培养方案的实施

方案实施过程注重校内、外多方资源的使用。主要实施过程如下：

2008 年，学校与政府、企业共同参与组建"林业信息技术定制班"作为试点。该班招收 25 名学生，实施人才培养方案，补充教学计划内容，加强学术报告、论文发表、培训指导、校外基地实习等 4 个环节的培养,如图 1 所示。组建的定制班由学院确定班主任,每个学生都有 1 位校内导师和 1 位校外导师,每个学生必修林业信息技术模块中的 3 门课程,要在林业管理部门有 3 个月以上的实习经历,要写一篇有关林业信息技术研究与应用的学术论文(其中有 1/3 以上论文得到正式发表),并进行一次全班论文交流会。学院统一组织针对定制学生的林业知识竞赛,有必答题、选答题和抢答题,希望同学们更多地了解林业信息化的现状、需求和发展趋势;鼓励同学们参加 ACM 程序竞赛、计算机软件水平考试等,增强学生的应用能力;邀请部分校外导师参加学术论文报告会和知识竞赛的交流讨论。通过这些过程的锻炼,学生的综合能力明显增强,毕业进入工作岗位的平均月薪比一般学生高出 30%,取得了良好的培养效果。

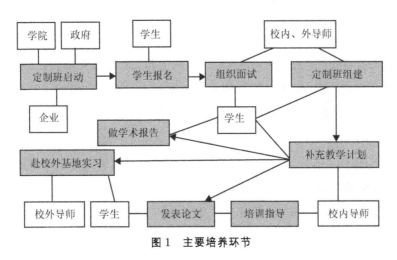

图 1　主要培养环节

从 2010 年起,将林业信息技术课程群嵌入"计算机科学与技术"和"信息管理与信息系统"两个专业的人才培养方案中,在这两个专业中全面实施林业信息技术应用型人才培养模式,通过突出学术报告、培训指导、校外基地实习、学科竞赛等环节,强化麦可思调查结果:从 2010 年到现在,校友推荐度和校友满意度居全校前列,毕业薪水逐年提高,2014 届"计算机科学与技术"专业毕业生毕业半年后薪水及工作专业相关度均明显高于同类非"211"本科院校同专业。从 2008 年到 2015 年,先后有 84 人赴林业单位工作或是考入农林信息技术类硕士点攻读学位。

4　培养机制

为了实现林业信息技术应用人才培养目标,我们采用政产学联动机制。

通过与政府、企业联合开展定制班培养,补充教学计划,增加林业知识与信息技术融合内容,强化学科竞赛,增加林业知识竞赛、项目研发、报告讨论、成果培训、应用推广,我们建立了多方协同培养林业信息化人才的机制,解决了林业知识与信息技术的融合问题,为林业单位信息技术应用型人才的长期需求提供了有效的解决方案。通过这一协同培养机制,培养的学生既在林业单位就业具有优势,同时整体竞争力明显增强。

学科竞赛:以学院为主导,学生为主体,基于学生协会,组建数量稳定的竞赛团队,包括"挑战杯""程序设计""电子设计"等,近五年获得各类省级以上学科竞赛奖 94 项。

林业业务与信息技术融合知识竞赛:竞赛 5 人一组,内容有文字题、图形题、描述题,也有设计题;形式上有抢答题、个人必答题和集体必答题。

项目研发和报告讨论:定制班 25 人为一个大团队,同时又分成 5 个小团队,每个小团队包括 5 名学生加 1 位校内导师和 1 位校外导师,项目研发以小团队为主进行活动,不定期举办大、小团队报告会。2010 年后,小团队数量扩大到 12 个,每个小团队人数为 5～9 人,巩固和扩大了定制班的成果。

成果培训和应用推广:通过大、小研发团队的工作,2008 年开始我们陆续上线运行了10 多个应用软件系统产品,包括由国家林业局在全国统一推广应用的林地管理系统,浙江省统一推广应用的林权监管平台、采伐管理系统、营造林管理系统等,推广过程分省级、市级和县(区)级,进行了大量培训工作,培训人员近万人。在这个过程中,大、小团队承担培训和推广工作,同学们担任培训老师和辅导老师,而这一过程对同学们能力的锻炼和提升,不是课堂和一般实践课能达到的。

林业信息技术基础培训和林业信息化产品应用软件培训不仅提升了学生的综合能力和水平,还解决了林业单位信息技术人才的短期需求问题。

5 条件建设

5.1 团队建设

要想实现目标,团队建设十分重要。从 2008 年学校组建第一个有 25 名学生的定制班开始,每名学生由学院发文件、聘书聘请 1 位校外导师,校外导师大多来自基层林业管理部门。林业信息技术团队 6 位老师各自领衔组建 6 个小团队。每个小团队由 4～5 名学生、1 位校内导师和 4～5 位校外导师以及校内导师所带的研究生组成。学院给予一定空间,用于团队进行项目研发讨论、参加学科竞赛、探讨一些热点问题。这样就形成了大团队和小团队两个层面:大团队主要制订年度教学活动计划,如知识竞赛、实习实践、小团队要求;小团队主要集中在项目研发、竞赛演练、论文写作等。在团队的活动中,定制班的效果十分明显,表现在就业单位层次明显提高,就业薪酬提高 30% 以上。

为持续和推广这种团队模式,学院提供了学生三年级开始申请进入团队的通道,每个团队有 1 位校内导师及其所带研究生、1 位校外导师、5～10 位三四年级学生,直至毕业设计和毕业论文环节。

5.2　基地建设

基地是加强学生应用能力的载体,一是和企业共建植入式校内基地,重点加强编程语言类课程、开发类课程训练;二是和林业部门共建校外基地,吸收学生暑期实践,做办公管理、野外作业设计;三是建立相对固定的、具有一定规模的森林资源野外数据采集基地,用于林业信息技术模块课程的实习。

6　结束语

总之,针对林业信息技术复合型人才缺乏的现实,从 2008 年开始,我们通过政产学对接和联动,基于信息技术类专业,加强林业背景知识,构建相应的培养方案和运行机制,并从师资、课程与教材、实验与基地多方面逐项落实。对学生毕业半年薪水调查显示,定制班学生的平均薪水较整体高出 30%。2010 年开始在"计算机科学与技术""信息管理与信息系统"专业全面推行这套模式,强化多知识、多技术融合培养,实质探索和找到了一种培养学生高素质、强能力的方法和途径,根据毕业生反馈信息和麦可思调查,这种政产学对接和联动培养学生的方式受到学生高度评价。从 2010 年至今,本专业校友推荐度、校友满意度和就业竞争力、就业薪水等都居全校前列,如 2010 届毕业生一年后就业竞争力指数为 95.9%,排名全校第一;2012 届毕业生就业竞争力指数为 95.4%,排名全校第一;2014 届和 2015 届本专业毕业生毕业半年后薪水及工作专业相关度均高于同类非"211"本科院校同专业。其中,2015 届毕业生月工资高达 6854 元,比同类非"211"本科高校同专业(4872 元)高出 40.68%;工作专业相关度 93% 显著高于同类非"211"本科高校同专业(75%);就业现状满意度 86% 高于同类非"211"本科高校同专业(79%);校友满意度 100% 排名全校第一。这些数据反映了学生的能力和水平得到市场的认可。

参考文献

[1] 王懿祥,白尚斌,汤孟平,等.论林学专业信息技术人才的培养[J].中国林业教育,2008,26(2):4-7.

[2] 闫东锋,黄家荣,郭芳,等.以信息技术整合林学专业教学[J].高等农业教育,2011(11):44-47.

［3］韩臻,于双元,刘峰,等. 培养面向高速铁路的信息技术特色人才[J]. 计算机教育,
2009(16)：61-64.

［4］王海舜,刘师少,黄建波,等. 基于医学背景的计算机专业人才培养[J]. 计算机教育,2011(9)：
45-49.

［5］方陆明,唐丽华,徐爱俊,等. 计算机应用型人才培养[J]. 计算机教育,2011(9)：54-57.

［6］谭三清,张贵,孙玉荣. 林业信息工程本科人才培养互动机制研究[J]. 中南林业科技大
学学报(社会科学版),2013,7(6)：186-189.

基于工程教育专业论证的程序设计类课程教学改革的研究①

黄 洪 赵小敏 龙胜春 田贤忠

浙江工业大学计算机科学与技术学院,浙江杭州,310023

摘 要:我国工程教育专业认证的目标是构建中国工程教育的质量监控体系,推进中国工程教育改革,进一步提高工程教育质量;建立与工程师制度相衔接的工程教育认证体系,促进工程教育与企业界的联系,增强工程教育人才培养对产业发展的适应性;促进中国工程教育的国际互认,提升国际竞争力。其认证标准中提出了 12 条基本的毕业要求,本文围绕工程教育专业认证的毕业要求,分析了程序设计类课程可以支持哪些毕业要求的达成,以及如何支持这些毕业要求的达成,并提出了相应的教学改革措施。

关键词:工程教育专业认证;程序设计类课程;教学改革;项目驱动教学法

1 引 言

高等工程教育专业认证制度首先在美国实行,经过不断发展,已经成为世界公认的高等工程教育质量保障机制。

我国从 2006 年开始组织试点开展工程教育专业认证工作;2013 年 6 月成为规模最大、影响力最广的国际工程教育学位互认协议——《华盛顿协议》的预备会员;2015 年 10 月,由教育部主管的中国工程教育专业认证协会成立,负责我国工程教育认证工作的组织实施;2016 年 6 月,我国正式加入《华盛顿协议》。

工程教育专业认证制度的快速发展,对提高我国工程教育质量,培养大量高素质、创新

① 资助项目:浙江省高等教育教学改革项目"基于小型项目的渐进式'Java 程序设计'课堂教学改革研究与实践";浙江工业大学校教改项目"任务驱动教学法在'Java 程序设计'课程中的应用";浙江工业大学校精品课程建设项目"Java 程序设计"。

型科技人才,适应政府、行业和社会的需求,提升中国工程教育国际竞争力起到了积极的作用。

协会建立了工程教育专业认证的通用标准[1],从学生、培养目标、毕业要求、持续改进、课程体系、师资队伍、支持条件 7 个方面对工程教育提出了要求。其中,毕业要求应能支撑培养目标的达成。专业认证的通用标准规定各专业制定的毕业要求至少需覆盖通用标准中12 条毕业要求的内容,这些内容与《华盛顿协议》中规定的内容具有一致性。毕业要求的达成需要相应的课程体系来支撑,工程教育中学生的计算机应用能力不可或缺,因此所有的工程类专业都应该开设计算机程序设计类课程。如何进行有效的程序设计类课程的教学,以保证毕业要求和培养目标的达成,就成为大学程序设计类课程必须要面对的一个重要课题。

2　程序设计类课程与工程教育专业认证中毕业要求的关系

工程教育专业认证通用标准中提出了 12 条毕业要求,不同的专业可以根据自己的特色进行具体细化,但必须覆盖这 12 条要求。通用标准中的 12 条毕业要求具体如下:

(1) 工程知识:能够将数学、自然科学、工程基础和专业知识用于解决复杂工程问题。

(2) 问题分析:能够应用数学、自然科学和工程科学的基本原理,识别、表达,并通过文献研究分析复杂工程问题,以获得有效结论。

(3) 设计/开发解决方案:能够设计针对复杂工程问题的解决方案,设计满足特定需求的系统、单元(部件)或工艺流程,并能够在设计环节中体现创新意识,考虑社会、健康、安全、法律、文化以及环境等因素。

(4) 研究:能够基于科学原理并采用科学方法对复杂工程问题进行研究,包括设计实验、分析与解释数据,并通过信息综合得到合理有效的结论。

(5) 使用现代工具:能够针对复杂工程问题,开发、选择与使用恰当的技术、资源、现代工程工具和信息技术工具,包括对复杂工程问题的预测与模拟,并能够理解其局限性。

(6) 工程与社会:能够基于工程相关背景知识进行合理分析,评价专业工程实践和复杂工程问题解决方案对社会、健康、安全、法律以及文化的影响,并理解应承担的责任。

(7) 环境和可持续发展:能够理解和评价针对复杂工程问题的工程实践对环境、社会可持续发展的影响。

(8) 职业规范:具有人文社会科学素养、社会责任感,能够在工程实践中理解并遵守工程职业道德和规范,履行责任。

(9) 个人和团队:能够在多学科背景下的团队中承担个体、团队成员以及负责人的角色。

（10）沟通：能够就复杂工程问题与业界同行及社会公众进行有效沟通和交流，包括撰写报告和设计文稿、陈述发言、清晰表达或回应指令；并具备一定的国际视野，能够在跨文化背景下进行沟通和交流。

（11）项目管理：理解并掌握工程管理原理与经济决策方法，并能在多学科环境中应用。

（12）终身学习：具有自主学习和终身学习的意识，有不断学习和适应发展的能力。

对于不同的专业，程序设计类课程可能属于基础课或专业基础课。通过对课程性质和课程内容的分析，我们认为它应该对毕业要求 1、毕业要求 2、毕业要求 3、毕业要求 4、毕业要求 5 和毕业要求 12 的达成提供支持。理由如下：

对毕业要求 1 的支持：在解决复杂工程问题时，通常都会碰到计算问题，这时往往要建立模型，并使用计算机进行求解和验证。虽然计算机程序设计类课程是基础类课程，但是这类课程可以培养学生的计算思维，从而帮助学生从计算的角度对问题进行分析，提高学生分析问题和解决问题的能力。

对毕业要求 2 的支持：对毕业要求 2 的支持与对毕业要求 1 的支持理由类似。程序设计类课程的一些思想方法，如结构化方法、面向对象的思想，所涉及的一些分析工具，如流程图等，都有助于学生分析和描述工程问题，以帮助解决复杂工程问题。

对毕业要求 3 的支持：复杂工程问题的解决方案一般都涉及软、硬件结合的系统，通过学习程序设计类课程，学生能掌握解决工程问题所需的程序设计语言基础，对复杂工程问题进行需求分析和模块分解，并对系统的子模块、子单元或部件进行设计和实现。

对毕业要求 4 的支持：在对复杂工程问题进行实验设计，分析与解释实验所获得的数据以得到合理有效的结论时，往往需要使用程序设计类课程所提供的知识和技能。

对毕业要求 5 的支持：程序设计类课程除了要求学生掌握程序设计语言的语法、编程思想、计算思维外，还会涉及对软件开发工具的使用，以帮助学生构建工程问题中的软件单元。

对毕业要求 12 的支持：毕业要求 12 要求学生具有自主学习和终身学习的意识，有不断学习和适应发展的能力。所有课程的教学都应该体现对这一毕业要求的支持。在程序设计类课程的教学中，老师教是一个方面，更重要的是学生的自主拓展学习和自学能力的培养。

出于对专业评价可操作性的综合考虑，许多学校在细化毕业要求指标点和编制课程体系对毕业要求的支撑矩阵时，并没有指定程序设计类课程支撑上述 6 个毕业要求。

3 基于工程教育专业论证进行程序设计类课程教学改革的方法

工程认证的考察重点是学生的能力，毕业要求是学生毕业时所必须达到的能力要求，因此,程序设计类课程的教学也要做到以产出为导向,也就是以学生的能力培养为导向。培养学生的实际程序设计能力、运用程序设计语言解决实际工程问题的能力、基于程序设计类课程培养的自主学习和终身学习能力。

3.1 教学目标的改革

由于工程教育强调的是对学生能力的培养,所以程序设计类课程的教学目标不光是要让学生掌握程序设计的相关知识,还要培养学生的程序设计能力和将程序设计用于解决实际问题的能力。

在制定教学大纲时,应该充分体现教学目标的变化,大纲中不仅要体现知识点,更要体现知识的综合运用。

在作业、实验和考核方式中,要更多地体现对学生能力的培养和对学生综合应用能力的考核。

3.2 教学内容的改革

在确定课程教学内容时,应该充分体现对毕业要求的支持。比如,除了相关程序设计语言本身的知识点外,还应该包括对开发工具使用以及对比的内容;不仅要体现知识点,还应该将知识点连接成线,融合成面,体现对知识掌握的层次要求,形成应用能力的要求。

3.3 教学方法的改革

教学方法非常重要,好的教学方法不仅能提高教学效果,节省教学时间,还会有助于培养学生的能力[2]。因此,需要对教学方法进行改革,以帮助程序设计类课程更好地支撑上述毕业要求。

对于程序设计这类实践性要求很强的课程来说,单纯的填鸭式教学很难达到培养学生编程能力的目的。项目驱动教学法会有更好的效果。传统的项目驱动教学法是将一个相对独立的项目交给学生,让学生自己完成信息的搜集、知识的学习、方案的设计、项目的实施并进行最终评价,从而完成教学任务。项目驱动教学法强调学生的自主学习,有利于调动学生的学习主动性,培养学生的自学能力和创新能力。项目驱动教学法具有以教学项目为主线,以学生为教学主体的特点。

传统的项目驱动教学法需要充足的教学时间,因为让学生自主搜集和学习知识显然比教师直接灌输知识的效率要低。而且由于一般意义上的项目通常比较复杂,具有一定的规模,往往不太适合在像计算机程序设计这样较为基础、教学时数有限的课程中加以直接应用。

要在像计算机程序设计这样较为基础、教学时数较短的课程应用项目驱动教学法,就必须对传统的项目驱动教学法加以改进。

文献[3]提出了基于渐进式教学项目的改进型项目驱动教学法,该教学方法提出了渐进式教学项目的概念,即根据教学内容将这个项目的需求分阶段递进,随着教学内容的展开和时间的累进,不断用新的知识来满足同一项目的新需求,即将一个教学项目划分为不同的需求阶段,每个阶段新增的需求对应新的教学内容,最终阶段教学项目的全部需求需要综合应用课程的全部知识来完成。该方法将传统教学与项目驱动教学相结合,并提出了渐进式教学项目设计的原则[3]。实践证明,这种教学方法非常适合用于程序设计类课程的教学,对提高教学效果、教学效率,提高学生的自主学习意识和自主学习能力都能起到很好的作用。

3.4 教学手段的改革

在信息技术高度发展的今天,与教学方法有机结合,充分利用现代教学手段,也是更好地达到课程教学目的、培养学生能力的有效方法。计算机程序设计类课程要充分利用大型开放式网络课堂(massive open online course,MOOC)、小规模限制性课堂(small private online course,SPOC)等新的教学手段,实现更灵活的教学过程组织,从而把宝贵的课堂教学时间用于教师与学生的互动讨论,用于对复杂工程问题的分析和探讨。

3.5 考核方式的改革

程序设计类课程的考核方式也要进行改革,以便更好地适应工程教育专业认证的要求。考核方式应该更强调进程性考核,对学生的整个学习过程进行考核,而不仅仅是期末考试,这样可以督促学生平时主动学习,培养学生的自主学习意识。考核的内容也应该更加倾向于实际应用能力,而不是简单的知识掌握,从而提高学生分析解决复杂工程问题的能力。

4 结束语

工程教育专业认证制度近年来在我国快速发展,对推动我国高等工程教育与国际更好地接轨发挥出越来越大的作用。这是提高我国工程教育的质量,培养大量高素质、创新型科技人才,从而推进我国的工业化进程,建设创新型国家的必然选择,也是我国推进高等工程教育改革,构建与国际接轨、实质等效的高等工程教育新模式的必由之路。

本文探讨了工程教育专业认证与程序设计类课程的关系,主要分析了程序设计类课程对毕业要求的支撑情况,并提出了基于工程教育专业认证进行程序设计类课程教学改革的方法。

参考文献

[1] 中国工程教育专业认证协会. 工程教育认证通用标准[EB/OL]. http://www. ceeaa. org. cn/main!newsList4Top. w?menuID=01010702.

[2] 鲍里奇. 有效教学方法[M]. 易东平,译. 4 版. 南京:江苏教育出版社,2002.

[3] 黄洪,赵小敏,张繁,等. 任务驱动教学法在 Java 程序设计课程中的应用[J]. 计算机时代,2012(4):49-51.

面向创新人才培养的高级计算机网络教学研究①

李燕君　　池凯凯　　朱艺华

浙江工业大学计算机科学与技术学院,浙江杭州,310023

摘　要:为培养计算机网络相关领域的创新人才,我们针对高级网络原理课程教学进行了改革和实践。我们采用基础理论与前沿技术结合、理论与实践并行的课程体系,从生动性、深入性、新颖性和差异性等方面优化课程内容,采用翻转课堂教学模式和"学中做、做中学"的教学方法,提升学生的自主学习能力和创新能力,调整了课程考核方式,建设了课程网站和微信公众号等平台,取得了较好的教学效果。

关键词:计算机网络;教学设计

1　引　言

　　网络技术是信息化社会必不可少的技术之一,它的理论发展和应用水平直接反映了一个国家高新技术的发展水平。而计算机网络的发展日新月异,主流网络技术不断更新换代,应用场景不断丰富和多样化[1],例如,互联网与各行各业结合越来越紧密,物联网组网技术层出不穷,下一代移动通信网络不断演进。网络技术非常庞杂且更新较快,给网络原理的课程教学带来很大挑战。

　　计算机网络课程传统的教学模式是以教师为主,学生为辅,存在的问题是重理论讲解,轻实际操作,理论脱离实际,产学脱节,学生对所学概念难以理解,常常是囫囵吞枣、学习积极性和主动性低,不利于具有创新思维能力的创造型人才培养[2]。在创新能力的培养中,知识的传授是基础,能力的培养是目标。换言之,没有知识传授作为基础的创新是无本之木,而不以创新能力培养为目的的知识传授无法体现其价值所在[3]。为了满足基础理论掌握、实践能力训练和创新能力培养的综合要求,我们开设了高级计算机网络课程,有利于为社会

　　①　资助项目:浙江工业大学研究生核心课程建设项目(2015031)。

输送具有深厚广泛网络知识和扎实操作实践技能的高级人才。在授课过程中,我们不断总结改进,从课程体系、课程内容、教学方法和考核方式等方面对该课程进行了改革和优化。

2 课程体系优化

目前,国内知名高校的高级计算机网络课程理论教学一般分为两种教学方式:一种是在网络原理基础上从深度和广度上进行拓展;另一种是以专题讲座的方式介绍前沿网络技术[4]。笔者认为,基本的网络原理教学主要是打基础,强调知识的完整性和系统性,而面向创新人才的高级计算机网络课程需要侧重研究方法的学习、科研能力和创新能力的培养。如果完全沿袭基于分层架构的课程体系,学过网络原理的学生会感觉没有新意,难以产生学习兴趣;而纯粹前沿讲座式的教学会使知识碎片化,学生难以建立连贯的知识体系。因此,高级计算机网络课程的理论教学需要将基础理论和前沿技术有机结合。

长期以来,网络原理课程教学存在"重理论、轻实践"的问题[1],教师在教学活动中对学生的实践能力培养关注不够,学生难以获得解决实际网络问题或小型网络开发项目的经验,但社会更加需要具有较强实践能力、能够进行网络应用系统设计开发的人才,因此高级计算机网络课程的教学需要将理论与实践紧密结合。

针对上述问题,我们提出了高级计算机网络课程新的教学体系,在经典 TCP/IP 网络体系结构的基础上,加强了协议建模和分析的理论深度,扩充了无线网络、P2P 网络、移动通信网络、下一代互联网与 IPv6 过渡等内容,增设了基于 Packet Tracer 和中软吉大协议仿真平台的实验环节,新增了物联网、软件定义网络、数据中心网络等前沿网络技术讨论课,采用了多样化的教学方法和教学手段,使学生在更好地掌握计算网络理论的同时,增强了实践能力,并激发了他们对网络前沿技术和热点的研究兴趣。

3 课程内容优化

教学内容既要具有生动性、深入性和新颖性,也要具有不同层次学生在知识基础方面的差异性[5]。我们可以从以下几个方面对其进行优化:

3.1 注重内容的生动性

对于每一种网络技术,我们都会介绍其产生的背景,让学生换位思考,如果身处当时的环境,能否想到这样的技术,激发学生的思维活力。例如,在讲解局域网技术时,首先介绍夏威夷大学 Abramson 等人在 20 世纪 60 年代末研制的 ALOHA 系统,该系统允许多个节点以竞争的方式在同一个频道上进行传输。Abramson 发表了一系列有关 ALOHA 系统的理论和应用方面的文章,详细阐述了计算 ALOHA 系统的理论容量的数学模型。1972 年,ALOHA 被改进为时隙 ALOHA 成组广播系统,网络利用率提高 1 倍多,成为大多数广播系统(包括以太网和多种卫星传输系统)的基础。Abramson 因其在争用型系统的开创性研究工作而获得 IEEE 的 Kobayashi 奖。1972 年年底,Xerox PARC 研究中心的 Metcalfe 等人基于 ALOHA 系统将多台 Alto 计算机连接起来,并进一步提出了载波监听技术和改进的重传方案,使网络利用率再提高将近 1 倍,这就是著名的带冲突检测的载波监听多路访问(CSMA/CD)协议。以太网即在此后诞生。以这种历史观思考问题,可以使学生认识到互联网技术创新的本质,有助于创新思维的培养。

3.2　注重内容的深入性

高级计算机网络课程比网络原理课程更注重研究能力和创新能力的培养,因此,我们在讲解相关网络技术时更加重视原理、建模和定量分析。例如,我们在介绍局域网的 ALOHA、时隙 ALOHA 和 CSMA/CD 时,讲解了信道利用率的推导过程,并要求学生利用数值仿真进行模拟;在介绍无线局域网 CSMA/CA 时,讲解了如何用马尔科夫链对退避过程进行建模分析;在介绍 TCP 协议时,要求学生对 TCP 协议的时延进行建模分析。通过对协议的建模分析,学生可以更深入地理解协议的原理和性能,提高数学建模能力和理论分析能力,为从事科学研究打下良好基础。

3.3　注重内容的新颖性

网络技术发展很快,授课内容也要随之不断更新[5]。从近几年授课情况来看,每年的更新内容都在 10% 左右。例如,近年来,P2P 网络、物联网、软件定义网络、数据中心网络等网络技术和形态不断出现,其应用场景也不断更新,还涌现出包括安全、隐私等一系列问题。教师在授课过程中也不断学习,将这些内容都不断补充到教案中,引导学生关注网络领域的前沿问题。此外,我们还举办了国际名师讲坛,邀请到加拿大工程院院士 Victor C. M. Leung 做了"通向 5G 无线网络之路"的系列讲座,传递了无线网络领域的前沿信息。

3.4　注重内容的差异性

修读高级计算机网络课程的学生基础有较大差异,然而我们不能因为部分学生基础薄弱就降低课程的培养目标。为了应对该问题,我们录制了几个网络基础知识的小视频,采用将技术点融入网络体系结构层次的讲解方法,让基础薄弱的学生课前观看小视频,对网络体系结构及关键技术有初步的认识;与小视频相对应,我们还设计了一系列紧扣知识点的问答题,让学生检验自主学习的效果,以便快速融入高级计算机网络课程。基础较好的学生也可以通过观看视频温习学过的知识,从新的视角理解网络体系结构,从而有新的收获。

4 教学方法改革

为了适应创新型人才的培养,要综合运用翻转课堂教学模式和"学中做、做中学"的教学方法[6],让学生成为课堂的主角,将理论知识用实践检验,并在实践中加深巩固、延展创新。

4.1 翻转课堂教学模式

不同于传统"课堂传授＋课后内化"的教学模式,翻转课堂是教师提供以教学视频为主要形式的学习资源,学生在课前完成对教学视频等学习资源的观看和学习,师生在课堂上一起完成作业答疑、协作探究和互动交流等活动的一种新型的教学模式。简而言之,即"课前传授＋课上内化"[6],其教学模型如图 1 所示。高级计算机网络课程的特点之一是理论知识点繁多,这些理论知识点适合用短小精悍的视频一一呈现;教师在课堂上对这些理论知识点进行梳理,引导学生开展进一步研讨,完成知识的内化。

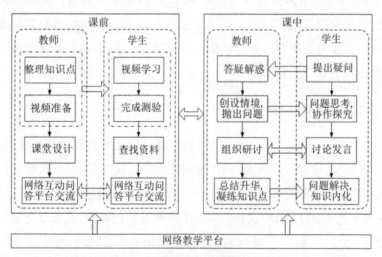

图 1 翻转课堂教学模型

为了更具体地说明翻转课堂模式是如何应用到高级计算机课程教学过程中的,我们给出了一个教学案例,其教学内容为数据链路层 MAC 协议的学习。MAC 协议的主要知识点包括 ALOHA 协议、局域网 CSMA/CD 和无线局域网 CSMA/CA 的原理。教师首先准备了三段微视频,对这三个知识点分别进行讲解,并布置作业题目:①推导 ALOHA 和时隙 ALOHA 的信道利用率最大值。②CSMA 和 ALOHA 有什么相同和不同之处? ③局域网的 CSMA 和无线局域网的 CSMA 分别是如何实现的? ④CSMA/CD 的信道利用率与什么参数有关? ⑤无线局域网为什么不能用 CSMA/CD? ⑥无线局域网是如何实现碰撞避免的？学生在课前观看视频后，通过查找相关资料，准备这些作业。在课堂上，教师先将知识点进行连贯梳理，以弥补微视频碎片化的缺陷，然后为检验学生的学习效果，教师针对布置的作业组织学生展开讨论，以学生讲为主，教师点评为辅；学生按总人数分成 3～5 人不等的小组，每个讨论小组选出 1 位组长，负责协调组员的发言；教师及时指出错误和不足并进行总结，从而使学生在分析讨论中更深入地理解几种 MAC 协议的原理。

4.2 "学中做、做中学"的教学方法

为了培养学生的科研能力和实践能力，我们采用"学中做、做中学"的教学方法[7]，从仿真模拟、系统开发和前沿技术研讨这几方面开展教学和实践，使学生深入理解网络的基本工作和协议的设计思想，掌握处理网络问题的方法，探讨前沿技术。

（1）仿真模拟。网络仿真技术是通过建立网络设备和网络链路的模型，模拟网络流量的传输，从而获得网络性能数据的一种技术。学生练习使用 NS2、OMNeT＋＋，MATLAB 等软件构建网络拓扑、节点、路由、通信量等模块，掌握网络仿真的一般方法和过程，测试相关协议和算法的性能。

（2）系统开发。系统开发是培养学生设计系统的能力，让学生真正理解和体会网络是如何设计和工作的。例如，编写程序实现远端主机 RTT 的测量，可以更好地理解 TCP 对 RTT 的估计算法；开发 ARQ、GBN 或选择重传算法，可以更深入地理解可靠传输的本质；设计实现洪泛、OSPF 等路由协议，可以更好地理解路由协议。

（3）前沿技术研讨。计算机网络领域很多先进的技术都发表在国际顶级会议和期刊上，我们鼓励学生从计算机学会推荐的会议和期刊文献中选择阅读最新的研究成果，例如 SIGCOMM、MOBICOM、INFOCOM 等会议通常展示了最前沿的研究成果，而 *IEEE Communications Magazine*、*IEEE Communications Surveys and Tutorials*、*IEEE Network* 这些综述类刊物会介绍一些前沿技术，方便学生快速入门。在以往的教学中，学生探讨并汇报了软件定义思想在无线网络的应用、P2P 网络的安全问题、用 Wi-Fi 信号识别人体动作的方法、能量捕获设备的组网等前沿科技问题，他们的创新能力在讨论中得到了潜移默化的提升。

5 考核方式改革

考核方式由考试、作业和课程参与度共同决定，其中考试占 50％，作业和课堂参与度各占 25％。需要提交的作业包括仿真及系统开发的源代码、测试分析结果及论文形式的前沿技术报告；课程参与度主要体现在课堂回答问题，课堂演讲，课堂分组讨论，课后与教师的当面交流，以及线上平台与教师、同学的互动等。这种评价指标体系实现了授课过程的全程管

理,综合考查了学生的理论知识掌握水平,实践动手、口头表达、文献阅读、论文撰写、合作交流等多方面的能力,因此具有更好的合理性。

6　平台建设

为了支撑线上、线下混合教学,我们建设了课程网站,实现了教学资源共享;开通了微信公众号,在教学周每周推送与当前课程内容相关的视频、阅读材料和讨论题,方便学生利用碎片化时间学习,取得了较好的效果。

7　结　语

培养学生的创新能力,提高其综合素质是高等教育的一个基本目标。为了培养网络相关领域的创新型人才,我们对高级计算机网络课程教学进行了一系列改革,包括课程体系和课程内容的优化,翻转课堂教学模式和"学中做、做中学"教学方法的应用,考核方式的改革,以及课程网站、微信公众号等平台建设等。这些改革实现了基础理论与前沿技术并重、理论教学与实践训练并行,取得了较好的教学效果。计算机网络是一个不断发展的学科领域,在后续教学实践中,我们将密切关注领域内的新技术和新的教学理念,对课程进行持续的改革创新,以期更好地实现知识传递和创新能力培养的目标。

参考文献

[1] 邢长友,陈鸣,张国敏,等.高级计算机网络课程教学改革探析[J].计算机教育,2013(14):50-53.

[2] 李燕君,郭永艳.应用慕课理念的计算机网络教学研究[C]//浙江省高校计算机教学研究会.计算机教学研究与实践——2015 学术年会论文集.杭州:浙江大学出版社,2015:139-142.

[3] 邢长友,陈鸣,许博,等.面向创新人才培养的计算机网络教学改革[J].计算机教育,2013(1):49-52.

[4] 江兵,杨海波,杨娟,等.Seminar 教学模式在研究生《计算机网络》课程中的实践[J].计算机工程与科学,2014,36(A01):143-146.

[5] 徐恪.高等计算机网络课程教学研究[J].计算机教育,2016(1):21-25.

[6] 陶勇,林亚平."高级计算机网络"研究型教学模式的探索与实践[J].计算机教育,2009(18):52-55.

新工科背景下工程教育教学管理精细化方法与实践[①]

吴以凡　仇　建　张　桦　徐　翔

杭州电子科技大学计算机学院,浙江杭州,310018

摘　要:加快建设和发展新工科,培养以新技术、新业态、新产业为特点的新经济急需的紧缺人才,已经成为我国高等工程教育的共识。新工科的建设离不开工程教育认证的指导,而工程教育认证以达成度为基础的评价方式对教学精细化管理提出了新的要求。本文分析了面向工程教育认证的新工科教学精细化管理平台的特点,阐述了以达成度计算为核心的系统设计方法。该方法在杭州电子科技大学计算机学院的计算机科学与技术、物联网工程、软件工程三个新工科专业开展了实施,取得了良好的效果。

关键词:新工科;工程教育认证;毕业要求达成度;管理精细化

1　引　言

世界范围内新一轮科技革命和产业变革正加速进行,以新技术、新业态、新产业为特点的新经济蓬勃发展,对工程科技人才有了更高的要求。在此背景下,加快建设和发展新工科,培养新经济急需的紧缺人才,培养引领未来技术和产业发展的人才,已经成为我国高等工程教育的共识[1-2]。同时,如何开展"新工科"建设已成为当前我国高等院校面临的全新挑战。

我国拥有世界上最大规模的工程教育,并于 2016 年 6 月正式成为国际本科工程学位互认协议《华盛顿协议》组织的成员[3]。"新工科"的建设离不开工程教育认证的指导。而工程教育认证"以生为本,产出导向"的理念对教学精细化管理提出了新的要求。毕业要求达成

① 资助项目:杭州电子科技大学 2016 年高等教育研究资助项目"工程教育认证背景下计算机专业教学过程质量保障体系研究与实践"(YB201624)、重点项目"工程教育中计算机类学生创新实践能力培养研究"(ZD201601)。

度[4]的计算不仅是认证的形式化要求,也是对学生培养情况的即时记录,是开展持续改进的必要前提。

目前通常使用的教学管理平台仅提供学生成绩的记录,无法实现精细化的教学管理。为实现精细化的教学信息记录和达成度计算,迫切需要新的信息化平台在全教学过程的支持。

本文分析了面向工程教育认证的新工科教学精细化管理平台的特点,阐述了以达成度计算为核心的系统设计方法。该方法在杭州电子科技大学计算机学院的计算机科学与技术、物联网工程、软件工程三个新工科专业中进行了实施,取得了较好的效果。

2 系统分析

工程教育认证体系通常包括培养目标、毕业要求、课程体系、课程教学、持续改进、师资队伍、支撑条件、学生等多个模块,其中与达成度密切相关的培养目标、毕业要求、课程体系、课程教学、持续改进 5 个模块是教学精细化管理平台的核心。

如图 1 所示,工程教育认证围绕培养目标展开,以达成情况进行评价;毕业要求支撑培养目标,以达成度进行评价;课程体系承载毕业要求,并通过具体的课程教学实现课程达成度评价。上述模块通过定性分析及量化评价反馈实现持续改进。

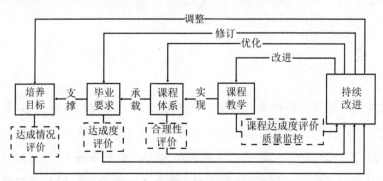

图 1　工程教育认证达成度体系

2.1　毕业要求综合达成度评价

根据工程教育认证的理念,衡量学生是否达到毕业标准的核心参数是毕业要求综合达成度评价,包括个人的综合评价和整个专业的综合评价。这一达成度评价指数 g 应由各毕业要求达成度的最小值决定。假设共有 n 条毕业要求(n 通常取 12)$A_1, A_2, \cdots, A_n$,其达成度分别为 $a_1, a_2, \cdots, a_n$,则培养目标的达成情况评价为

$$g = \min_{i=1,2,\cdots,n} a_i$$

2.2 毕业要求单项达成度计算

为了落实具体课程对毕业要求的支撑，现在通常采用的方法是对各条毕业要求进行指标点划分，将相对笼统抽象的毕业要求通过可预期、可衡量的具体指标来描述。对于某条毕业要求A_i，达成度a_i应由其指标点的达成度的最小值决定。假设毕业要求A_i共有m个指标点$D_{i1}, D_{i2}, \cdots, D_{im}$，各指标点对应的达成度为$d_{i1}, d_{i2}, \cdots, d_{im}$，则毕业要求$A_i$的达成度$a_i$为

$$a_i = \min_{j=1,2,\cdots,m} d_{ij}$$

2.3 指标点达成度计算

对于具体指标点D_{ij}，其达成度d_{ij}由其各支撑课程的相应指标点评分加权平均计算得到。假设指标点D_{ij}的支撑课程为集合$\mathbb{C}_{ij} \subseteq \mathbb{C}$，$\mathbb{C}$为所有课程，且$\mathbb{C}_{ij}$中的每一门课程$C_k$在指标点$D_{ij}$上的达成度为$c_k^{ij}$，其权重为$\hat{w}_k^{ij}$，且有$\sum\limits_{C_k \in \mathbb{C}_{ij}} \hat{w}_k^{ij} = 1$，则指标点$D_{ij}$的达成度$d_{ij}$为

$$d_{ij} = \sum_{C_k \in \mathbb{C}_{ij}} \hat{w}_k^{ij} \cdot c_k^{ij}$$

为了方便计算，我们往往使用支撑强度最高的3～5门课程来替代整个$\mathbb{C}_{ij}$。

2.4 课程达成度计算

设课程C_k可支撑的指标点集合为$\mathbb{D}_k$，为计算该课程在各指标点上的达成度，应设置一个或多个考核方式$\mathbb{S}_k$，考核方式可以是教学活动（如作业、课堂练习、实验验收、演讲）、某类考试题目等采分项的组合。对于某个指标点$D_{ij} \in \mathbb{D}_k$，可选择子集$\mathbb{S}_k^{ij} \subseteq \mathbb{S}_k$计算其达成度。设各考核方式$S_{kl} \in \mathbb{S}_k$的所有学生平均分为$s_{kl}$，则课程$C_k$在指标点$D_{ij}$上的达成度为

$$c_k^{ij} = \sum_{S_{kl} \in \mathbb{S}_k^{ij}} \widetilde{w}_{kl}^{ij} \cdot s_{kl}$$

其中，$\widetilde{w}_{kl}^{ij}$为考核方式S_{kl}在指标点D_{ij}上的权重，且有$\sum\limits_{S_{kl} \in \mathbb{S}_k^{ij}} \widetilde{w}_{kl}^{ij} = 1$。

3 系统设计

以达成度计算为核心的教学精细化管理平台包括角色分配、培养方案制定、课程设置三部分。在输入所需信息后，系统将分级计算课程达成度、指标点达成度、毕业要求单项达成度、毕业要求综合达成度。

3.1　角色分配

系统涉及的角色至少为两种：管理员、教师。其中，管理员角色负责维护培养目标、毕业要求、指标点、课程体系等信息；教师角色可为所负责课程输入成绩、设置考核方式及权重。

此外，系统还可以设置学生、观察员等角色，赋予有限制的查看权限。

3.2　培养方案制定

管理员角色可为不同专业创建培养方案，培养方案通常以入学年份（级）为单位。在培养方案下可编辑培养目标，并设置若干条毕业要求，每条毕业要求下可设置若干个指标点及其权重。

培养方案下可以添加课程体系，即多门课程。每门课程可支撑的指标点集合可通过设置每个指标点的支撑课程集合确定，该设置应由管理员完成。

3.3　课程设置

教师角色负责各自所承担的课程的教学信息维护，包括参与课程的学生信息输入、各考核方式的计分等。此外，针对培养方案所指定的课程可支撑的各指标点，教师角色可以设置相应的考核方式组合及权重。

4　实施案例

本文所描述的方法及教学精细化管理平台已在杭州电子科技大学计算机学院的计算机科学与技术、物联网工程、软件工程三个新工科专业开展实施。

平台界面如图 2 所示。用户通过顶部导航栏可切换不同专业、不同培养方案（以年级为单位），并选择培养目标、课程体系、师资队伍、达成度、学生等不同模块进行操作。

在培养目标模块下，用户可查看当前培养方案下的培养目标及毕业要求；管理员可以对其进行编辑。

在课程体系模块下，管理员角色可为当前培养方案添加课程；教师角色可维护课程的教学信息。

如图 3 所示，该门课程包括课堂测试、上机实验、期中考试、期末考第 1 题、期末考第 2 题等多个采分项。此外，教师还可以针对课程可支撑的各指标点，设置对应的考核方式组合及权重。

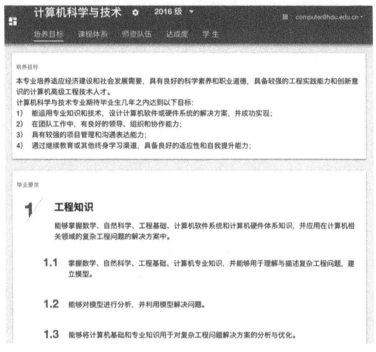

图 2　教学精细化管理平台界面

学号↓	姓名	＜	课堂测试 （100）	上机实验 （100）	期中考试 （100）	期末考第1题 （20）	期末考第2题 （20）＞
16051…	林▉▉		83	73	90	20	15
16051…	吴▉▉		68	66	100	12	5
16051…	熊▉▉		65	73	90	18	17
16051…	杨▉▉		58	61	34	18	12

图 3　课程成绩界面

　　如图 4 所示,培养方案设定该门课程可支撑指标点 1.1 与指标点 1.3,教师可为这两个指标点分别设置考核方式、权重以及采分项组合。

　　教师完成教学信息输入后,可查看和下载达成度报告。该报告记录了所有与课程达成度相关的信息。部分结果如表 1 所示。

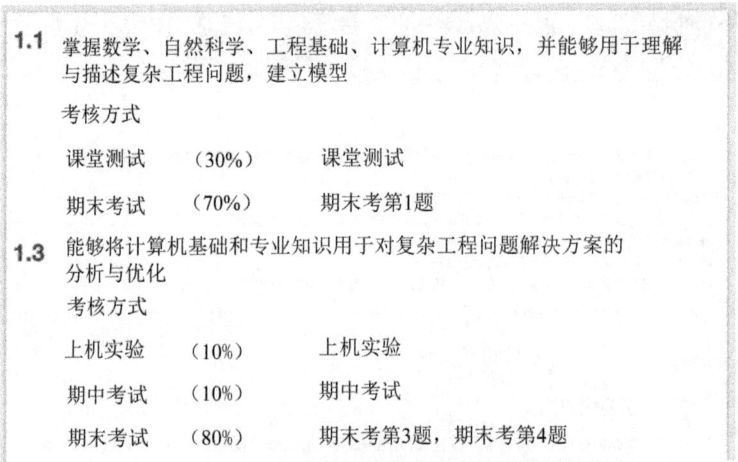

1.1 掌握数学、自然科学、工程基础、计算机专业知识，并能够用于理解与描述复杂工程问题，建立模型

考核方式

课堂测试　　　（30%）　　　课堂测试

期末考试　　　（70%）　　　期末考第1题

1.3 能够将计算机基础和专业知识用于对复杂工程问题解决方案的分析与优化

考核方式

上机实验　　　（10%）　　　上机实验

期中考试　　　（10%）　　　期中考试

期末考试　　　（80%）　　　期末考第3题，期末考第4题

图 4　课程可支撑指标点界面

表 1　课程达成度结果

课程支撑的指标点		1.1 掌握数学、自然科学、工程基础、计算机专业知识，并能够用于理解与描述复杂工程问题，建立模型	
考核方式		课堂测试	期末考试
权重		30%	70%
满分		100	20
学号	姓名	课堂测试	期末考第 1 题
16051×××	林××	83	20
16051×××	吴××	68	12
16051×××	熊××	65	18
16051×××	杨××	58	18
		......	
平均分		78.31	15.89
分项评价值＝平均分/满分		0.783 (78.31/100)	0.795 (15.89/20)
达成度 ＝ $\sum$（分项评价值 × 权重）		0.791 (0.783×30% ＋0.795×70%)	

在输入所有课程信息后，系统自动计算指标点达成度、毕业要求单项达成度、毕业要求综合达成度。其中，指标点达成度界面如图 5 所示。

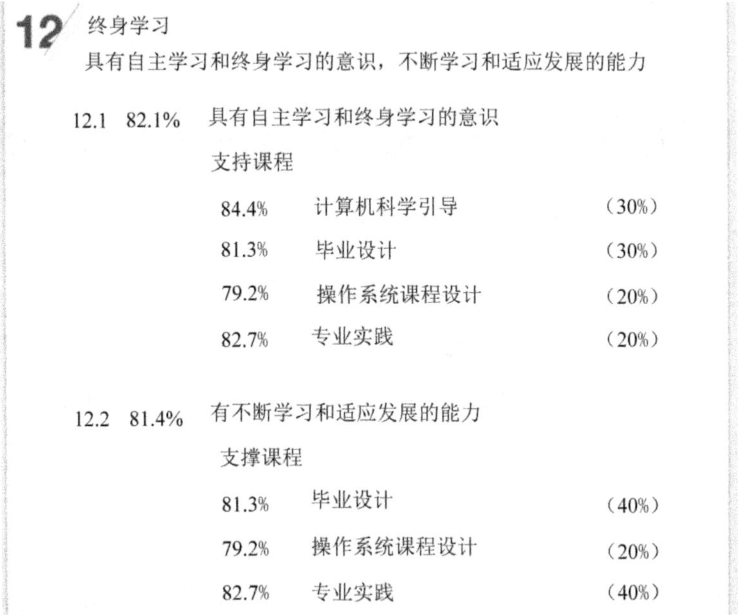

12 终身学习
具有自主学习和终身学习的意识，不断学习和适应发展的能力

12.1　82.1%　具有自主学习和终身学习的意识
支持课程

84.4%　　计算机科学引导　　　　　（30%）

81.3%　　毕业设计　　　　　　　　（30%）

79.2%　　操作系统课程设计　　　　（20%）

82.7%　　专业实践　　　　　　　　（20%）

12.2　81.4%　有不断学习和适应发展的能力
支撑课程

81.3%　　毕业设计　　　　　　　　（40%）

79.2%　　操作系统课程设计　　　　（20%）

82.7%　　专业实践　　　　　　　　（40%）

图 5　指标点达成度界面

5　结束语

本文针对新工科建设背景下工程教育教学管理精细化的新需求，围绕工程教育认证，提出了一种以达成度计算为核心的教学精细化管理平台设计方法。该平台在杭州电子科技大学计算机学院的计算机科学与技术、物联网工程、软件工程三个新工科专业中开展实施，在教学精细化管理方面取得了良好的效果，为学院教学的持续改进提供了数据基础。

参考文献

[1] 张大良.因时而动 返本开新 建设发展新工科——在工科优势高校新工科建设研讨会上的讲话[J].中国大学教学,2017(4):4-9.

[2] 胡波,冯辉,韩伟力,等.加快新工科建设,推进工程教育改革创新——"综合性高校工程教育发展战略研讨会"综述[J].复旦教育论坛,2017,15(2):20-27.

[3] 陈平.专业认证理念推进工科专业建设内涵式发展[J].中国大学教育,2014(1):42-47.

[4] 蒋宗礼.计算机科学与技术专业的认证与改革[J].计算机教育,2010(1):7-11.

新形势下计算机复合型人才培养课程体系的设置

——以"计算机科学与技术＋会计"专业为例

张红娟[1]　　祝素月[2]

1. 杭州电子科技大学计算机学院，浙江杭州，310018
2. 杭州电子科技大学会计学院，浙江杭州，310018

摘　要：随着科学技术与经济的迅速发展，社会各界对人才的知识结构、技能提出了更高要求，要求能运用多种知识、理论和方法解决实际问题。因此，专业化人才培养模式愈来愈不适应市场需求，社会迫切需要具有交叉学科知识结构和技能的复合型人才。各个高校尝试了多种途径进行复合型人才的培养，包括鼓励学生辅修第二专业、双学士培养等。我校尝试了2＋2的复合型专业人才培养模式，从2012年开始设置了"计算机科学与技术＋会计"2＋2复合专业，在专业培养目标、课程体系设置、师资队伍培养等方面积累了一定的经验。

关键词：计算机科学与技术；会计；复合型专业；人才培养；课程体系

1 引　言

新形势下，计算机领域的复合型人才通常可分为计算机领域内的复合型人才、计算机知识与其他领域知识相结合的复合型人才。依托我校学科综合优势，发挥我校信息技术特色，我校自2012年开始实施"计算机科学与技术＋会计学"（以下简称"计算机＋会计"）复合专业人才培养试点，旨在培养跨学科、跨专业的复合型人才，满足信息时代对"计算机＋会计"复合型财会人才的需求。其人才培养目标为：培养适应社会主义现代化经济需要的，具有良好的科学素养、较强的计算机科学和会计学方面的知识与技能，能熟练地运用计算机信息技术解决会计、审计、财务管理问题的应用型、复合型、外向型和创新型专门人才。

2 课程基本体系

人才培养模式改革的根本在于科学设计课程体系,"计算机＋会计"复合专业人才培养模式课程体系设置的关键在于融合两个专业的课程。学生不仅要学习传统的会计、经济管理、金融、法律等方面的课程,还要强化信息技术的学习及应用,能熟练地运用计算机信息技术解决会计、审计、财务管理中的问题。设置课程体系的宗旨是"宽口径、厚基础、重实践"。

"计算机＋会计"2＋2人才培养方案的课程体系由"通识课程(公共基础课)模块、学科基础课程(计算机＋会计)模块、专业课程(计算机＋会计)模块、实践(计算机＋会计)模块"四大模块组成。前两年学生主要学习通识课程(公共基础课)模块、学科基础课程(计算机基础课＋会计基础课)模块;后两年进行专业培养,学生主要学习专业课程(计算机核心课程＋会计核心课程)模块、实践教学(计算机实验课程＋会计实验课程)模块。

2＋2复合专业的学生要求具有宽厚的基础知识。该专业的基础课程设置如图1所示。

应用理论基础课程	专业理论基础课程	学科理论基础课程
程序设计基础	审计学	微观经济学
计算机科学引导	财务管理	宏观经济学
公共英语	高级财务会计	管理学
高等数学 / 概率论与数理统计 / 线性代数	中级财务会计	金融学 / 会计信息系统 / 经济法 / 会计学基础 / 中级财务会计
	管理成本会计	
	数据结构	
	操作系统	C++面向对象程序设计
	数据库系统原理	离散数学

图1　复合专业的基础课程

复合专业的课程设置中注重实践教学,其实践课程如图2所示。

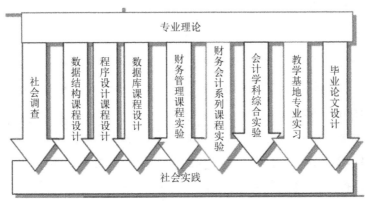

图2　复合专业的实践课程

（1）在课程体系中，保留了计算机与会计两个专业的公共基础课和学科基础课。

（2）在计算机专业课程中，保留了数据结构、数据库系统原理、软件工程、会计数据处理与挖掘、海量数据存储与处理、数据结构课程设计、程序设计课程设计、数据库课程设计等，计算机特色鲜明，功能明显。

（3）在会计专业课程中，保留了中级财务会计、管理成本会计、财务管理、审计学、高级财务会计、税法、基础会计综合实验、财务会计综合实验等主干课程。

（4）结合计算机与会计专业的特点，将两个专业的部分专业课作为限选课或任选课。

3 特色课程的设置

为融合两个专业的知识点，使学生能运用计算机信息技术解决会计、审计、财务管理中的问题，我校针对"计算机＋会计"复合专业增加了以下两门特色课程：

（1）会计信息挖掘技术。本课程是数据挖掘技术在会计信息系统中的应用，目标是培养具有较强数据处理能力和数据挖掘能力的会计人才。本课程结合会计专业的特点，讲述财务报表的主要分析手段，获取上市公司财务数据并进行比率分析，应用聚类分析和推荐系统分别进行公司财务状况分类和财务危机预测，介绍决策树、朴素贝叶斯、支持向量机、主成分分析和 Adaboost 等主流数据挖掘算法，应用现金流量法对公司进行估值。

（2）ERP 系统原理与应用。本课程为计算机信息技术在经营管理中的运用，能培养学生的思维能力、分析问题及解决问题的能力。本课程将从技术和经营管理两个角度介绍 ERP 系统的基本概念、理论与实施方法。通过案例分析 ERP 系统实施过程中的技术关键、常见的主要问题及解决方案，分析 ERP 系统中各功能模块与单元信息化相关信息子系统之间的关系，系统介绍 ERP 系统软件选择的评价和实施过程方法。

4 课程内容的融合

为了使计算机信息技术与会计专业知识很好地融合，我校在复合专业的培养摸索中改变了计算机专业课程授课内容为纯计算机技术的现象，在计算机专业课程中增加了计算机在会计学中的运用。例如：

（1）"数据库课程设计"与"会计信息系统"两门课实现内容上的融合，由两个专业的老师协商教学大纲，确定课程内容，设计案例需求结合会计信息系统，设计方法按照数据库课程设计的方法进行，使计算机和会计学的内容达到高度融合。

（2）在"程序设计课程设计"中，结合会计业需求，开发会计、审计软件相关功能模块；并由会计专业老师提出功能模块需求,计算机专业老师负责指导设计技术方法。

(3)"数据库系统原理"课程在内容上结合了会计案例教学,SQL 的学习结合用友-U8系统中的数据库进行编程开发。

优化课程体系,实现计算机与会计课程的进一步融合:

(1)加强数据处理的理论、操作和实践。增加 Oracle 数据库应用课程,增加"数据库系统原理"课程的课时,增加 Excel 的运用,以满足用计算机信息技术处理会计、审计的实际问题。

(2)整合部分基础课程。将"面向对象方法与统一建模语言"课程提前,增加"会计信息系统分析与设计"课程。这两门课前后呼应,在内容上也相互融合。

5 总 结

我校"计算机+会计"2+2复合专业人才培养模式改革历经五年(2012—2017 年),已有两届毕业生,两个专业每年都会对复合型人才培养模式的探索进行总结,在肯定复合专业培养复合型人才的同时,也发现了存在的不足,并对新一轮的课程设置和培养方案不断进行改进。比如:由于复合专业学生要学习两个专业的专业课程,C 类选修课太少,学生选课余地不大,选课的自主权不能充分发挥,不利于拓展学生的知识与技能、发展学生的兴趣和特长、培养学生的个性;学生毕业设计采用双导师制,规定了毕业设计(论文)要求运用计算机信息技术解决会计、审计、财务管理等领域的问题,但在实际实施中,没有真正做到双导师指导,对毕业论文的质量造成一定的影响。

学校应结合 2+2 复合专业人才培养实际,制定相关政策制度,鼓励两个专业的教师积极参与复合专业人才培养模式改革,并形成长效激励机制,培养出具有较高计算机应用水平的高级会计人才。

参考文献

[1] 郑先锋,陈昌志.独立学院 IT 融合人才培养模式的探索[J].科学咨询(科技·管理).2012(11):142-143.

[2] 金一平,吴婧姗,陈劲.复合型人才培养模式创新的探索和成功实践——以浙江大学竺可桢学院强化班为例[J].高等工程教育研究,2012(3):132-136.

[3] 张肃,王含.论复合型人才培养模式及其教育实践[J].山西财经大学学报.2016(z1):87-88.

面向物联网工程专业的嵌入式知识培养模式探索与实践①

张 桦 吴以凡 仇 建

杭州电子科技大学计算机学院,浙江杭州,310018

摘 要:本文分析了物联网应用系统对嵌入式知识的迫切需求与物联网工程专业学生薄弱的硬件基础之间的矛盾,从教学内容和教学形式两个方面进行了对培养模式的探索。我们设计一门"物联网工程硬件基础"课程,采用生动形象的案例化教学方式,将简单易学的单片机作为主要教学实验平台;设计了从功能模块学习到应用案例实践的进阶式教学组织形式,对嵌入式教学内容进行融会升华。该课程将全方位激发学生对嵌入式课程的兴趣,培养学生良好的嵌入式工程实践和创新能力。

关键词:物联网工程;嵌入式;培养模式;案例化

1 引 言

自 2016 年年底以来,以"共享单车"为典型代表的新型共享经济在国内迅速走红,并以各种形态强势渗透到人们日常生活的方方面面。这类依托于实物共享的互联网经济繁荣,在很大程度上得益于物联网工程专业多年来知识和人才的持续输出。

物联网工程专业是国家教育部自 2011 年开始设置的新专业。国内很多高校,诸如哈尔滨工业大学、西安电子科技大学等,相继获批创立该专业并进行招生。在专业建设的过程中,各高校充分发挥自身特长,开展物联网工程专业的特色教育,多年来培养了大量具有扎实基础专业知识的学生,极大地促进了互联网经济的发展。然而典型的物联网应用系统通常包含平台建设、APP 设计,以及底层基础模块设计。目前的物联网工程专业教学体系仍

① 资助项目:杭州电子科技大学 2017 年高等教育研究资助项目"工程教育背景下面向物联网工程专业的嵌入式知识培养与实践"(YB201723)。

普遍存在"重软轻硬"的弊端,学生在构建现场基于嵌入式的对外感知、远程传输和反馈控制等底层基础模块时,能力明显不足。

如何培养物联网工程专业学生的嵌入式知识体系,如何设置物联网工程专业的嵌入式课程,是当今"互联网＋"大环境下亟须解决的重要问题。工程教育认证作为本科专业建设的重要标杆,提出了以生为本、以培养目标为纲、以毕业要求为出口导向的核心思想。以该思想为指导,建设符合社会经济发展需求的物联网工程专业,培养德才兼备、适应将来工作发展的合格毕业生,是本课题的根本目的和重要意义。

2 现状分析

我校计算机学院在 2012 年获批创立物联网工程专业并进行招生,在浙江省属首批。在专业建设的 5 年中,我们严格按照工程认证标准,建立了 OBE[1]教学体系规范;物联网专业的学生在创新创业氛围的熏陶下,联合企业设计各种物联网应用系统,实践能力取得了长足发展。在给物联网工程专业的学生组织创新实践活动时,大部分同学都偏向于选择算法、网站设计和 APP 实现等相关的项目,而几乎没有人选择基于嵌入式系统的开发。面对这样的场景,我们不禁思考:物联网工程专业的嵌入式知识培养问题出在哪里?

浙江省内高校的物联网工程专业通常由计算机学院创立,而非电子或通信等学院,因此教学体系普遍存在"重软轻硬"的弊端[2],偏向程序算法、软件工程、数据库设计和网络技术;对硬件类课程设置相对较少,特别是对数字电路设计、单片机设计、嵌入式系统等内容进行贯通的实践课程偏少。学生不能有效认知和消化理解,造成硬件类知识基础薄弱。我校物联网工程专业在整个高等教育过程中仅在高年级安排 1 门嵌入式操作系统的课程,由于理论自身的难度,以及缺乏实践的填鸭式教学,使学生丧失了对嵌入式知识的兴趣爱好和主动学习能力。

对于"共享单车""智能家居""可穿戴设备"等典型物联网应用系统,对外感知、远程传输和反馈控制等底层基础模块是整体系统必不可少的组成部分。通过对这些物联网系统的深入分析,我们不难发现,虽然这些底层基础模块的开发和设计完全依赖于嵌入式系统技术,但是由于这些系统的交互信息多数为文本和数据信息,传输频率也较低,因此对系统整体性能要求不高。我们只需要采用简单易学的单片机,搭配常用的物联网通信方式就可以实现,并不需要高性能处理器,免去了高频硬件设计、复杂操作系统以及多核处理器协同编程的困扰。对照现行的培养方案,我们对物联网工程专业学生掌握的嵌入式基本知识是否要求过高呢?

3　培养模式探索与实践

针对物联网工程专业学生学习嵌入式知识时"基础弱、课程难"的学习现状,结合典型物联网应用系统对嵌入式知识的实际需求,本课题对物联网工程专业的嵌入式知识培养模式进行了探索和实践。

3.1　案例化教学内容

经过多年对物联网工程专业嵌入式课程的教学分析和总结,并学习了国内外先进经验[3-4],我们设计了一门"物联网工程硬件基础"的课程。该课程采用案例化的教学内容,以"共享单车""智能家居""可穿戴设备"等生活中熟悉的物联网应用系统贯穿其中,将简单易学的单片机作为课程的主要学习对象,替换原先课程体系中枯燥冗长的嵌入式操作系统知识。该课程从复杂到简单、抽象到具体、内容分散到综合,全方位激发学生对嵌入式课程的兴趣。

该课程主要设置的教学内容学习框架如图 1 所示。

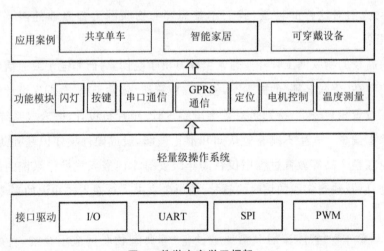

图 1　教学内容学习框架

学生在系统设计阶段,学习主芯片的选型,了解最基础的硬件设计理念、各外围接口的工作原理和编程思想;在系统实现阶段,学习从易到难的各个接口驱动程序、轻量级的操作系统,并实现相应的系统功能模块;在系统测试和优化阶段,从节能的角度出发,学习单片机休眠的原理和方式,进行系统功耗的测量,优化整体系统性能。学生需要掌握的嵌入式知识由浅入深,自简到难,不断扩充自身的硬件知识、嵌入式工程实践和创新能力。

课程选用美国 TI 公司的 LaunchPad 口袋实验板和中国移远公司的 GPRS 与 GPS

功能二合一的 Quectel EVB Kit 为教学实验平台,如图 2 所示。无论是 LaunchPad 口袋实验板还是 Quectel EVB Kit 均由 1 块带有主芯片的核心板、1 块接口扩展板和双层结构组成。

图 2　教学实验平台

接口扩展板作为基础底板,通过排针将主芯片的外围设备接口引到板上,扩展出用于实验验证的接口,如表 1 所示。LaunchPad 口袋实验板的接口扩展板为低功耗单片机 MSP430G2553 扩展 UART、I/O、I2C、SPI、A/D 等。Quectel EVB Kit 的接口扩展板为 MC20 扩展 UART、I/O、SPI、ASP 等接口,用于 SIM 卡、SD 卡、麦克风和耳机等应用。丰富的外围接口为"共享单车""智能家居""可穿戴设备"等案例应用的实现提供硬件基础。

表 1　扩展接口

处理器	UART	I/O	I2C	SPI	A/D	ASP
MSP430G2553	√	√	√	√	√	
MC20	√	√		√		√

3.2　阶式教学组织形式

"物联网工程硬件基础"课程最核心的理念依然是"以学生为本",即以学生为中心。每个学生对不同应用案例的感兴趣程度是不一样的。针对"共享单车""智能家居""可穿戴设备"或者自定义案例,设计一系列如图 3 所示的难度递进的接口驱动以及应用功能模块,让学生在学习过程中首先根据兴趣爱好选择加入不同的应用案例团队,从易到难地学习相应的底层硬件知识,然后以团队为单位完成应用案例实践。

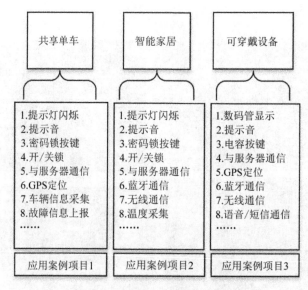

图 3　进阶式教学组织形式

在底层硬件知识学习阶段,教师组织学生围绕特定的接口及相关教学材料,自主构建对接口功能、原理的理解,实现对接口的编程和应用。在整个教学过程中,教师关注的不再是以什么方式最有效地表达该模块的原理,而是如何更加有计划地组织、帮助和引导学生对该模块知识的自主构建,从而激发学生对嵌入式课程的兴趣。

在应用案例实践阶段,学生通过自由组合的方式构成项目团队,提出自己的创新想法。教师帮助每个团队完善其需求,分析项目可行性。学生在需求分析审核通过的情况下,进入系统概要和详细设计环节。学生阐述项目中各功能事务流,完成程序流程图,确定函数功能、接口、参数以及各数据类型和通信协议。教师考察学生的逻辑分析能力及项目方案的合理性。学生根据系统设计方案和底层硬件知识,依次实施驱动程序、上层应用程序的编程和调试,最后进行系统测试和功能演示,完成应用案例实践,实现对嵌入式处理器知识从量变到质变的升华。

3.3　实施和考核方法

每个团队配备一套实验教学平台。课程各个阶段的时间分配为:底层硬件学习 8 周,应用案例实践 8 周,各占学期总时间的一半。应用案例实践过程中,需求分析、系统设计、程序编码和测试分别占 1 周、2 周、3 周、1 周,最后 1 周用于验收。

在底层硬件学习的阶段中,每次上课首先由教师演示各接口的功能效果,然后学生自主自发地学习其工作原理,并且对示范例程进行修改调试。每个接口学习完毕,教师对学生进行问题式检查,记录学习成绩 $S_i(i=0,1,\cdots,7)$。在应用案例实践阶段,学生在教师指导下自由组队,队员人数为 4~5 名,有针对性地担任项目主持、底层驱动、应用程序以及测试程序员等不同角色,相互合作与交流,最终共同完成创新项目任务。在需求分析、系统设计、程序编码、系统测试和项目验收 5 个环节,不同队员进行工作汇报,教师记录成绩 $T_j(j=0,1,\cdots,4)$ 和每个环节的加权系数 $\beta_j(j=0,1,\cdots,4)$,并且在系统设计阶段确定项目难度系数 α。一个学生的总成绩 Q 为 8 次底层硬件学习的平均成绩和 5 次应用案例实践的加权平均成绩之和,即

$$Q = \frac{1}{8}\sum_{i=0}^{7} S_i + \alpha \sum_{j=0}^{4} \beta_j \, T_j$$

4 结束语

我们针对物联网工程专业学生硬件基础知识薄弱的现状,结合典型物联网应用系统对嵌入式知识的实际需求,设计了一门"物联网工程硬件基础"的课程。该课程采用案例化的教学方式,以生活中熟悉的物联网应用系统设计和实现贯穿整个学习过程,将简单易学的单片机作为课程的主要学习对象,替换原先课程体系中复杂枯燥的嵌入式教学内容。课程从设计功能模块学习到应用案例实践的进阶式教学组织形式,对嵌入式教学内容进行融会升华;并以低功耗单片 MSP430G2553 为教学实验平台,讲述其教学过程和考核方法。该课程将全方位激发学生对嵌入式课程的兴趣,可以培养学生良好的嵌入式工程实践和创新能力。

参考文献

[1] 雷艳静,钱丽萍,秦娥,等. OBE 理念下计算机硬件课程群建设研究与实践[J]. 计算机教育,2016(4):88-90.

[2] 符秋丽. 计算机专业嵌入式系统课程教学问题探讨[J]. 中国现代教育装备,2014(13):62-64.

[3] 王鑫,张钰,唐成华,等. 物联网工程专业硬件课程体系建设的研究[J]. 中国教育技术装备,2014(12):7-10.

[4] 姚建峰,郭旭展,孙艳歌. 物联网感知层模块实践教学研究[J]. 软件导刊,2017,16(1):197-199.

信息与计算思维新生研讨课教学模式探索①

张银南

浙江科技学院信息与电子工程学院,浙江杭州,310023

摘　要: 为切实推进我校教学改革,实现人才培养质量的提升,我校开展了新生研讨课的建设与探究。新生研讨课是解决新生大学适应问题的重要渠道,课程要求以问题为中心,着眼于为学生释疑解惑,激发学生的学术兴趣,注重学生的积极参与,强调师生的直接互动。本文针对新生的特点,结合开设的信息与计算思维新生研讨课,对课程的教学方式、教学内容、考核方式等各个环节的设计进行了探索,对课程中的相关案例进行了讨论,阐述了实施课程方案的步骤,提出了教学思考及改进建议。

关键词: 计算思维;新生研讨课;MOOC;教学模式

1　引　言

大学新生的适应问题是大学教育面临的一个重要问题[1]。新生阶段不适应将影响学生大学四年的学业。新生研讨课是解决新生大学适应问题的重要渠道,着眼于为学生释疑解惑,激发学生的学术兴趣。教师精选研讨专题,师生共同研究讨论,注重学生的积极参与,强调师生的直接互动,在主动参与和充分交流中启发学生研究和探索的兴趣,教授科学的思维方式与研究方法,培养学生的创新意识与创新能力。其目的在于帮助学生加深对大学学习的认识,初步培养学生提出问题、解决问题的研究能力和合作精神,让他们尽快适应高校的学习环境。

2015 年,我校开展新生研讨课立项工作组织,推出首批 10 门新生研讨课,采取小班教学的模式,其中笔者申报了"信息与计算思维"课程,并获得立项。

① 基金项目:浙江科技学院 2015 年度新生研讨课项目"信息与计算思维"(2015-K8);浙江省教育厅 2016 年度高等教育课堂教学改革项目"基于线上线下混合的 C 语言程序设计教学实践"(KG20160271)。

2　课程目标及意义

2.1　国内外新生研讨课的发展情况

新生研讨课发源于西方高等教育,是一种以探索和研究为基础的师生互动式、以讨论为主的主题式教学模式[2]。

新生研讨课最早于 1959 年出现在哈佛大学,当时教育改革者希望通过开设该课"加强新生和教师的接触,强化大一新生的学术经历",改变本科教学长期被忽视的不利状态,同时提高本科教学质量。刚开始,新生研讨课完全属于学术模式,主要以学术性专题为讨论要点,采用小班研讨模式。到 1972 年,卡罗莱纳大学开设了以加强师生沟通和学生的适应性转变为目标的新生研讨课;这种模式后来被引入国内,于 2003 年首次在清华大学展开实践,效果较好;随后,国内其他高校如中国人民大学、上海交通大学、复旦大学、浙江大学等也相继开设了新生研讨课,都收到较好的效果[3]。

2.2　计算思维

计算思维、数学思维和实验思维是科学思维体系下的 3 种认识事物、发现规律的方法。计算思维是运用计算机科学的基础概念去求解问题、设计系统和理解人类的行为。计算手段已发展为与理论手段和实验手段并存的科学研究的第三种手段。

计算思维的重要性引起了广大教育工作者的重视,自 2012 年以来,高等学校计算机基础课程教学指导委员会先后推进了以计算思维为切入点的大学计算机课程教学内容改革以及以"MOOC＋SPOC"为试点的教学方法改革,一些高校在课程改革方面取得了显著的成绩,积累了宝贵经验。这几年,我们在计算机课程教学中,也逐渐注重对计算思维和程序设计能力的培养。

信息素养是信息时代社会成员的必备素质,也是当代大学生今后生存与发展必不可少的基本能力。在信息技术飞速发展的今天,具备一定的信息素养,已成为信息社会对人才最基本的要求。在信息社会与互联网时代,"计算＋""互联网＋"等都要求学生具有计算思维。

2.3　课程目标

信息与计算思维新生研讨课以培养学生的信息素养和计算思维为主线进行课程内容设置,其教学目标是:培养学生的信息素养,培养学生良好的计算思维能力,传授计算机科学基础知识,为各学科学生学习计算机相关课程打好基础,提高学生的计算机问题求解能力和计算机应用水平。

授课过程中,教师强调案例应用与课程理论的映射,通过课程的实施来培养学生学习计算机科学的兴趣,使得学生能够很好地理解计算机科学中的一些基本概念和核心问题,以及掌握解决问题的一般思考方式,帮助学生初步建立起计算机学科知识框架,以助于其更好地学习计算机基础课程和专业课程。

2.4　课程定位

让学生能够完全具有上面定义的计算思维能力是不现实的,原因在于:思维能力是长期积累的过程,不可能通过短期训练来获得;计算思维涵盖的知识体系是整个计算机学科,不是一两门计算机课程能够满足的[4]。

对于新生来讲,一味地灌输"计算思维"相关内容,可能会令其困惑。这是因为,思维以感知为基础,又超越感知的界限来探索与发现事物的内部本质联系和规律性。教师需要通过案例来培养学生对计算机科学的感知,帮助学生理解计算机学科体系及课程结构。

新生研讨课应当结合"新生"和"研讨"两方面。新生研讨课不同于一般的新生入学教育,也不同于一门学术性课程,而是应将两者有机结合[5]。

因此,本课程定位在学生知识和能力可接受的基础上,通过以点带面的案例教学方式,选择特定问题和内容来逐步加深学生对计算机科学核心问题的认识;通过案例引入相关理论课程信息,讲授每个大学生都应具备的计算思维;通过引导学生准备材料、总结和分析问题,让学生逐步具备解决具体计算机问题的能力;通过在研讨中引导学生主动思考,来激发学生学习计算机科学的热情。

3　课程实施

3.1　课程内容

本课程以当前研究领域中的热点问题为切入点,通过通俗易懂的讲解,使得学生能够了解驱动当前 IT 发展背后的计算机原理性知识和相关技术,并将这些知识和技术与计算机相关专业课程相对应,使学生能够形成对相关课程的初步印象。

教师确定选题时需注意本科新生的特点,其内容应适合一年级学生的知识水平和接受能力,不宜太艰深,但也不宜太浅显,既要避免上成科普课、引论课,又不能演变成专业课,且教师讲授要深入浅出,应着重在激发新生兴趣和主动参与意识。课程专题可涉及任何学术领域,鼓励交叉学科专题,深度介于科普与专业课程之间,需围绕相对稳定的专题展开,避免讲座式串讲;专题以 3~5 个为宜,并要细化专题的学时安排。

我校的信息与计算思维新生研讨课分为计算机与计算、计算系统、算法思维、信息素养四个专题[6]。

3.2 课程教学

本课程结合通俗易懂、富有趣味的案例,深入浅出地介绍计算学科所蕴含的经典的计算思维,是面向全体本科新生开设的信息教育课程。

(1)制定教学大纲。根据新生研讨课项目评审指标、立项课程验收标准及评分表,对课程目标、教学内容、课程成绩评定、课程教学效果评估等方面进行分析,制定教学大纲,编写教学任务书。

(2)组织教学资源。教学资源注重时效性,选择精当;参考资料、讨论案例不能陈旧,要突出"新",紧跟学科前沿,建议选择贴近学生、贴近现实的专题进行研讨。

(3)教学形式。本课程采取灵活多样的教学方式,提倡研究性教学,强调学生参与课堂研讨,强调学生对所学知识的应用与实践。围绕某一师生共同感兴趣的专题,通过教师与学生之间、学生与学生之间的交流互动(口头及书面),以小组方式学习、讨论,调动学生的主观能动性,进行探究性学习,培养学生敢于和善于开展自主探究的素质与能力。要求不同的教学形式(如课堂讲授、课堂讨论、实验实践等)所占学时应具体明确,其中课堂专题研讨时间至少占总学时的50%以上。学生课外学习时间与课堂学习时间比例应不低于2:1,并完成一定数量的文献阅读。

3.3 授课方式

本课程采用"MOOC+SPOC+翻转课堂"的教学模式[7],开展有效、深层次的研讨,进行问题解决,明确培养信息素养需要关注哪些方面,观看视频并安排课堂研讨,完成专题报告,积极应用新知识。

(1)课前预习。在课前给学生布置讨论主题以及需要阅读的相关参考资料,让学生课外上网查找资料,了解计算思维,关注信息化发展方向;课下要求学生学习中国大学MOOC网站上战德臣老师讲解的"大学计算机——计算思维导论"。

(2)课堂研讨。授课与讨论相结合。研讨课最为突出的特点就是互动参与性,教师鼓励学生由传统的被动接受转变为主动思考。课堂内有主题讨论、分组演讲、翻转教学、学生辩论等多种形式。在课上,教师引导学生主动完成对相关题目的讨论,并从中传授知识。但是在实际操作过程中,由于新生不熟悉文献的搜索、分析和总结等方法,以及部分文献理论性过强等原因,因此不可能每堂课都以翻转课堂的形式进行。目前,只能将讨论穿插在授课过程中进行。

(3)查阅资料,撰写报告。为培养学生阅读文献、总结文献的能力,除每次课布置的文献阅读任务外,教师还要求学生在课程结束时撰写并提交一份计算机领域内指定题目的项目发展报告或研究进展综述,以锻炼学生提炼和总结材料的能力。

为此,教师安排了上机实验,讲解论文的写作和排版,演示报告的制作过程。

3.4 课程案例设计

根据这几次选课学生专业比较集中的实际情况和讲授主题,案例设计从学生的专业出发,结合科研实践和学生的学科竞赛项目来进行讲解。下面根据专业举例说明。

(1)物流专业。2016—2017 学年第 1 学期选修本课的基本上是物流专业的学生。笔者结合自己参加的会议"2016 中国(杭州)国际电子商务博览会""2016 中国(杭州)快递业高峰论坛""潮起钱塘·全球跨境电商峰会"以及科研项目,提出并研讨了电子商务、物流议题。

该议题针对已转型或即将转型的传统制造型企业,面临物流、供应链、海外仓等难题的跨境电商企业。为解决目前跨境电商企业尤其是中小型企业面临的物流、海运、海外仓等跨境供应链难题,讨论分析如何提供专业化供应链解决方案。

(2)信息大类专业。2016—2017 学年第 2 学期选修本课的基本上是信息大类的学生。近几年,人类在一些科技前沿领域取得了重大的突破,这些领域包括人工智能、基因技术、纳米技术等。我们看到了许多以前只存在于科幻小说中的内容成为现实:人工智能击败了人类顶尖棋手,自动驾驶汽车技术日趋成熟,生产线上大批量的机器人取代工人……

讨论题目有:机器真的能替代人吗?如何在智能时代开始跨越思维的不连续性?结合阿里巴巴、杭州城市大脑、共享单车等案例,对互联网+、大数据、人工智能进行解读。"用不确定的眼光看待世界,再用信息来消除这种不确定性"是大数据解决智能问题的本质,进而引出相关知识的讲解。

(3)环境设计专业。环境设计专业分为景观设计和室内设计两个方向。在"互联网+"时代,传统家居行业需要智能化,互联网+智能家居颠覆与重构了传统家居产业链。笔者参加了"2017 中国智能家居产业联盟年会"等会议,结合现实提出"什么是智能家居?"这一议题,引导学生对智能家居的产业链、智能家居未来商业模式和利润区、互联网企业智能家居生态圈竞争新格局、传统家居企业的"智慧化"变革、传统家装企业向电商化运营的转型升级策略、引爆智能家居千亿市场的唯一路径、智能家居的营销模式和渠道布局等方面进行探讨。

3.5 考核方式

新生研讨课与基础课、专业课等其他课程性质不同,不适合采用最终考试的考核方式。相反,新生研讨课关注的是课程进行过程中学生的参与程度、表达与适应能力的转换强度等,对学生进行综合评价。因而在该课程的考核中考虑以下关键因素:研讨积极性;表达、沟通交流能力的提升;对其他人的主题报告响应程度;对研讨主题的把握;书面报告的规范程度及内容的有效性。

成绩评定采用百分制,总评成绩由平时考核(70%)、实践环节(10%)、期末考核(20%)构成。平时考核包括考勤考纪、课堂讨论、平时测验、作业、读书报告、研讨报告等。实践环节包括上机实验等。期末考核包括期末报告的内容和格式。

当然,考核形式的科学程度有待进一步实践的检验,但这一框架基本能反映新生研讨课的规律。

4 教学思考

通过直接交流和间接的意见反馈,授课基本达到了预期目标,但也出现了以下一些问题。

(1) 由于学生的基础不同,教师对课程要求尺度标准把握不准,导致学生有时会无所适从;

(2) 授课形式不能完全调动学生学习的积极性,出现学生上课玩手机等现象;

(3) 有些学生的学习主动性不够,布置的作业很难完全自己完成,文档写得也不够规范;

(4) 课时紧张,有些感兴趣的话题并没有给予充足的时间讨论;

(5) 在案例讲解过程中,对于一些专业术语,学生很难理解其含义和内容;

(6) 由于部分讨论题目难度"太大",学生课下无法准备,也就无法参与讨论。

针对这些问题,根据课程目标,教师需要对课程进行改进。

4.1 从高校教师的角度出发

新生研讨课的特点在于"研讨"二字,即以学生为主体进行讨论,需要学生发挥主观能动性去探索知识。因此,教学情境设计着重于改变学生的学习观,培养学生学习和思考的主动性。

(1) 对课程内容进行充分设计,从总体上确定每个主题的"输入与输出";

(2) 课上通过算法游戏、真实系统演示等手段引起学生的兴趣;

(3) 对部分内容进行删减,控制课堂节奏,以保证主要题目的讨论时间充裕;

(4) 针对文献综述、作业的要求及格式说明,开始时就布置下去,明确要求;

(5) 多与学生进行沟通及交流,在授课方式、课题选择等方面征求学生意愿,通过增进了解和理解等"软手段"来辅助相应题目讨论的正常开展。

这对教师的综合素质提出了较高的要求,也需要教师改变教学习惯,投入更多精力。

4.2 从新生的角度出发

部分新生并不适应研讨课的授课方式。一方面是受基础教育体制的影响，学生习惯于被动接受"填鸭式"灌输方式，不习惯没有确定答案的问题讨论；学生很少积极发言，课堂气氛并不热烈，有的学生即使有观点也并不愿意主动发表和分享。另一方面，教学内容的难度一时难以把握，讨论的主题大多是当前计算机领域相关的热门话题，学生对于这些话题的了解程度参差不齐。如何发挥学生主动性是教学成功的关键，是教师要思考的重要问题。

新生研讨课如何设计课外实践环节？为了培养学生学以致用和理论联系实践的意识，要让学生"走出去"，主要包括参观产业园区、IT 企业和走进科创实验室等活动。学生可以切身了解信息科学领域的前沿问题，提升自主学习、探索研究、团队合作、书面和口头表达等多方面的能力和素质。

5 结束语

近年来，新生研讨课这一课程形式在国内方兴未艾，由于这种课程的形式、内容灵活，且其在专业的非知识能力、技能的培养方面占有重要地位，因而越来越受到各高校的青睐。作为新兴的教学模式，新生研讨课还处于一个不断探索、不断完善的过程。本文对信息与计算思维新生研讨课的教学方式、教学内容、考核方式等各个环节的设计进行了探索。当然，这一课程设计在教学实践中还存在一些问题。如何进行课程设计，更好地把控课堂教学、调动学生的积极性，同时激发学生的情感，营造良好的课堂氛围，是下一步课程改革的重点和方向。

参考文献

[1] 龚放. 大一和大四：影响本科教学质量的两个关键阶段[J]. 中国大学教学，2010(6)：17-20.

[2] 沈蓓绯. 哈佛大学新生研讨课教学模式分析[J]. 辽宁师范大学学报（社会科学版），2013，36(4)：536-541.

[3] 宗欣露，王春枝，徐慧. 基于 MOOC 的网络工程专业教学模式研究[J]. 计算机教育，2015(22)：44-47.

[4] 鲁强. 计算思维导引新生研讨课的实施与认识[J]. 计算机教育，2016(10)：133-136.

［5］杨慧，杨燕．关于计算机专业新生研讨课的思考与实践［J］．计算机教育，2016（3）：16-18.

［6］战德臣，王浩．面向计算思维的大学计算机课程教学内容体系［J］．中国大学教学，2014（7）：59-66.

［7］战德臣，聂兰顺，张丽杰，等．大学计算机课程基于 MOOC＋SPOCs 的教学改革实践［J］．中国大学教学，2015（8）：29-33.

课程建设

"办公软件高级应用"课堂教学改革的探索与实践[①]

陈建国

浙江财经大学东方学院,浙江海宁,314408

摘　要: "办公软件高级应用"的教学内容与等级考试大纲密切相关,涉及的知识点比较多,学生学习有一定的困难,必须要根据实际情况进行教学改革。本课题作为东方学院重点教学改革课题于 2015 年 4 月立项,历时 2 年的探索和实践,对课堂教学方案和课程评价考核方式进行了改革,同时加强了网络课堂的建设,教学效果得到了提高。

关键词: 办公软件;高级应用;教学改革

1　引　言

"办公软件高级应用"是面向东方学院所有学生开设的课程,汉语言文学、广告学、艺术设计、法学、行政管理、英语、日语、金融学、保险等专业从 2011—2012 学年第 2 学期开始开设"办公软件高级应用"必修课,其他专业从 2013—2014 学年第 1 学期开始开设"办公软件高级应用"公共选修课。

2　主要研究的问题

2.1　教学中存在的问题及原因

学生已经学过"计算机应用基础",有了一定的专业基础,"办公软件高级应用"比较容易入门,这就造成有的学生不重视甚至轻视本课程,平时在学习上投入的时间和精力不足,往往到了期末考试的时候才发现这门课程不像他们想象的那样简单,成绩也就可想而知了。

---

① 资助项目:浙江财经大学东方学院教学改革重点课题(2014JK45)。

由于受到实验机房和教师数量等条件的限制,本课程采用的是大班化教学的形式,必修课学生人数在 100 人以上,选修课学生人数最多的时候在 130 人以上,各个学生的学习情况差异很大,教师仅 1 人,实验辅导工作量大,教学进度难把握,教学效果不理想。

本课程虽然入门容易,但是知识点多、操作性强,需要学生通过大量实践才能掌握。学生平时在实践的过程中往往没有注意到细节,导致错误出现,自己却没有发现,影响了学习效果。

很多学生都想通过浙江省大学生计算机等级考试获得相应的证书,为将来的工作和就业做准备,但是我院学生计算机等级考试的通过率不高,如表 1 所示;其原因是独立学院学生自身学习能力有限,在学习上又缺乏相应的指导和帮助。

表 1　东方学院浙江省大学生计算机等级考试成绩统计

时间	人数/人	及格率	优秀率
2010 年上半年	633	40.44%	1.26%
2014 年上半年	1019	48.97%	8.83%

2.2　问题提出

针对教学中存在的问题,本课题研究的主要内容如下:

(1) 研究利用评测软件进行形成性评价考核。教师利用评测软件布置作业、进行单元测验和综合考试,由评测软件自动评阅并及时反馈学生成绩。这样做不仅可以减轻教师的工作强度,提高其工作效率,还可以对学生进行有效的形成性评价考核,真实准确地反映学生平时的学习情况,对学生的平时学习起到鼓励和促进的作用。

(2) 研究制作操作视频并利用网络课堂进行展示。使用录屏软件把操作步骤精心制作成视频,放到网络课堂上,无论在上机实践的课堂上,还是平时的学习过程中,只要遇到问题,学生就可以随时登录网络课堂查看操作视频,及时得到指导帮助,方便学生的学习。

(3) 研究认知规律与学生心理,提高学生自主学习的积极性。根据独立学院学生的特点,鼓励学生通过本课程的学习提高办公软件的应用能力,满足今后学习、工作的需要,为顺利通过计算机等级考试打下良好的基础。

2.3　研究意义

教学过程不仅仅是一个学习客观知识的过程,还应该成为教师和学生共同建构知识的过程,课程教学改革需要不断强化教学意识和课程意识。

(1) 在看待教学目标方面。教学意识的重点在于,确定一个目标,然后通过各种途径去实现这个目标,这就是有效教学;而课程意识则关注目标本身是否合理,如果这个目标本身不合理,那么即使通过各种教学手段和途径实现了这个目标,也没有什么意义,是低效或无效的,甚至是负效的。

(2) 在看待某项教学活动的意义方面。教学意识关注把这项活动尽可能做到最好;而课程意识关注的重点在于这项活动做到什么程度才是合理的,完成这项活动的过程如何才能引人入胜,即教师具体的教学活动要恰到好处,要和整个教学活动的结构联系起来,这项活动要恰如其分地发挥它应该发挥的作用,与学生的其他各项活动之间保持一种动态的平衡。否则,就会挤占学生的其他学习时间甚至应有的娱乐、运动、休息和睡眠时间,影响学生的健康成长和健全发展。

(3) 在看待学生的学习结果方面。教学意识关注掌握基础知识和基本技能的程度,特别是考试的分数;而课程意识则关注学生的继续发展,包括学习的意愿、能力以及情感态度价值观方面的健全发展,基础知识和基本技能的获得,特别要注意的是考试分数的获得应该服从和服务于学生的学习意愿、学习能力和情感态度价值观方面的健全发展。后者才是教育的根本目的,是社会发展和进步的长远的根本利益所在,是教育中最重要的基础。也就是说,"双基"和考试分数的获得,不能以学生的健康成长和健全发展为代价,而应该是促进学生的健康成长和健全发展;学生所获得的应该是其终身学习和发展以及参与未来社会生活所必需的基础知识和技能以及基本的态度、能力和愿望。那种导致学生虽然学到了很多东西却越来越讨厌学习的教学状况,无异于"杀鸡取卵",是得不偿失的。[1]

3 教学改革理论依据

本课程教学改革的理论基础是建构主义学习理论和情境学习理论。建构主义学习理论的核心观点,是学习者从经验中积极地建构自己的知识和意义世界;情境学习理论的核心观点,是学习者不能跨越情境边界,任何学习活动都是在一定的学校情境或社会情境中发生的。

(1) 先实践,后理论。传统的教学模式遵循从理论到实践的学习逻辑,其前提假设是只有具备了一定的理论知识,才能够掌握相关的实践技能。这种逻辑在教学实践中的表现就是先学习理论知识,再进行实践教学。实践证明,这种教学模式的效果有时并不理想,甚至有可能让学生对专业学习产生厌恶感。情境建构主义教学理论主张将现有的理论与实践顺序颠倒过来,以"适应论"的逻辑来阐释理论与实践的关系。"适应论"认为个体的成长是与周围环境不断适应的过程,个体的学习动机只有在其感觉到自己的素质不足以应付环境时才会被激发出来。因此,素质本位的教学模式要求在教学中实践在前,理论在后;先让学生参加专业实践,在实践中感到不足后再引导学生学习相关专业理论知识,最终实现实践与理论的一体化。

(2) 强调学生对知识、技能的主动建构。知识、技能本身有自己的逻辑,学习者也具有自己的学习逻辑。技能训练主义主张通过反复训练来培养学生的再造技能,认知发展主义主张将系统的理论知识按照知识本身的逻辑教授给学生。这两种教学模式都强调了知识和技能本身的逻辑,但是都忽视了学习者自身的学习逻辑。学习者自身有自己的知识和能力结构,任何外部的知识、技能只有经过学习者的"同化"与"顺应",才能够变得有意义。从这个逻辑出发,机械地训练技能或发展认知是违背学习规律的。情境建构主义教学模式推崇学习者的主动性,强调学生对知识、技能的主动建构。因此在教学过程中,教师由以前的课堂"主宰者"变成了现在的"引导者",学生由被动的"学习者"变成了主动的"探索者"。这两个变化使得教学成为师生双方共同学习、共同成长的过程,教师得以从代替学生思考的角色中解脱出来,学生的兴趣得到激发,教学效果自然会得到保证。

(3) 教学应该尽可能在真实的环境中进行。应用型本科教育培养的是生产、建设、管理、服务第一线的技术应用型人才,它侧重于与工作相关的知识、技能的逻辑性和完整性。根据情境学习理论,任何教学活动都离不开一定的情境,而本课程的情境主要就是大学生计算机等级考试环境。因此,教学应该尽可能地在真实的考试环境中进行,在教学过程中,可以把等级考试的真题题库作为教学的主要素材,以充分调动学生的学习积极性。[2]

4　教学改革目标

(1) 学生的均衡发展。学生人数多,学习能力参差不齐,要培养学生学会求知、学会发展的能力。在课程结构上均衡安排各部分内容,将单项操作和综合操作结合起来,在课程内容上要进行合理的取舍和规划。

(2) 学生的个性发展。注重学生知识、技能的发展,学生是有个性的人,不同的学生对学习的要求不一样。我们通过对 169 位学生进行多项选择问卷调查,统计得出学生选课原因就有所不同,如图 1 所示。

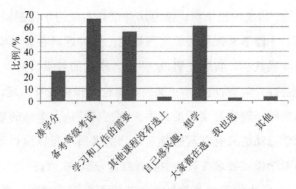

图 1　学生选修"办公软件高级应用"的原因

（3）学生的自主发展。传统的学校教育对学生的主体地位认识不够,课程改革要关注学生的主体性发展,教师应该成为学生自主学习的引导者,积极实现学生学习方式的革命。在教学上教师尊重学生;在学习方式上要发展学生的探索能力,使学生成为学习的主人;在评价上要促进学生的发展,从而进一步提升学生的自主性、能动性、创新性,为学生的终身学习打好基础。[3]

4.1　改革内容

（1）改革教学目标：以浙江省大学生计算机等级考试大纲作为教学目标,使学生能够独立完成等级考试题库中的每个题目的操作。教学目标明确、直观、具体、可操作性强、易于理解和接受,抓住了学生学习的兴趣点,受到了学生的欢迎,教学的效果得到明显改善。

（2）改革教学内容：围绕等级考试大纲的要求,以讲解等级考试题库题目的操作为主。等级考试操作部分涉及 4 个单元,每个单元题库中有 20 道左右的题目,有的综合题目还包含若干小题,知识覆盖面比较广,内容丰富。我院学生通过学习可以比较顺利地通过等级考试。

（3）改革教学方式：改变传统的先理论后实践的教学方式,采用先实践后理论的方式,在完成一定量的题目操作后,归纳总结规律和理论知识,然后运用总结出来的规律和知识指导以后的实践。这种方式比较适应像我院这样独立学院的学生的认知能力,实际的教学效果较好。

（4）改革评价方式：传统的终结性目标评价方式是一种诊断性评价,比较适合自我管理能力强的学生。独立学院的学生普遍自我管理能力弱,应该采用形成性评价方式,这样才能激发学生平时学习的积极性,提高学习成绩。

4.2　改革思路

基于对独立学院学生学习情况的了解,结合多年的教学经验和实际教学感受,我们认为可从以下几个方面改革课程教学,提高"办公软件高级应用"课程的教学质量。

（1）实施"以学生为中心"的教学模式。独立学院的学生基础薄弱,对一些理论性较强的课程内容,学习起来有难度。但是,他们头脑灵活,动手能力强,容易接受新事物。结合这些特点,培养学生主动学习的习惯和能力是首要环节。

（2）激发学生的学习兴趣,改进教学方法。绝大多数学生对"办公软件高级应用"课程充满了兴趣,并希望通过学习达到较高的目标,但其学习习惯和对课程的认识需要进一步培养和加强。照本宣科的教学足以抹杀学生的学习兴趣,使他们产生厌学和应付的心态,因此,该是摒弃按照 PPT 课件讲解理论的时候了。我们应该站在学生的位置进行思考,充分研究教学内容以及如何与学生进行互动沟通。我们通过富有吸引力、切合实际的典型案例开展启发式教学,在演示中进行归纳,从归纳中理解概念,从实践中掌握概念和技能。

(3)加强真题真练的上机实践,培养学生的综合应用能力。"办公软件高级应用"是一门实践性很强的课程,计算机知识的掌握、能力的提高甚至是思维的形成在很大程度上依赖于学生的上机实践。在课时安排上应保证学生有充足的上机实践时间,通过真题真练来具体明确学习目标,激发学生的学习兴趣,更有利于培养学生的实践能力。

(4)完善考评体系,强化过程考核。"办公软件高级应用"课程内容丰富繁杂且具有较强的操作实践性,传统的以理论知识点为主的单一考核方式已不适应课程发展的需要。因此,必须建立和完善考核评价体系,特别注重对学生学习过程的考核。具体来讲,可降低期末考核在总评成绩中的比重,在平时增加单元测试的考核力度。这种评价方法有助于提高学生的学习自觉性和主动性,避免课程学习和考核的脱节,从而更公正、合理地对学生的学习效果做出相对客观的总体评价。

5 改革成果的影响

5.1 改革成败分析

课堂教学改革以后,学生选课非常踊跃,学习成绩有了很大进步,平时的学习积极性也提高了。这说明改革后的教学方案比较适合东方学院学生的学习能力和学习需要。根据对 211 名学生的调查统计,71％的学生认为"办公软件高级应用"课程的教学内容难度适中,23％的学生感觉学习的内容还较为初级,有更高的学习需求,如图 2 所示。

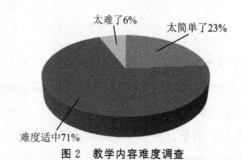

图2 教学内容难度调查

5.2 社会影响

(1)该课程选课学生数为 1794 人,网络课堂学生访问 58000 余次,位居第一,如图 3 所示。

图 3　东方学院网络课堂课程总访问排行

（2）网络课堂上面的操作视频对学习的帮助作用显现，如图 4 所示。

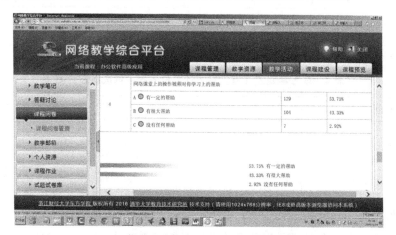

图 4　操作视频对学生学习上的帮助调查

（3）学生自主学习有所加强，如表 2 所示。

表 2　"办公软件高级应用"网络课堂学生学习统计表

登录次数/次	进入课程次数/次	阅读课程教学材料次数/次	在线时长/分钟
219378	51963	328683	1903992

5.3　实际效果

（1）学生的学习成绩有所提高，以金融专业为例，平均不及格率从课程教学改革前的

22.7％降低到 6.9％，降低了 15.8 百分点；平均优秀率从 31％提高到 48.8％，提高了 17.8 百分点，如表 3 所示。

表3 金融专业学生学习成绩统计表

学期	专业班级	人数/人	不及格率	优秀率
教学改革前				
2011—2012 学年第 2 学期	11 金融 1、2、3 班	145	20.60％	37.90％
2012—2013 学年第 2 学期	12 金融 1、2、3 班	145	24.80％	24.10％
平均			22.70％	31.00％
教学改革后				
2013—2014 学年第 2 学期	13 金融 1、2、3 班	129	8.73％	38.89％
2014—2015 学年第 2 学期	14 金融 1、2 班	98	7.14％	44.90％
	14 金融 3、4 班	97	6.19％	61.86％
2015—2016 学年第 2 学期	15 金融 1、2 班	97	8.25％	50.52％
	15 金融 3、4 班	96	4.17％	47.92％
平均			6.90％	48.80％

（2）东方学院学生等级考试成绩和参加人数都有所提高，如表 4 所示。

表4 东方学院浙江省大学生计算机等级考试成绩统计表

时间	参加人数/人	通过率	优秀率
2010 年上半年	633	40.44％	1.26％
2014 年上半年	1019	48.97％	8.83％
2016 年下半年	1374	73.73％	30.71％

需要说明的是，东方学院 2010 年上半年还没有开设"办公软件高级应用"课程，2014 年上半年已经开设课程但未进行课堂教学改革。从统计数据上看，课堂教学改革的结果使得 2016 年下半年比 2010 年上半年等级考试的参加人数增加了 1 倍多，通过率增加了 33.29 百分点，优秀率增加了 29.45 百分点，教改的良好效果是明显的。

参考文献

[1] 吴刚平. 教学改革的课程论意义[J]. 教育研究，2002(9)：61-66.

[2] 熊威. 高职项目化课程教学改革的理论依据及途径探讨[J]. 南通职业大学学报，2009，23(4)：38-40.

[3] 叶晶. 新课改背景下高校课堂教学改革初探[D]. 西安：陕西师范大学，2011.

一个 Java 程序设计渐进式教学项目设计实例①

黄　洪　赵小敏

浙江工业大学计算机科学与技术学院,浙江杭州,310023

摘　要：项目驱动教学法在当今教学活动中被广泛应用,其重要的优点是强调学生的学习主动性,能够更好地调动学生的学习兴趣和积极性,培养学生的自主学习能力和创新能力。但由于传统的项目教学法教学效率相对较低,且一般意义上的项目通常较为复杂,具有一定的规模,学生难以在有限的教学时间内掌握所需知识并完成项目,从而会在某种程度上打击学生的自信,影响学习效果。本文提出了渐进式教学项目的概念和渐进式教学项目的设计原则,针对 Java 程序设计课程设计了一个渐进式教学项目,并提出了针对应用渐进式教学项目进行教学的注意事项。

关键词：教学项目设计；Java 程序设计；渐进式教学项目；项目教学法

1　引　言

为了成功地实施教学,选择有效的教学方法非常关键[1]。在项目教学法的实施过程中,需要通过一个项目来进行教学。典型的项目教学法将一个相对独立的项目交给学生,让学生自己完成信息的搜集、知识的学习、方案的设计、项目的实施并进行最终评价,从而完成教学任务[2]。我们将这个交给学生完成的项目称为"教学项目"。项目教学法强调学生的自主学习,有利于调动学生的学习主动性,培养学生的自学能力和创新能力。项目教学法具有以教学项目为主线,以学生为教学主体的特点,因此为了保证项目教学法的成功实施,就必须要有一个精心设计的教学项目。

①　资助项目：浙江省高等教育教学改革项目"基于小型项目的渐进式'Java 程序设计'课堂教学改革研究与实践"；浙江工业大学校教改项目"任务驱动教学法在'Java 程序设计'课程中的应用"；浙江工业大学校精品课程建设项目"Java 程序设计"。

传统的项目教学法需要充足的教学时间,因为让学生自主搜集和学习知识相较于教师直接灌输知识,其效率显然要低下得多。而且由于一般意义上的项目通常比较复杂,具有一定的规模,可能包含多门课程的知识,因此不太适合在像计算机程序设计这样较为基础、教学时数有限的课程中直接应用。

要在像计算机程序设计这样较为基础、教学时数较短的课程应用项目教学法,就必须对传统的项目教学法加以改进。其中改进的重点之一就是"教学项目"。我们不能一次性使用一个包含全部教学内容的教学项目,因为这样学生会无从入手;也不宜对不同的教学内容使用不同的教学项目,因为这样学生每次都要花大量时间分析、熟悉新的项目,这是课程有限的教学时数所不允许的,而且由于使用的多个项目之间没有连续性,也不利于学生形成知识的综合应用能力。

我们的思路是设计一个教学项目,根据教学内容将这个项目的需求分阶段递进,随着教学内容的展开和时间的累进,不断用新的知识来满足同一项目的新需求,即将一个教学项目划分为不同的需求阶段,每个阶段新增的需求对应新的教学内容,最终阶段的教学项目的全部需求需要综合应用课程的全部知识。我们将这样分阶段划分需求的教学项目称为渐进式教学项目,而设计这样的教学项目就叫作渐进式教学项目设计[3]。

2 渐进式教学项目设计的原则

在设计渐进式教学项目时,应该遵循以下原则:

(1) 所选项目的实现过程应该应用课程的全部(或尽可能多的)教学内容。

(2) 项目的规模和复杂度适中,以保证能够在有限的教学时数内完成。

(3) 项目的需求应该能够递进变化,以形成项目的渐进。

(4) 项目的渐进阶段应该与教学进程的展开相适应。项目每递进一个阶段所增加的需求,学生应基本能够通过运用相应教学进程所学的教学内容加以解决。项目的要求与学生的能力基本匹配,从而增强学生的学习兴趣和信心。随着项目的渐进,学生的能力也会不断增强。

(5) 必要时适当调整教学内容和教学次序。有时,教材的教学内容和教学次序的安排与项目需求的自然递进不是非常吻合,这时可以对教学内容和教学次序进行适当调整,以使得项目的滚动更自然有趣。

3 Java 程序设计渐进式教学项目设计实例

Java 程序设计课程的主要内容包括 Java 程序设计基础,Java 面向对象程序设计基础,类的封装性、继承性、多态、抽象类与接口,字符串与数组,泛型与集合类,异常处理,输入/输出程序设计与文件目录管理,图形用户界面程序设计,多线程程序设计等。

我们根据以上教学内容和渐进式教学项目的设计原则,设计了一个渐进式教学项目:小学生整数四则运算练习软件开发。为了提高项目前期滚动阶段的趣味性和实用性,我们将使用键盘输入数据的方法,数组、字符串的使用等教学内容的教学次序进行了适当前移。

以下为我们设计的渐进式小型教学项目:

项目名称:小学生整数四则运算练习软件开发。

项目说明:该软件用于辅助训练小学生熟练掌握整数的四则运算。完善后的软件可以成为小学生学习数学的辅助工具。

Java 程序设计课程学习的进程,让学生从简单的实现开始,逐步运用新学的知识不断增强和完善软件的功能,从而培养学生对所学知识的实际应用能力;少量内容可以要求学生自学,培养学生的自学能力。

具体的渐进式项目设计方案如下。

3.1 第 1 阶段

项目要求:编写一个小学生加法运算练习软件,每次运行程序时计算机随机生成 10 道题目,每题 10 分。每生成 1 道题目,要求用户输入答案,如果答案正确,显示"正确";如果答案错误,显示"错误"和正确答案。10 道题目完成后,给出得分。

主类的类名必须是 ArithmeticTest1,源程序文件名必须是 ArithmeticTest1.java。参与运算的数据位数由命令行参数指定,例如:

用下述命令运行程序,则加数和被加数都是 1 位整数。

Java　ArithmeticTest1　1

对应的教学进程:Java 程序设计基础(基本语法、结构化程序设计)。

完成该项目所需运用的知识点:

(1) Java 程序的基本结构;

(2) import 语句的使用,Java 中随机数的产生方法;

(3) 循环,分支语句的使用;

(4) 命令行参数的使用;

(5) 实现用键盘输入数据的方法,将字符串转换为基本数据类型(int)的方法。

3.2 第 2 阶段

项目要求:编写一个小学生四则运算练习软件,每次运行程序时计算机随机生成 10 道题目,每题 10 分。程序每次显示 1 道题目,要求用户输入答案。10 道题目全部完成后,程序再显示全部题目、标准答案和用户的答案,并给出得分。10 道题目和答案的显示应该对齐。

主类的类名必须是 ArithmeticTest2,源程序文件名必须是 ArithmeticTest2.java。运算类型以及参与运算的数据位数由命令行参数指定,运算类型用"+""-""×""/"分别表示"加"减"乘""除"。运算类型为"r"则表示随机生成每道题目的运算类型。例如:

用下述命令运行程序,则表示做加法,加数和被加数都是 1 位整数。

Java ArithmeticTest2 + 1

用下述命令运行程序,则表示每道题目的运算类型随机,但操作数都是 2 位以内的整数。

Java ArithmeticTest2 r 2

减法运算时,须确保生成题目的被减数大于减数。

除法运算时,须确保除数不为 0,答案要求包括商和余数两部分。

对应的教学进程:数组、字符串的使用。

完成该项目所需运用的知识点:

(1) 第 1 阶段的知识点,程序逻辑复杂化;

(2) 数组的使用,字符串的使用;

(3) 自学格式输出方法 printf( )的使用。

3.3　第 3 阶段

项目要求:编写一个小学生加法运算练习软件,每次运行程序时计算机随机生成 10 道题目,每题 10 分。程序每次显示 1 道题目,要求用户输入答案。10 道题目全部完成后,程序再显示全部题目、标准答案和用户的答案,并给出得分。10 道题目和答案的显示应该对齐。

要求把加法运算设计成一个类,操作数、正确答案和用户的答案为类的属性,判断对错、输出题目、正确答案和用户的答案均设计为类的方法。每个具体的题目为类的一个对象。题目的操作数和正确答案由构造方法进行初始化。

主类的类名必须是 ArithmeticTest3,源程序文件名必须是 ArithmeticTest3.java。加法类的名称为 Addition。参与运算的数据位数由命令行参数指定。例如:

用下述命令运行程序,则表示做 1 位整数加法。

Java ArithmeticTest3 1

对应的教学进程:面向对象程序设计基础。

完成该项目所需运用的知识点:

(1) 第 2 阶段的知识点;

(2) 典型 Java 类的定义及使用。

3.4　第 4 阶段

项目要求：编写一个小学生四则运算练习软件，每次运行程序时计算机随机生成 10 道题目，每题 10 分。程序每次显示 1 道题目，要求用户输入答案。10 道题目全部完成后，程序再显示全部题目、标准答案和用户的答案，并给出得分。10 道题目和答案的显示应该对齐。

请设计一个抽象的运算类 Operation，再将四种运算设计为 Operation 的子类（加法 Addition、减法 Subtraction、乘法 Multiplication、除法 Division），并运用多态完成程序的设计。

主类的类名必须是 ArithmeticTest4，源程序文件名必须是 ArithmeticTest4.java。运算类型以及参与运算的数据位数由命令行参数指定，运算类型用"＋""－""×""/"分别表示"加""减""乘""除"。运算类型为"r"则随机生成运算符。例如：

用下述命令运行程序，则表示做加法，加数和被加数都是 1 位整数。

Java　ArithmeticTest4　＋ 1

减法运算时，须确保生成题目的被减数大于减数。

除法运算时，须确保除数不为 0，答案包括商和余数两部分。

完成上述设计后，将抽象类 Operation 设计为接口，重新将本项目进行设计，并与运用抽象类进行项目设计进行分析对比。为了将两种实现方式加以区别，对相关的类名和接口名规定如下：OperationInterface、AdditionUsingInterface、SubtractionUsingInterface、MultiplicationUsingInterface、DivisionUsingInterface，主类名为 ArithmeticTest4UsingInterface。

对应的教学进程：类的封装性、继承性、多态、抽象类与接口。

完成该项目所需运用的知识点：

（1）第 3 阶段的知识点；

（2）继承，抽象类，多态；

（3）接口及接口的应用。

3.5　第 5 阶段

项目要求：编写一个小学生四则运算练习软件，每次运行程序时计算机随机生成题目，程序每次显示 1 道题目，要求用户输入答案，之后询问用户是否要继续。如果用户选择不继续，则程序显示全部题目、标准答案和用户的答案，并给出得分（每道题目的分值为 100/题目数）。题目和答案的显示应该对齐。

主类的类名必须是 ArithmeticTest5，源程序文件名必须是 ArithmeticTest5.java。运算类型以及参与运算的数据位数由命令行参数指定，运算类型用"＋""－""×""/"分别表示"加""减""乘""除"。运算类型为"r"则随机生成运算符。例如：

用下述命令运行程序,则表示做加法,加数和被加数都是 1 位整数。

Java　ArithmeticTest5　＋1

对应的教学进程:泛型与集合类。

完成该项目所需运用的知识点:

(1) 第 4 阶段的知识点和技能;

(2) 泛型与集合类(数组列表 ArrayList、向量 Vector)的使用。

3.6　第 6 阶段

项目要求:编写一个小学生四则运算练习软件,每次运行程序时计算机随机生成题目,程序每次显示 1 道题目,要求用户输入答案,之后询问用户是否要继续。如果用户选择不继续,则程序再显示全部题目、标准答案和用户的答案,并给出得分(每道题目的分值为 100/题目数)。题目和答案的显示应该对齐。

用户运行程序时,如果没有指定命令行参数或者给出的命令行参数不足,则提示用户并结束程序。

用户在输入命令行参数或者答案时,如果输入的不是有效的数据及数据类型(如:运算类型不是"＋""－""×""/""r"之一,输入的答案不是数值型数据),则程序提示"运算类型错误""输入数据类型错误! 你必须输入数值数据!"等。

如果输入的数据类型正确,但是超出了可能的范围(例如:做 1 位整数加法时,用户输入的答案大于 18),则程序提示"你输入的答案超出了可能的范围! 答案应该不大于 18!"。要求定义一个输入数据超范围的异常(NumberTooBigException)来实现对用户输入超范围的处理。

如果用户输入的答案不是数值型数据,或者答案超出范围,应该允许用户重新输入。

主类的类名必须是 ArithmeticTest6,源程序文件名必须是 ArithmeticTest6.java。运算类型以及参与运算的数据位数由命令行参数指定,运算类型用"＋""－""×""/"分别表示"加""减""乘""除"。运算类型为"r",则每道题目的运算类型随机生成。

对应的教学进程:异常处理。

完成该项目所需运用的知识点:

(1) 第 5 阶段的知识点;

(2) 异常处理,包括自定义异常类及其使用等知识和编程技能。

3.7　第 7 阶段

项目要求:编写一个小学生整数四则运算练习软件,每次运行程序时要求先输入用户名,之后计算机随机生成题目,程序每次显示 1 道题目,要求用户输入答案,之后询问用户是否要继续。如果用户选择不继续,则程序再显示全部题目、标准答案和用户的答案,并给出得分(每道题目的分值为 100/题目数)。同时,将题目、标准答案、用户答案、成绩保存到以用户名为文件名的文本文件中(例如:如果用户名为"黄洪",则保存结果的文件名为"黄洪.his"),如果文件已经存在,请将内容添加在原有文件内容的后面。要求文件的排版美观整齐,用户可以用记事本查看该文件的内容。

要求程序提供完善的异常处理。

主类的类名必须是 ArithmeticTest7,源程序文件名必须是 ArithmeticTest7.java。

对应的教学进程:输入/输出程序设计与文件目录管理。

完成该项目所需运用的知识点:

(1) 涵盖以往的知识点;

(2) 新增知识点为输入/输出流和文件读写。

3.8 第 8 阶段

项目要求:使用图形用户界面编写一个小学生整数四则运算练习软件。程序启动后,用户输入用户名,然后选择做什么运算(加、减、乘、除、混合)、做几位数的运算等(一开始这些设置有默认值,以后上一次的设置就是下一次的默认值)。单击"开始做题",之后计算机按要求随机生成并显示 10 道题目。用户输入答案单击提交,则程序显示标准答案和用户得分。同时,将题目、标准答案、用户答案、成绩保存到以用户名为文件名的文本文件中(例如:如果用户名为"黄洪",则保存结果的文件名为"黄洪.his"),如果文件已经存在,请将内容添加在原有文件内容的后面。要求文件的排版美观整齐,用户可使用本软件查看该文件的内容。用户可以选择"继续练习"让电脑重新出题继续练习。图形用户界面要求布局美观合理。

主类的类名必须是 ArithmeticTest8,源程序文件名必须是 ArithmeticTest8.java。

对应的教学进程:图形用户界面程序设计。

完成该项目所需运用的知识点:

(1) 涵盖以往的知识点;

(2) 新增知识点为图形用户界面编程;

(3) 需求复杂化。

3.9 第 9 阶段

项目要求:在第 8 阶段的基础上,增加做题的时间限制。用户设置其他参数和限定完成时间(单位为秒,第一次练习默认为 60 秒,以后上一次设定的时间就是默认的时间)后,单击"开始做题",程序开始计时(用户界面上动态显示剩余时间),之后计算机按要求随机生成并显示 10 道题目。用户输入答案单击提交(或者限定的时间到,系统自动提交)后不能再修改答案,程序显示标准答案、用户得分及实际用时,同时,将练习的时间(日期和时分秒)、题目、标准答案、用户答案、成绩、实际用时保存到以用户名为文件名的文本文件中(例如:如果用户名为"黄洪",则保存结果的文件名为"黄洪.his"),如果文件已经存在,请将内容添加在原有文件内容的后面。要求文件的排版美观整齐,用户可使用本软件查看该文件的内容。用户可以选择"重做一次"重做上次的题目,也可以选择"继续练习"让电脑重新出题。

主类的类名必须是 ArithmeticTest9,源程序文件名必须是 ArithmeticTest9.java。

对应的教学进程:多线程程序设计。

完成该项目所需运用的知识点:

(1) 涵盖以往的知识点;

(2) 新增知识点为多线程程序设计。

4 渐进式教学项目的应用及注意事项

上述渐进式教学项目比较好地体现了设计原则,项目的需求清楚,便于学生理解;项目的规模和复杂度适中,适合学生在有限的教学时数内完成;项目的需求逐步递进且与教学进程的展开相适应(对键盘输入、数组和字符串的教学顺序进行了适当调整);项目递进到最后阶段,其已完成需要应用课程的全部教学内容。

该教学项目可以用于 Java 程序设计的课堂教学,也可以用于学生的课后实验。从 2013 年开始,笔者在讲授的 Java 程序设计课程中对此教学项目进行了应用。在教学设计上采用传统教学法与项目驱动教学法相结合的方式,首先抛出对应教学阶段的渐进式项目,然后运用传统教学法快速讲解相关的知识要点(不是全部详细的知识),引导学生运用所学知识完成渐进式项目(部分课后完成),取得了良好的效果,学生的学习兴趣和实际编程能力均有较大的提高。

在教学实践中,我们发现了一些问题,如采用这样的教学模式,确实能够提高学生的实际编程应用能力,但学生也往往容易注重编程逻辑和方法的应用,而忽略对基本概念的掌握,造成笔试时在一些基本概念的测试题中失分较多。后来在课内和课余增加一些对基本概念的测试环节,引起了学生对掌握基本概念的重视,较好地解决了这一问题。

5 结束语

项目式教学是一种行之有效的教学方法,但针对不同的课程需要具体情况具体分析,不能机械式地套用,而要加以变化以适应具体课程的特点。运用项目式教学法时,教学项目的设计非常关键。对于程序设计类课程,由于教学时数较少、教学内容较多,不宜采用传统的项目式教学法,而应该对项目式教学法加以改变,并配合其他教学法,以兼顾教学效率与教学效果。

经过几年的探索和实践,通过设计和引入渐进式教学项目,我们基本形成了在 Java 程序设计课程中综合运用传统教学法和项目式教学法的具体实施方法和模式,并取得了比较满意的效果。本文论述了渐进式教学项目的设计思想、原则,并给出了一个具体的渐进式教学项目,希望能够抛砖引玉。

参考文献

[1] 鲍里奇. 有效教学方法[M]. 易东平,译. 4 版. 南京:江苏教育出版社,2002.

[2] 冷淑君. 关于项目教学法的探索与实践[J]. 江西教育科研,2007(7):119-120.

[3] 何谦. 基于渐进式项目驱动的《机械制图》课程教学研究[J]. 机械管理开发,2010(4):170-173.

[4] 黄洪,赵小敏,张繁,等. 任务驱动教学法在 Java 程序设计课程中的应用[J]. 计算机时代,2012(4):49-51.

基于协同学习的数值计算课程实践与探索①

李　曲¹　程宏兵¹　冯　雯²

1. 浙江工业大学计算机科学与技术学院，浙江杭州，310023

2. 长三角绿色制药协同创新中心创新人才培养部，浙江杭州，310023

摘　要：协同学习是一种通过小组或团队的形式组织学生进行学习的策略。充分发挥学生在协同学习中的中心作用是协同学习成功实施的关键和核心内容。我们在长三角绿色制药协同创新中心开设数值计算课程的过程中，尝试了多种协同学习的手段，让学生充分参与到协同学习的各个环节，在课程学习的过程中全程遵循协同学习的原则和方法，师生合作，学以致用，取得了很好的效果。本文介绍了我们基于协同学习的数值计算课程实践与探索。

关键词：协同学习；数值计算

1　协同学习的概念及整体思路

协同学习(collaborative learning)是一种通过小组或团队的形式组织学生进行学习的策略。[1]小组成员的协同工作是实现班级学习目标的有机组成部分。小组协作活动中的个体(学生)可以将其在学习过程中探索、发现的信息和学习材料与小组中的其他成员共享，甚至可以同其他组成员或全班同学共享。

辅导教师在协作学习模式中并非可有可无，因为有辅导教师存在，协同学习的组织、学习者对学习目标的实现效率、协同学习的效果等都可以得到有效控制和保证。协同学习对辅导教师提出了更高的要求，即要求辅导教师具有新型的教育思想和教育观念，由传统的以"教"为中心转变到以"学"为中心，同时还要实现两者的最优结合。

我们认为，协同学习应该贯穿学习的全过程。从学习的准备，到课堂学习与讨论，再到

---

①　资助项目：2014 年绿色制药协同创新中心教学改革研究项目计划资助项目(2014-CIC-03)。

课后的复习与整理,最后到课程的实践与拓展,都应该贯穿协同的思路,发挥协同的优势,体现协同的效果。只有在学习的全过程中都能落实协同学习的概念和实践,才能真正让学生理解协同学习的意义,感受到协同学习的效果。实践证明,在学习过程中严格遵循协同学习的原则和方法,能极大调动学生的积极性,学生有很好的参与感,最终学生的学习和师生互动获得很好的效果。

我们在实践的过程中,全程遵循协同学习的原则和方法,包括协同翻译程序设计语言学习手册,学生参与作业讲评,协同编辑实验手册,协同完成上机实验,协同完成开卷考试试题编制,协同完成课程报告,协同完成课程报告的评分。实践证明,这种学生全程参与的协同学习方式取得了很好的效果。

我们认为,基于协同学习的数值计算课程应该包含如表 1 所示能力培养的目标。我们在学生能力培养过程中通过不同形式的教学实践,达到各个能力培养的目标,取得了良好的效果[2]。

表 1　课程设置与能力培养目标的对应关系

能力培养目标	教学实践
基于协同的自学能力培养	协同翻译程序设计手册
基于协同的问题分析能力培养	课堂讨论、协同试卷编制
基于协同的程序设计能力培养	课程上机实习
基于协同的创新思维能力培养	协同完成报告和答辩
基于协同的基础创新及工程实践能力培养	协同完成课程报告、系统设计

2　以协同翻译提升自学能力

数值计算对于药学相关专业,是一门重要的实践应用课[3]。MATLAB 是数值计算领域十分著名的程序设计语言之一,所以本课程选择 MATLAB 作为实验的程序实现语言。由于学生在学习本课程之前没有学习过 MATLAB 程序设计,课程内容丰富但学时紧张。教师除了在课上简单讲解程序设计的基本方法外,没有时间也没有必要完整讲解 MATLAB 的相关内容。因而我们选择了一个大约 40 页的比较完整而简明的 MATLAB 的英文操作手册供学生自学,学生通过阅读并调试手册上的实例来掌握 MATLAB 程序设计基本概念和方法。

教师首先告知学生协同翻译的实施方法,同时提供标准的词汇,具体的翻译、校对和格式排版都由学生完成。两个行政班共 60 人自行组队,4 人为一个小组。每个小组自行推举一名组长,组长负责组内的工作安排、协调与质量控制。整个班的同学分为 15 个小组,前 14 个小组每个小组分别负责一定数量的内容翻译。一般每个小组 3 个人负责翻译,组长负责协调、汇总和校对。第 15 小组的 3 个成员负责与前 14 组的组长协调和联络,同时对前 14 组上交的进度和质量进行监督和控制。第 15 小组的组长则负责整体控制所有组的格式、内容和质量。实践证明,通过任务分解,每个学生都不会觉得负担过重,能很快地完成翻译的内容。同时,由于层层质量控制,整体的格式和内容的质量都很令人满意。教师对翻译的文档进一步修改和整理后,下发给所有的同学。教师通过对于其中出现的错误原因进行分析和讲解,使学生进一步理解了其中容易出现错误的概念和操作步骤。

总体而言,协同翻译的效率和质量都非常高,学生也从翻译的过程中学习到了程序设计的思想和方法,是一次成功的尝试。而程序设计语言指导手册可以供后续学习这门课程的学生使用,节省学生的学习时间,帮助他们更好地理解相关的概念,达到一次实验,多次受益的效果。

3　以协同完成实验手册培养问题分析能力

数值分析是一门理论与实践紧密结合的课程[4]。在学习过程中,学生除了要掌握基本理论之外,为了提高动手实践能力,在每节课之后还要进行相应的上机实验。由于现有的参考资料中没有针对药学专业的数值分析实验指导书,所以除了完成教材配套的基础实验之外,我们尝试采用协同合作的方式编辑一本适合药学应用背景的实验指导手册。该实验指导手册包括基本的 MATLAB 操作、课内知识点的程序实现、课程知识点之外的补充知识,以及课外药学相关的实际应用问题。

为了积累和丰富学习的素材,同时共享学习的成果,学生通过搜集相关药学背景的问题,汇总给老师,老师经过挑选后将相关参考书上的例题等内容分发给各组,各组同学通过分工,在查找资料和相互讨论之后,以小组为单位求解这些问题。各个小组在完成相应章节的问题之后,经过组长的汇总,形成一个实验问题和解答集。教师通过补充相应的基础知识,对其中的问题和错误进行纠正,并对其中具有共性的问题和错误做进一步的注释和讲解,然后汇总整理成一本适合药学专业学生实际应用的实验指导手册。该实验指导手册既有数值分析基础,又有 MATLAB 程序实践,同时还具有药学应用背景,比从传统数学角度出发编写的实验指导手册具有更好的针对性和实用性。同时,由于这些题目的选材由药学专业的学生完成,内容有药学专业的学生参与,其思维方式和表达方式更符合药学专业本科生的实际。

该实验指导手册采用迭代方式逐步完善,2014 级学生完成实验指导手册初稿,共享给全体同学学习和使用,同时大家在学习的过程当中提出疑问和修改意见,教师在教学过程中予以标注和解答,利用假期的时间进行完善和补充。2015级以及后续的学生会以此为基础,进行扩充,修订,纠错,优化,通过这种循环往复,不仅逐步充实了内容,而且尽可能达到教学相长、学以致用的目的。学生在学习的过程中带着问题思考,更能激发他们追根溯源、查证求知的兴趣,真正保持持续的参与感。

4　以协同完成课程报告培养创新思维能力

我们在课程的进行过程中,始终重视数学模型和计算机实现在药学相关数据分析中的应用。为了提升同学们的实践能力,我们尝试让同学们针对同一药学相关问题,采用协同策略完成,从而提升质量;采用课程报告答辩的方式,相互帮助,发挥所长,培养学生的团队协作精神。

我们的做法仍然是以小组为单位,每个组根据本组成员的兴趣,结合数值分析书本知识,在药学相关领域寻找一个问题给予求解。我们要求学生在期末提交时参照数学建模的形式和结构,详细给出问题的描述、问题的抽象数学模型、问题的数学方法求解,最后以程序实现的方式予以计算机实现,并给出比较详细的结果分析和比较,完成一套详细的数学建模流程。在这个过程中,组长根据组员的不同特点进行分工,必要时小组集体讨论。从确定选题,到求解问题,再到后期的计算机模拟,直至最后的撰写实验报告,大家既分工又合作,充分发挥各自的优势和特点,充分参与到整个问题求解的全过程。学生在解决问题的过程中,通过讨论和合作,既能学到别人思维方式的优点,又能充分发挥自己的特长,对提升学生协同学习的兴趣,培养学生协同学习的习惯,有很大的帮助。

除了协同完成课程报告,我们还要求学生以学术报告的方式,以小组为单位,一起准备演讲,集中在学期末进行答辩。课程教师和其他同学作为评委,教师以主持人和答辩主席的身份主持整个答辩会。教师和其他学生可以对答辩内容提出问题。其他同学以小组为单位给出评价,每个小组不对自己的小组进行评价。其他组同学对该组的成绩只给出相关的名次排序,教师根据相对的名次排序给出每组的实际得分。这样能保证每个小组的学生充分参与和发表意见,又能防止学生之间为了让别人给自己的分数较高而随意给其他组满分的情况出现,同时教师也能保证全体同学的成绩处在合理的区间。

这种全体同学既参与论文的准备与撰写,又参与报告的答辩与评价的过程,类似于现在学术领域的同行评议。这种方式的合理性和有效性已经得到了广泛的认可。同时,教师作为参与者,能及时协调和发现其中存在的误差和问题,及时予以引导和调整,能最大限度地保证学生参与的公平和结果的公正。我们认为这是一种很好的尝试。

5 协同完成开卷考试试题编制

为了检验学生对课堂基本内容的掌握情况,关于课程内容的考试还是必要的。卷面考试能检验学生的基本概念掌握情况,同时也能督促学生日常的学习。开卷考试的好处在于学生可以避免不必要的死记硬背,更加注重知识的灵活性和实用性。与闭卷考试相比,学生开卷考试出现重大失误的可能性相对较小,考核结果也相对更加客观。

我们采用的基本思路是,学生小组根据课程内容和学习情况,选择具有代表性的试题。每个小组根据教师给出的试卷模板,草拟一份开卷考试题,并给出参考答案。教师根据学生小组提交的试卷,从中选出正确的并且具有代表性的试题,汇总整合成完整的开卷考试试卷和答案,其他题目则存入题库。期末考试时,采用开卷考试的方式,检验学生对课程基本知识的学习效果。

我们认为这种方式的好处是多方面的:一是让学生自己参与到命题工作中,破除了期末考试的"神秘感";二是学生参与命题,能集思广益,防止试卷出现严重雷同,同时能丰富题库;三是学生参与命题,能以教师的角度考虑课程的重难点、内容的分布以及问题的典型性,对学生掌握学习的内容和方法也是一种很好的促进。

6 以 MOOC 方式解答学生提问

数值分析作为一门数学与计算机相结合的课程,需要结合药学等相关专业的应用背景来进行讲解,所以这门课的内容丰富,涉及高等数学、线性代数、数值分析、程序设计、数学建模等多方面的知识。而实际的情况是由于课程教学时间紧张,教师无法在课程中完整讲解各个方面的知识。教师在课堂教学中如果仅仅讲解和推导相关数学概念和定理,学生会觉得内容枯燥,应用性差。反之,如果教师在课堂上过多讲授程序设计相关的知识,则知识点的讲解只能蜻蜓点水甚至根本无法完成课程内容。

为了兼顾课程内容的完整性和应用性,我们采用了课内讲解和课外 MOOC 方式的视频讲解相结合的方式来进行课内外的教学[5]。教师在课堂时间主要讲解教材中的核心知识点,包括基本概念、基本方法以及书本上必须进行介绍和推导的知识点和相关定理等;课外则根据学生的反馈和疑惑,通过录制相关视频,补充课内无法讲解或者学生短时难以掌握的程序设计问题和实际操作问题,例如数值分析实验环境的搭建、MATLAB 的安装与基本使用、MATLAB 的脚本与函数的编写、循环和选择等基本概念、上机作业的查看与提交等。这些基本操作需要给没有 MATLAB 程序设计基础的学生进行讲解,但是占用课堂时间给学生演示,学生本身很难记住,也不利于学生边学边做。而通过视频讲解的方式,学生既能反复查看,也能边看边学,真正达到实训教学的目的。另外,有些课程相关需要补充或者复习的基本概念,例如线性代数相关的知识点,也可以通过视频讲解的方式来完成,学生可以反复学习,不受时空限制。同时,还可以根据学生对课程内容的反馈,澄清和解答一些具有共性的疑问和误解,替代了课外的反复答疑,节约了教师和学生的时间,提高了课堂学习的效率。这种课内与课外结合的方式,使学生参与到学习过程中,通过反馈和课外学习,更好地发挥了协同学习的效果。

7　协同学习中的其他尝试

我们在学习的全过程都贯穿了协同学习的概念和思想。例如,教师在批改作业之后,会在下次课之前,提前与作业做得比较好而且思路比较清晰和新颖的同学进行沟通,让其准备在课上给同学讲解本次的作业。学生在讲解的过程中,得到一定的锻炼;教师则在其讲解的过程中给予必要的补充和纠正。

对于上机实验的作业,教师在批改完作业之后,除了对学生的作业进行点评外,还会请完成得比较好的同学在下次课讲解完成的思路和方法,以及中间曾经出现的错误和困难。学生通过这样的锻炼,既训练了他们的表达能力,同时也能对问题的分析和描述有更清晰的认识。学生在学习的过程中表示,这样的方法对于促进学习很有帮助。

在日常的学习中,除了课堂讲解习题、课外答疑之外,教师还会利用 QQ、微信等聊天工具解答学生的疑问,同时与学生交流学习上的问题,虚心接受学生的建议。这种随时随地的交流,让学生的学习更加有目的性,同时也方便了师生的沟通,取得了很好的效果。

课堂讨论是协同学习中非常重要的环节,我们在课堂教学的过程中经常提出许多开放性的问题,教师并不给出唯一的正确答案。教师在讨论的环节中并不对学生的是非对错给予直接的评价,而是请其他同学对该同学的回答和意见进行评价,这种方式能更好地引导学生积极参与开放性的讨论。在问题没有唯一答案的时候,教师鼓励学生通过程序实现的方法去验证结果并进一步比较各种算法的优劣,而不仅仅满足于得到一个结果。

在课程完成时,我们要求学有余力的学生完成一系列实验并在此基础上搭建一个简易的基于数值分析的化学实验数据分析平台。通过化学实验分析平台的设计和实现,学生的工程实践能力也得到了一定的提高。

8　结束语

经过三年的教学实践,我们在协同学习方面取得了很好的效果。学生的协同学习能力和创新思维能力得到明显提升。学生对于课程的理解不限于课本知识和纯数学的公式与概念的学习,而是渗透到以数据分析为主要表现的数值计算在化学、生物、药学等相关领域的应用。学生真正做到学以致用,并形成一种良好的协同学习的习惯,延伸到其他学科,取得了很好的示范效应。下一步我们将在该课程中进一步探索协同学习的方式和方法、师生互动的形式和内容,希望能更好地发挥协同学习在学生学习能力、创新能力培养方面的优势。

参考文献

[1] 祝智庭,王佑镁,顾小清. 协同学习:面向知识时代的学习技术系统框架[J]. 中国电化教育,2006(4):5-9.

[2] 李曲,王卫红,冯雯,等. 协同创新环境下的计算机科学问题求解能力培养[J]. 计算机教育,2014(6):1-4.

[3] 杜廷松. 关于"数值分析"课程教学改革研究的综述和思考[J]. 大学数学,2007,23(2):8-15.

[4] 何满喜. 数值分析课程教学的几点体会及研究[J]. 中国大学教学,2011(3):54-55.

[5] 王海荣,王美静. 国外 MOOC 评估报告对我国高校教学改革的启示[J]. 中国远程教育,2014(3),37-41.

行知学院计算机基础课 CDIO 改革与实践

倪应华　吴建军　于　莉　楼玉萍

浙江师范大学行知学院，浙江金华，321004

摘　要： 本文对我院计算机基础课前期改革进行了回顾。首先介绍了前期改革背景和内容。接着重点介绍引入 CDIO 工程教育理念对计算机基础课进行改革的做法：打破原有计算机基础课程概念，分解成若干技能模块；根据社会、企业、专业的不同需要选择组合不同的模块进行教学；通过"做中教"和"做中学"相互结合来实施 CDIO 教学。最后具体分析了在我院开展 CDIO 改革过程中存在的诸多问题和解决方法。

关键词： 计算机基础；CDIO；教学改革

1　引　言

按照 2006 年教育部计算机教学指导委员会出台的《计算机基础教学白皮书》的要求，计算机基础课程是非计算机专业学生大学阶段计算机学习的重要基础课程，为后续的计算机应用、专业学习提供必要的理论和技术支持。因此，我院前期的计算机基础课程的改革主要是为了提高我院公共计算机基础课程教学水平，提高浙江省计算机等级考试通过率而进行的"1＋X"分类教学改革[1]。我院在 2013 年左右引入 CDIO 教育理念对计算机基础课程进行教学改革，本文将对我院教学改革的过程和做法进行归纳总结。

2　前期改革回顾

前期改革方案围绕"夯实基础、注重实践、面向应用"的计算机基础教育培养目标，构建

---

①　资助项目：浙江省课堂教学改革项目（KG20160566）；计算机基础课程教学团队（ZC303113171）、教改项目（ZC303115020）。

以培养大学生计算机实践能力为目标的"1+X"分类的计算机基础课程体系[2]。"1+X"中的"1"是指"大学计算机文件基础"课程,"X"是指根据文理专业的不同配置不同的计算机基础类课程,形成以"大学计算机文件基础"课程为中心,其他课程为扩展的计算机基础课程教学体系,如表 1 所示。

表 1 当前课程教学体系

类别	第一学期	第二学期上	第二学期中	第二学期下
文科类	计算机文化基础(上)	计算机文化基础(下)	浙江省等级考试一级 Windows	Office 高级应用
理科类	计算机文化基础,Office 高级应用	Visual Basic 程序设计	浙江省等级考试二级 AOA	Visual Basic 程序设计

所谓分类,就是非计算机专业按照文理科专业的不同,引入、整合不同的新课程,归类构建与时俱进的计算机基础课程体系。文科在参加浙江省等级考试前开设"大学计算机文化基础",浙江省等级考试后开设"Office 高级应用";理科第一学期开设"大学计算机文化基础"和"Office 高级应用",教学重点侧重"Office 高级应用",第二学期开设"Visual Basic 程序设计"。

前期改革的一个核心内容是"Office 高级应用"课程的引入。浙江省的计算机技术应用水平在全国处于领先地位,计算机应用教育已经逐渐下移至中小学[3]。大学计算机基础教育的内容如果仍然停留在基本的应用层面,以操作技能作为教学目标将无法激发学生的学习兴趣,难以满足学生的学习需求。2008 年浙江省等级考试中首次出现了"Office 高级应用"二级考试模块,随后该课程陆续在各个高校开设。该课程由于是计算机基础 Office 办公软件的延伸和扩展,内容设置比较合理,功能比较实用,因此深受广大大学生的喜爱。

3 CDIO 改革与实践

3.1 CDIO 改革背景

计算机基础的改革目前正处于方兴未艾阶段,因此好的设计是改革的关键。目前新的形势是学士学位将与浙江省计算机等级考试脱钩,那么原来以等级考试为主的教学改革就不再适用,因此探索新的出路势在必行。

CDIO(Conceive-Design-Implement-Operate)工程教育模式是国外较新的工程教育模式,它代表"构思-设计-实现-运行"。由美国麻省理工学院、瑞典皇家技术学院等 4 所大学发起,全球 23 所大学参与,合作开发了一个国际工程教育项目 CDIO 模式[4]。引入 CDIO

教育理念来改造计算机基础课程是一个不错的选择。CDIO 是"做中学"和"基于项目教育和学习"(project based education and learning)的集中概括和抽象表达[5]。在基于项目的学习中,学生主动学习、实践,大大增强了自学、解决问题、研发、团队工作和沟通的能力。目前,国内的工程教育也可以采取"做中学"的教育模式,教育部也在一些以工程教育为主的大学进行 CDIO 教学模式的试点工作,以期取得经验后向全国推广[6]。这种模式对于行知学院应用型本科的建设,是非常值得借鉴的。

3.2 CDIO 改革要点

计算机基础课程 CDIO 改革需要从实际出发,从社会需要出发,从专业需求出发,来进一步对教学计划、课程内容、教学方法、评价考核进行系统改革。

因此,我们主要从教什么和怎么教入手,做好计算机基础教育的需求分析。这个需求应该是多方面的。大的层面是国家和社会需要什么样的计算机应用人才。小的层面是学院和各个专业需要学生具有什么样的计算机基础应用能力和水平;同时学生自身需要什么样的计算机素养以及学生已经具备了哪些计算机能力等。只有充分做好需求分析,才能清楚了解我们需要教什么,因此这个环节是最为关键的。做法是打破原有计算机基础课程的概念,将原有教学内容从技能素养的角度划分成若干个模块,比如可以划分成操作系统应用、常用软件使用、Word 文档处理与应用、Excel 数据处理与分析、PowerPoint 文稿设计与演示、网络应用、多媒体应用、数据库应用、程序设计与开发等。同时打破原来文理科内部一刀切的做法,根据专业不同选择组合不同的模块进行教学。

关于怎么教的问题,CDIO 已经给出了相应的方法。CDIO 强调"做中学",而"做中学"要求学生通过自身的实践来掌握技能和领会知识。结合我院实际,纯粹"做中学"在师资、场地、设施都无法满足的前提下是很难开展的。因此,我们的改革是引入"做中教"和"做中学"结合的新方式,适当调整教学计划和学时安排,减少部分课堂教学时间,增加相应的实践教学时间。在课堂教学中,教师以项目化方式开展"做中教",边做项目,边传授技能和知识,改变以往单纯地讲解、灌输的方式。同时,教师可以在做项目的过程中引导学生进行探讨和交流。在实践环节,学生通过"做中学",按照 CDIO 来自行实施项目。

CDIO 教学改革的难点在于"基于项目教育和学习"。项目是教学的载体,因此从企业、专业需求来设计实用型项目,激发学生进行项目化学习是 CDIO 教学的关键。这里需要解决的一个问题是 CDIO 强调的是项目,而不是案例。在我们看来,项目更强调设计规模、团队协作和实际应用。这需要我们教师"走出去,请进来",从社会、企业中去发现和挖掘。只有来源于企业一线的项目,才具有一定的生命力和活力。

和企业开展合作的同时,我们应该结合实际向企业提供力所能及的服务。计算机公共部可以给企业提供计算机操作技能培训、Office 办公软件培训、图文处理能力培训等,为企业培训员工,提高企业员工的计算机应用能力。

3.3　CDIO 改革问题和解决方法

计算机基础课程实施 CDIO 改革存在的主要问题和解决方法如下:

(1) 对 CDIO 认识不够。CDIO 是西方高校提出的一种工程教育新模式。虽然目前中国很多高校已经开展,但是改革方式、实施经验各有长短,因此对于 CDIO 的认识明显不足。建议去早先开展 CDIO 改革或者 CDIO 改革比较有成效的高校取经学习,然后根据各自学校实际设计出符合自身特点的 CDIO 改革方案。

(2) 教师素质不适应。CDIO 需要教师以工程的思路开展教学,由于目前本教学部绝大部分老师缺乏必要的工程经验,同时具备"双师"素质的教师人才严重缺乏,这在很大程度上限制了我们推进 CDIO 改革。可喜的是我院推出了奖励教师考取"双师"技能证书的激励方案。但是激励方案只凭教师自由选择,没有指标约束,只能起到引导作用,而没有督促作用。

(3) 教学设施不完备。CDIO 强调"做中学",因此需要广阔的实践环节。目前,计算机基础课场地有限,且大班教学、集体辅导的授课形式限制了全面的 CDIO 改革。但是学习CDIO 的理念,采用项目化的形式来开展部分 CDIO 改革并非不可行。

(4) 项目化资源不足。无论是"做中教"还是"做中学",都需要符合实际的项目作为支撑。目前适合模块化教学的实用项目资源比较缺乏。这可以在教学部的统一指导下,教师集体讨论、挖掘、设计项目。资源不足的情况可以在集体努力下逐步得到解决。

(5) CDIO 考核评价未明确。为了提高浙江省计算机等级考试通过率,我们陆续开发了多个课程练习系统和考试系统,实现了所有科目的无纸化考试,取得很大成效。这虽然符合CDIO 强调实践的特点,但是这种教学评价方式是否仍然适合 CDIO,值得我们仔细研究和摸索。

(6) 缺乏改革经费投入和支持。CDIO 改革需要派老师出去参观、学习;制定符合 CDIO理念的总体改革方案和教学大纲;制订符合 CDIO 的教学计划;建设符合 CDIO 的项目教学案例和实践案例;统一 CDIO 评价考核体系等。因此,相关院校必须提供充足的经费保障和支持,才能推动 CDIO 改革。

4　结束语

随着学校取消学位与浙江省计算机等级考试挂钩后,引入 CDIO 工程教育对计算机基础课进行必要的改革是有意义的,但也存在诸多问题和限制,需要努力克服。我院计算机基础课 CDIO 改革主要从教学计划、教学大纲、课程建设、评价考核等做了大量尝试。项目化的教学和实施是 CDIO 改革的灵魂,实施 CDIO 教学改革任重而道远。

参考文献

[1] 张建宏,马德骏.高校非计算机专业计算机课程 1+X 教学模式的探讨[J].理工高教研究,2007,26(5):116-118.

[2] 李莉平,沈湘芸.论大学计算机基础教学中的分层分类教学[J].成功(教育),2009(2):195-196.

[3] 李春艳."大学计算机基础"教学新思路[J].科技教育创新,2009(3):226-227.

[4] 王跃萍.基于 CDIO 工程教育理论的计算机基础教学模式探讨[J].长江大学学报(自然科学版),2010(2):375-376.

[5] 吴雅娟,衣治安,王跃萍.CDIO 教育模式在计算机基础教学中的应用研究[J].计算机教育,2010(14):141-143.

[6] 常国锋,蒋晨琛.CDIO 模式在大学计算机基础课程中的应用分析[J].河南教育学院学报(自然科学版),2010,19(3):60-61.

基于创新能力培养的 Java 程序设计教学改革

孙 麒

浙江理工大学信息学院,浙江杭州,310018

摘 要:开展大学生创新能力研究和改革,是适应国家经济和社会发展的需求。本文就计算机专业"Java 程序设计"课程教学过程中如何培养学生的创新能力进行探讨,提出从创新意识、创造能力、创业能力三方面进行教学内容、教学方法的改革,以培养和提高学生的创新能力。

关键词: Java 程序设计;创新能力;教育改革

1 引 言

"提高自主创新能力,建设创新型国家"和"促进以创新带动就业"是党的十七大提出的重要发展战略。创新型国家建设需要创新型人才,创新型人才的培养需要创新的教育培养模式。高等院校承担着培养具有创新能力的高素质人才的任务,开设的每一门课都要把培养学生的创新能力放在重要位置。Java 语言一直是 Internet 应用的主要开发语言,近年来软件行业也越来越需求精通 Java 技术的人才。"Java 程序设计"课程一般有理论教学和实践教学两部分,重点培养学生熟练运用 Java 语言进行程序设计、分析、编码、测试和部署,运用面向对象的思想对实际问题进行分析,并能编写程序解决实际问题。

因此,教师要在 Java 教学过程中转变思想认识,更新教学方法,改革课堂教育内容,注重对创新意识、创造能力、创业能力的培养,使学生在学习知识的同时提高运用知识、更新知识、扩展知识的能力。下面将具体探讨在 Java 教学中如何培养学生的创新能力。

2 创新意识的培养

创新意识表现为新观念、新思想、新设计。在 Java 教学过程中,教师应注重对 Java 应用背景的介绍,课堂案例和实验应结合工程实际,激发学生兴趣,引导创新意识。

2.1 了解应用背景

学生除了要学习和掌握好 Java 基础知识外,更要了解 Java 的应用场景,因此有必要了解 Java 行业的现状和发展趋势。目前 Java 应用主要有两大方向,分别是 Java 互联网方向和 Android 手机开发。Java 在互联网方向的应用非常广泛,是实现电子商务系统的首选语言,在网络编程语言中占据无可比拟的优势。Android 目前是智能手机主流的操作系统,也是基于 Java 技术的,Android 开发水平的高低在很大程度上取决于 Java 语言核心能力是否扎实,因此了解基于 Android 的开发十分必要。课堂上介绍开发环境、所需工具类和其他相关知识,目的是让学生对基于 Android 的应用开发有一个大概的了解,而不是教授具体的技术细节。如果按照以上知识框架进行学习,学生不但能掌握 Java 的基础知识,还能了解到 Java 开发行业的最新发展状况,产生学习兴趣的同时还有利于提高调研和解决问题的能力。当他们找工作或从事相关工作的时候,能够迅速上手,并能根据实际问题选择合适的解决方案,采用正确的技术路线。

2.2 弹性的课堂内实验教学

课堂内实验教学是整个教学过程中至关重要的一环,是培养学生创新意识的重要途径。原有的课堂内实验教学一般安排在课堂讲授内容之后,学生根据教师的要求,做一些章节后的例题、习题,创新性实验较少。这样只是起到了练习和验证课堂讲授内容的作用,学生仍是被动接受,不利于调动其学习的主动性,学生实际解决问题的能力并没有得到提高,严重阻碍了学生创新能力的培养。教师改变原有的实验教学内容和教学手段,给学生布置一些有弹性的具体实现类编程题,同一编程题目既可以只用单一的知识点实现,也可以将这些基础知识点引入适当的应用环境中设计实现,这样同一个知识点在同一时间可以根据学生水平的不同,实现不同的教学效果。对于编程能力相对较强的同学,结合应用环境(如游戏)来实现,并在课堂中和同学分享实现过程与心得,既提高了学生编程的兴趣和编程能力,而且展开想象,实现了自己感兴趣的问题;而对于一开始能力较弱的同学,在完成基础编程、掌握基础知识点的基础上,多次观看了水平高的同学设计实现,实际深切体会 Java 的应用,也会努力尝试去做。因此,教学方式应从单纯的知识传授转变为创新能力的培养,突出对学生创新意识的提高。

3　创造能力的培养

创造指具有动手能力,有新发明、新突破。Java 教学过程加强动手实践,引入企业开发框架的介绍,以软件外包工作过程为导向的课程教学,增强学生的学习和实践能力,实现与企业接轨。

3.1　引入项目构架知识

现今企业级别的开发都是基于开发模式和开发框架进行的[1],故我们把开发模式和框架技术知识适当引入 Java 课程的教学,分层次递进式展开教学内容[2],满足不同层次学生的学习要求,提高学生学习的主动性,教学效果较之以前得到明显改善。这种通过与学生有紧密联系的项目框架驱动教学方法,提高了学生的学习兴趣,增强了学生的学习和实践能力,有效地缩短了学生能力与企业具体的用人需求之间的差距。

3.2　以软件外包工作过程为导向的课程开发

以软件外包工作过程为导向的课程开发,在 Java 综合实验中采用软件外包项目驱动的教学方式。首先,教师对软件外包项目的知识点进行分析,提取典型软件外包项目,并把项目划分为若干个典型案例,不同教学阶段案例的功能和难度都是不同的。在实验教学中,教学单元由典型的软件外包项目案例构成,以案例引导学生掌握知识点。学生在课堂上进行案例模仿,课后进行案例实践;教师与学生对案例进行总结和评价,实现整个软件项目的实践。在软件外包项目的实践中,将全体师生看作一个大团队运作,将学生分成多个小的团队,一个团队中的成员根据项目进行分工,协作学习、相互交流,通过学习能力较强的成员拉动,进一步消除学习能力较弱学生的一些学习阻碍,使他们拥有彼此接近的专业能力,团队内成员的整体能力得到提高。学生小组完成项目实践,进行实践评价。在整个过程中,教师起到指导和监督的作用。这种软件外包工作过程的引导,有助于提高 Java 课堂教学效果,培养软件外包方面的人才。

4　创业能力的培养

创业是指开创新事业。教师在教学过程中,注重应用新技术,结合线上、线下教学,开辟教学新模式,鼓励学生积极融入各种创业型活动和竞赛,理论与实践相结合,实现 Java 课程的高效产出。

4.1　线上、线下相结合

新技术的发展为教学提供了更加有效的方式,传统教育模式向新教育模式转变,线上和线下教学模式有机融合。线下教学主要采用课堂理论教学和实验课等传统方式。线下创业理论和实践教学虽具有系统性和针对性,但也存在局限性,如学生接受效果差等,尤其当网络已成为学生接收信息的主阵地,这种局限将被扩大。线上教学主要采用电脑或手机进行网络教育、网络模拟创业等形式,信息不仅多、广,且传递快速、成本低、操作便捷,易于评估和管理,为学生接受知识和转化创业教育内容提供了更自由和宽广的空间,为创新营造了宽松的环境。

4.2　鼓励参加创新创业活动和竞赛

教师在课堂教育的同时,鼓励学生参加各种"互联网＋"创新创业活动,充分利用大学生服务外包创新应用大赛、"挑战杯"课外学术科技作品竞赛、大学生创新创业训练计划等创新创业系列赛事,孵化大学生创新创业项目。参加比赛可以促进学生的学习兴趣,巩固其所学知识在实际项目中的应用,同时培养学生在移动互联网领域的创新和创造意识,激发学生的"互联网＋"思维,提升创新创业能力。

5　结　语

以上是我们在"Java程序设计"教学中的一些体会和具体做法。高校教师除了需要不断提高和加强自己的理论知识和实践指导能力外,还要注意结合实际问题,逐步培养学生的学习兴趣,发挥学生学习的主动性,更新教学方法和教学内容,改革课堂教育,培养具备较强创新意识、拥有新颖创新理念和具有较高创新能力的应用型人才。高等学校是培养高素质创新人才的基地,也是知识创新的重要场所和国家创新体系的重要组成部分。为了更好地肩负起培养创新人才的重任,我们应不断努力,在教学改革中不断创新。

参考文献

[1] 许庆炜,徐兆佳,杨莉.软件工程专业Java教学初探[J].计算机教育,2012(1):28-30.

[2] 白磊,吴晓丹.面向教学的java通用开发框架的设计[J].华北科技学院学报,2014(5):95-98.

离散数学机器视觉测量应用型实验设计①

孙志海

杭州电子科技大学信息工程学院，浙江杭州，310018

摘　要："离散数学"是高等院校计算机类及电子信息类专业的重要基础课，其课程内容抽象、理论性强，学生学习起来往往觉得枯燥乏味、兴趣低。本文以离散数学函数章节的应用为例，以工业机器视觉测量应用为背景，设计了一套以硬币为实验对象的离散数学函数机器视觉测量实验方案。本文分析了工业机器视觉测量平台的架构，重点阐述了如何搭建实验环境、测量算法流程以及硬币外轮廓曲线方程函数拟合的数值分析和公式推导，最后给出了实验效果及误差分析。本文的实验方案可作为离散数学函数章节的应用案例，也可供从事机器视觉测量的工程技术人员参考。

关键词：离散数学；函数；机器视觉；曲线拟合

1　引　言

随着我国社会发展和经济转型新常态，国家对"普通本科高校向应用型转变"提出了新的要求。实现普通本科高校向应用型转变，重在应用型人才培养，而应用型人才培养离不开课堂教学模式的改革与创新。"离散数学"是计算机专业的核心课程之一，是研究离散量的结构及其相互关系的数学学科，是现代数学的一个重要分支。离散数学在各学科领域，特别在计算机专业技术领域有着广泛应用，同时离散数学也是许多计算机专业课必不可少的先行课，如程序设计语言、数据结构、操作系统、编译原理、人工智能、数据库、数字图像处理、计算机图形学、算法设计与分析等[1]。对这样一门以数学推导、定义与定理为主要内容的课程，教师通常忙于在黑板上进行等值演算，忙于公式推导，这种满堂灌输的传统教学模式弊

①　资助项目：浙江省高等教育课堂教学改革项目"'互联网＋'形势下离散数学混合式教学设计与课程重构"（KG2015541）。

端凸显。离散数学课程内容繁杂,学生虽苦苦聆听,但往往无法理解和记忆,导致"低头族"、期末考试死记硬背,无法掌握离散数学理论要领,更谈不上如何将理论知识应用于实践[2-3]。国家对应用型人才培养的需求,离不开课程教学模式及传统习惯的改革,同时对专业教师提出了更高的要求。国内的同行也在逐步推进应用型教学改革[2-4]。

本文以"离散数学"中的函数章节作为理论基础,以当前流行的机器视觉检测作为应用背景,设计了一个将离散数学函数理论应用于工业机器视觉测量的应用型实验案例,给出了详细方案、函数推导、程序及结果。本文内容可作为"离散数学"函数章节的实际应用案例或课内应用型实验,让学生在实验课或以课后大作业的形式完成。所述案例将离散数学理论知识与主流的信息科学及生产实践有力结合,更能激发学生的学习兴趣,让学生掌握更多的专业应用点,进一步启蒙学生的创新创业思维。

2 机器视觉检测架构

机器视觉检测除了生活中的车牌识别、人脸识别以及车辆检测等常见应用以外[5],还常常应用于某些工业应用场合,如识别工件的孔径、印刷文本、形状、缺陷、污渍以及形变等。图 1(a)是对一次性餐具污渍的检测[6-7],图 1(b)是对小模数齿轮参数的高精度测量[8],图 1(c)是生产流水线上对饮料瓶瓶盖部位的缺陷检测(漏盖、歪盖及破损等)[9]。图 2(a)给出了一种基于机器视觉检测技术的"工件外观缺陷"检测架构,检测装置包括工业相机、同轴光源、位置

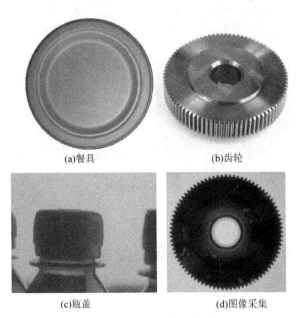

(a)餐具   (b)齿轮

(c)瓶盖   (d)图像采集

图 1 工业机器视觉检测

传感器以及执行机构等,在获得含有轴承的图像数据后,进一步结合数字像处理算法对轴承表面的凹坑、划痕、锈斑等外观缺陷进行检测,该应用属于工业机器视觉范畴。图 2(b)及图 1(d)为小模数齿轮机器视觉测量平台及通过工业相机获取的待处理图像。

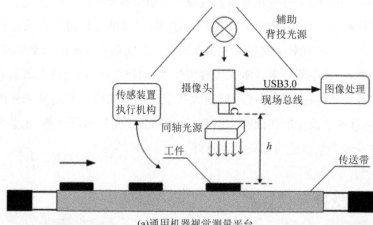

(a)通用机器视觉测量平台

(b)小模数齿轮机器视觉测量平台

图 2　机器视觉测量平台

3　硬币外轮廓获取及曲线方程函数拟合

3.1　机器视觉检测实验平台搭建

离散数学中函数研究的对象与传统的连续函数不同,它研究的是离散量之间的映射关系[2]。在离散数学的函数章节应用实验设计中,选择以机器视觉检测作为行业应用案例:首先,考虑到机器视觉应用是发展趋势;其次,目前学生拥有的智能手机相机完全可替代工业相机进行工件的图像采集;最后,选择硬币作为实验对象,利用黑色吸光布、绒布或鼠标垫即可作为拍摄背景,学生可以轻易搭建硬币机器视觉测量环境,获取如图 3 所示的彩色图像。

(a)   (b)

图 3　1 元及 5 角硬币的机器视觉彩色图像

3.2　数字图像的函数模型

在机器视觉测量中,获取如图 1(d)、图 3 所示的数字图像后,一般主要处理数字图像的灰度信息。数字图像灰度图的函数模型可表示为公式(1)的二维矩阵形式,图像大小 $M \times N$,对于灰度图 $f(x_i, y_j) \in [0, 255]$,$i = (0, 1, \cdots, M-1)$,$j = (0, 1, \cdots, N-1)$。对于 24 位真彩色数字图像,则每个 $f(x_i, y_i)$ 含 R、G、B 三个通道的数值,R、G、$B \in [0, 255]$[10]:

$$f(x, y) = \begin{bmatrix} f(x_0, y_0) & f(x_0, y_1) & \cdots & f(x_0, y_{N-1}) \\ f(x_1, y_0) & f(x_1, y_1) & \cdots & f(x_1, y_{N-1}) \\ \vdots & \vdots & \vdots & \vdots \\ f(x_{M-1}, y_0) & f(x_{M-1}, y_1) & \cdots & f(x_{M-1}, y_{N-1}) \end{bmatrix} \tag{1}$$

3.3　硬币外轮廓数据提取

在采集得到硬币的彩色图像以后,对该图像进行灰度化、固定阈值二值化、中值滤波、形态学边缘提取后[10],即可获得一组外轮廓像素数据 $(x_i, y_i)(i = 0, 1, \cdots, n)$。图 4(a) 为硬币图像的灰度图,图 4(b) 为固定阈值二值化后获得的带椒盐噪声二值图,此时需对图像进行中值滤波操作,即可获得如图 4(c) 所示的二值图,可借助该二值图提取硬币的前景图像。图 4(d) 示意了经形态学膨胀、腐蚀及求差运算后所获得的含有硬币外轮廓的二值图像。此时图 4(d) 所示的黑色像素点即为待下一步进行曲线方程函数拟合的样本集合。

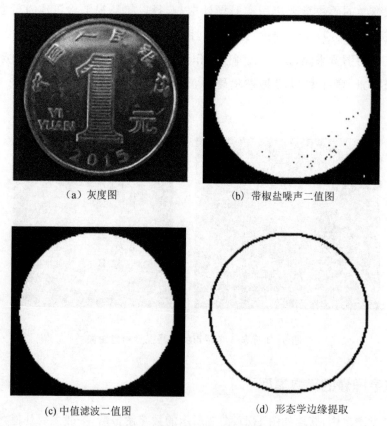

（a）灰度图 　　　　　　　　　　　（b）带椒盐噪声二值图

（c）中值滤波二值图 　　　　　　　　（d）形态学边缘提取

图 4　硬币外轮廓样本提取

3.4　硬币外轮廓曲线方程函数拟合

图 4(d)的圆形轮廓看起来虽是正圆,然而机器根本不知道这些样本点组成的是圆形轮廓,因此在机器视觉检测场合经常需进一步提取样本集所对应曲线函数的各项参数:圆心坐标与半径。在外轮廓像素数据$(x_i,y_i)(i=0,1,\cdots,n)$构成的散乱点集中寻找自变量 x 与因变量 y 之间的函数关系 $y=f(x)$。由于观测数据往往不准确,因此需要求取所有样本点 x_i 误差 $\sigma_i=f(x_i)-y_i$ 平方和最小所对应的函数 $y=M^*(x)$,即采用最小二乘拟合法[11-13]。

二维坐标轴下硬币外轮廓对应的数据样本如图 5 所示。设硬币的外轮廓线曲线方程函数可表示为

$$(x-O_x)^2+(y-O_y)^2=R^2 \tag{2}$$

其中,(O_x,O_y) 代表圆心坐标值,R 为圆的半径。式(2)可整理为

$$x^2+y^2-2O_xx-2O_yy+O_x^2+O_y^2-R^2=0 \tag{3}$$

记 $a_1=-2O_x,a_2=-2O_y,a_3=O_x^2+O_y^2-R^2$,则式(3)可进一步表示为

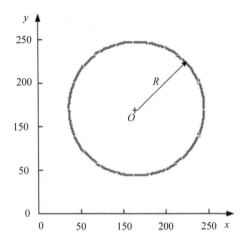

图 5 二维坐标轴下硬币外轮廓对应的散乱样本

$$x^2 + y^2 + a_1 x + a_2 y + a_3 = 0 \tag{4}$$

若直接根据最小二乘原理拟合外轮廓线的圆心及半径,由于 y 涉及开方运算将使求解变得复杂,故在工程上一般利用半径平方差的平方和构造多元函数 $f(a_1, a_2, a_3)$ 以简化计算,则有

$$f(a_1, a_2, a_3) = \sum_{i=1}^{n} (x_i^2 + y_i^2 + a_1 x_i + a_2 y_i + a_3)^2 \tag{5}$$

根据多元函数求极小值的必要条件,有 $\dfrac{\partial f}{\partial a_i} = 0 (i = 1, 2, 3)$,即

$$\begin{cases} \sum_{i=1}^{n} 2x_i (x_i^2 + y_i^2 + a_1 x_i + a_2 y_i + a_3) = 0 \\ \sum_{i=1}^{n} 2y_i (x_i^2 + y_i^2 + a_1 x_i + a_2 y_i + a_3) = 0 \\ \sum_{i=1}^{n} 2(x_i^2 + y_i^2 + a_1 x_i + a_2 y_i + a_3) = 0 \end{cases} \tag{6}$$

以 a_1、a_2、a_3 为变量求解式(6),得

$$\begin{cases} a_1 = (n_2 n_4 - n_3 n_5)/(n_3^2 - n_1 n_2) \\ a_2 = (n_1 n_5 - n_3 n_4)/(n_3^2 - n_1 n_2) \\ a_3 = -(\sum_{i=1}^{n} x_i^2 + \sum_{i=1}^{n} y_i^2 + a_1 \sum_{i=1}^{n} x_i + a_2 \sum_{i=1}^{n} y_i)/n \end{cases} \tag{7}$$

式(7)中 n_1、n_2、n_3、n_4 及 n_5 的计算公式为:

$$n_1 = n \sum_{i=1}^{n} x_i^2 - (\sum_{i=1}^{n} x_i)^2 \tag{8}$$

$$n_2 = n \sum_{i=1}^{n} y_i^2 - (\sum_{i=1}^{n} y_i)^2 \tag{9}$$

$$n_3 = n \sum_{i=1}^{n} x_i y_i - \sum_{i=1}^{n} x_i \sum_{i=1}^{n} y_i \tag{10}$$

$$n_4 = n \left(\sum_{i=1}^{n} x_i^3 + \sum_{i=1}^{n} x_i y_i^2 \right) - \sum_{i=1}^{n} (x_i^2 + y_i^2) \sum_{i=1}^{n} x_i \tag{11}$$

$$n_5 = n \left(\sum_{i=1}^{n} y_i^3 + \sum_{i=1}^{n} y_i x_i^2 \right) - \sum_{i=1}^{n} (x_i^2 + y_i^2) \sum_{i=1}^{n} y_i \tag{12}$$

从而得到待拟合曲线函数公式(2)的中心坐标参数(O_x, O_y)和半径参数 R 为

$$O_x = -0.5a_1, O_y = -0.5a_2, R = \sqrt{O_x^2 + O_y^2 - a_3} \tag{13}$$

3.5 曲线方程函数拟合效果及分析

实验所采用的硬币图像的宽与高分别为 209 像素与 232 像素,图 4(d)对应图 5 的样本点个数为 942 个,借助公式(7)~(13)算得的主要参数如表 1 所示。利用算得的参数,在图 4(a)的基础上进一步绘制拟合得到的圆形曲线,得到如图 6(b)所示的拟合效果。图 7 为各个样本到圆心(O_x, O_y)的距离 R_i 与半径 R 的相对误差示意图,相对误差范围为$[-2.64\%, +2.56\%]$。

表 1　曲线方程函数拟合参数

参数	数值	参数	数值
a_1	-210.9567	O_x	105.4784
a_2	-225.0790	O_y	112.5395
a_3	1.9010×10^4	R	69.1465

(a) 硬币前景图　　　　　　　　　　(b) 拟合效果图(白色曲线)

图 6　硬币前景提取及外轮廓曲线拟合

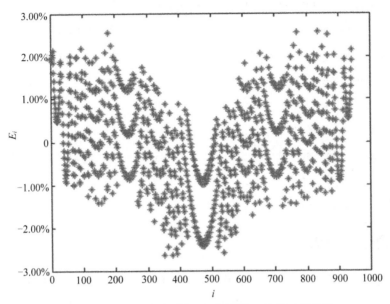

图 7　各个样本到圆心距离 R_i 与半径 R 的相对误差 E_i

3.6　MATLAB 参考实验程序

结合第 3.3 及 3.4 小节所设计的实验方案，以 MATLAB 7.10.0 为实验环境[14-15]，给出实验方案所对应的主要程序，以供教师或学生参考：

```
Irgb＝imread('rgbImg.bmp');%读取彩色硬币图像

Igray＝rgb2gray(Irgb);%彩色图像进行灰度化

[Iheight,Iwidth]＝size(Igray);%获取图像长宽参数

Ibin＝im2bw(Igray,0.13);%固定阈值二值化

Ibin＝MEDFILT2(Ibin);%中值滤波去椒盐噪声

Bdi＝[1 1 1;1 1 1;1 1 1];%3×3膨胀结构算子

Idi＝imdilate(Ibin,Bdi);%膨胀操作

Ber＝[0 1 0;1 1 1;0 1 0];%3×3腐蚀结构算子

Ier＝imerode(Ibin,Ber);%腐蚀操作

Icontour＝imabsdiff(Idi,Ier);%形态学求边缘

[Dy,Dx]＝find(Icontour～＝0);%获取样本点坐标

Dnum＝length(Dx);%获取样本个数

%计算 n1～n5.公式(8)～(12)

n1＝Dnum * sum(Dx.^2)－(sum(Dx))^2;

n2＝Dnum * sum(Dy.^2)－(sum(Dy))^2;
```

n3＝Dnum * sum(Dx. * Dy)－sum(Dx) * sum(Dy);

n4＝Dnum * (sum(Dx.^3) ＋ sum(Dx. * (Dy.^2)))－(sum(Dx.^2＋Dy.^2)) * sum(Dx);

n5＝Dnum * (sum(Dy.^3) ＋ sum(Dy. * (Dx.^2)))－(sum(Dx.^2＋Dy.^2)) * sum(Dy);

  % 计算 a1－a3. 公式(7)

a1＝(n2 * n4－n3 * n5)/(n3^2－n1 * n2);

a2＝(n1 * n5－n3 * n4)/(n3^2－n1 * n2);

a3＝－(sum(Dx.^2)＋sum(Dy.^2)＋a1 * sum(Dx)＋a2 * sum(Dy))/Dnum;

  % 计算圆心 O(x,y)及半径 R. 公式(13)

Ox＝－0.5 * a1;Oy＝－0.5 * a2;R＝sqrt(Ox^2＋Oy^2－a3);

3.7　教学使用建议

离散数学函数章节大概分为三部分内容：函数的定义与性质，函数的复合与反函数，双射函数与集合的基础[1]。所设计的实验方案可作为离散数学课内上机实验、期末大作业或函数应用案例在课堂上讲解。具体实施时，还需兼顾学生的专业及年级，有选择地布置实验内容。如对于低年级学生，高等数学基础及程序设计能力相对薄弱，可采用课上推导及利用MATLAB 进行课堂实验演示的形式进行案例讲解；而对于高年级的学生，则可让其参照文中所述方法自行搭建实验环境、推导公式，采用 C＋＋、Java 或 Python 等程序设计语言进行编程，并提交实验报告及进行现场演示。

4　结　语

"离散数学"是计算机类专业的基础主干课程，该课程对培养学生的抽象能力、逻辑推理能力、离散数学模型分析和推导能力起着重要作用。教师在授课过程中，可以针对不同的章节设计不同的应用案例。应用案例最好跟当前生产实际接轨，可以激发学生的学习兴趣与热情，最重要的是让学生因感兴趣由被动学习转为主动学习，这样才能激发学生的学习潜力；同时也能进一步将离散数学与专业应用融合为一体，而不会因太过晦涩难懂让学生望而生畏。

参考文献

[1] 屈婉玲，耿素云，张立昂. 离散数学[M]. 北京：高等教育出版社，2008.

[2] 王瑞胡，罗万成. 离散数学及其应用[M]. 北京：清华大学出版社，2014.

[3] 刘铎. 离散数学及应用[M]. 北京：清华大学出版社，2013.

[4] 王卫红，李曲，郑宇军，等. 离散数学[M]. 北京：清华大学出版社，2013.

[5] 唐玲，陈明举，杨平先. 基于机器视觉的车辆距离测量系统设计[J]. 实验室研究与探索，2016，35(3)：56-59.

[6] 钟锦敏，韩彦芳，施鹏飞. Hough 变换在表面污渍检测中的应用[J]. 测控技术，2006，25(11)：74-76，78.

[7] 滕丽娟，张仁贡，吴国忠. 基于 PLC 的一次性餐具成型机控制系统[J]. 电工技术，2007(5)：52-54.

[8] 王文成. 基于机器视觉的齿轮参数测量系统设计[J]. 机械传动，2011，35(2)：41-43.

[9] 龙智帆，孙志海，孔万增. 算法可重构的工业视觉饮料瓶盖缺陷检测[J]. 杭州电子科技大学学报(自然科学版)，2012，32(1)：47-51.

[10] 冈萨雷斯，伍兹. 数字图像处理(英文版)[M]. 3 版. 北京：电子工业出版社，2010.

[11] 田社平，张守愚，李定学，等. 平面圆圆心及半径的最小二乘拟合[J]. 实用测试技术，1995(5)：23-25.

[12] 潘国荣，陈晓龙. 空间圆形物体数据拟合新方法[J]. 大地测量与地球动力学，2008，28(2)：92-94.

[13] 王洪建，刘波，周昌平. 圆形印章中心定位算法的研究[J]. 仪器仪表学报，2006，27(23)：2256-2258.

[14] 温正. 精通 MATLAB 科学计算[M]. 北京：清华大学出版社，2015.

[15] 隋涛，刘秀芝. 计算机仿真技术[M]. 北京：机械工业出版社，2015.

软件工程教学与概要设计的研究

王竹云

浙江财经大学信息管理与工程学院，浙江杭州，310018

摘　要：软件工程概要设计是软件工程的基础和关键。基于多年的项目开发工作实践，笔者分析了系统设计在软件工程中的地位，而后结合工作实际，探讨了概要设计过程中需要完成的工作内容，最后研究分析了体系结构设计的方法和思想。本文从实践到理论，最后又回到实践，相信对从事相关工作的同行具有一定的参考价值和借鉴意义。

关键词：软件工程；概要设计；体系结构

1　引　言

软件工程概要设计是一个非常重要的阶段，该阶段包括如何设计软件的体系结构，如何设计软件结构，如何进行数据库的设计，如何进行应用模型的分析与设计。这些内容是软件工程概要设计包含的基本内容，是软件工程的基础和关键。

在完成系统分析之后，为了实现软件需求规格说明书的要求，必须将用户需求转化为计算机系统的逻辑定义，即所谓系统设计。人们把设计定义为应用各种技术和原理，对设备、过程或系统做出足够详细的定义，使之能够在物理上得以实现。系统设计与其他领域的工程设计一样，具有其独特的方法、策略和理论。系统设计是整个研究工作的核心，不但要完成逻辑模型所规定的任务，而且要使所设计的系统达到优化。如何选择最优的方案，这是设计人员和用户共同关心的问题。

进入了设计阶段，要把软件"做什么"的逻辑模型变换为"怎么做"的物理模型，通过这个阶段的工作将划分出组成系统的物理元素——程序、文件、数据库、人工过程和文档等[1]，即着手实现软件的需求，并将设计的结果反映在"设计说明书"文档中。所以系统设计是把前期工程中的软件需求转换为软件表示的过程。首先寻找实现目标系统的各种不同方案，需求分析阶段的数据流图是设想各种可能方案的基础。然后分析员从这些供选择的方案中选取若干合理的方案,为每个合理的方案都要准备一份系统流程图,列出组成系统的所有物理元素,进行成本/效益分析,并且制订实现这个方案的进度计划。分析员应该综合分析比较这些合理的方案,从中选取一个最佳方案向用户和使用部门负责人推荐。最初这种表示只是描述软件的总体结构,称为概要设计。

2 系统设计在软件开发中的位置

定义了软件开发需求之后,就进入了狭义的系统开发阶段。狭义的系统开发阶段由三个互相关联的步骤组成:设计、实现(编码)和测试。实质上,系统设计到系统实现的各个阶段都是按某种方式进行信息变换,最后得到有效的计算机软件。

系统需求分析解决了系统"做什么"的问题,并在软件需求规格说明书中详尽和充分地阐明这些需求。接下来就是着手实现系统需求,即着手解决"怎么做"的问题,这就是系统设计的总目标。设计步骤为根据数据域需求和功能域及性能需求,采用某种设计方法进行系统结构设计、数据库设计(或数据设计)、详细设计(或称过程设计)、界面设计等。系统结构设计定义软件系统各主要成分之间的关系;数据库设计侧重于数据结构的定义;详细设计是把结构成分转换成软件的过程性描述;界面设计侧重于与用户交互的界面的设计,包括输入、输出、存储、显示等各类界面的风格和策略的确定。在编码步骤中,项目小组根据这种过程性描述,生成源程序代码,然后通过测试最终得到完整有效的软件。

3 概要设计过程中需要完成的工作

3.1 制定规范

制定的规范指代码体系、接口规约、命名规则。这是项目小组共同协作的基础,有了开发规范以及程序模块之间和项目组成员彼此之间的接口规则、方式方法,大家就有了共同的工作语言、共同的工作平台,使整个软件开发工作可以协调有序地进行。

在进入软件开发阶段之初,应为软件开发制定在设计时共同遵守的标准,以便协调组内成员的工作。它包括以下几点:

(1)阅读和理解软件需求说明书,在给定预算范围内和技术现状下,确认用户的要求能否实现。若能实现,需要明确实现的条件,从而确定设计目标,以及它们的优先顺序。

(2)根据目标确定最合适的设计方法。

(3)确定设计文档的编制标准,包括文档体系、用纸及样式、记述的详细程度、图形的画法等。

（4）通过代码设计确定代码体系，与硬件、操作系统的接口规约，命名规则等。

3.2　软件结构设计

为确定软件结构，首先需要从实现角度进一步分解复杂的功能。分析员结合算法描述仔细分析数据流图中的每一个处理，如果一个处理的功能过分复杂，必须把它的功能适当地分解成一系列比较简单的功能。

功能分解导致数据流图的进一步细化，同时还应该用 IPO 图或其他适当的工具简要描述细化后每一个处理的算法。

通常程序中的一个模块完成一个适当的子功能。应该把模块组织成良好的层次系统，顶层模块调用它的下层模块以实现程序的完整功能，每个下层模块再调用更下层的模块，从而完成程序的下一个子功能，最下层的模块完成最具体的功能[2]。

在需求分析阶段，已经从系统开发的角度出发，使系统按功能逐个分割成层次结构，使每一部分完成简单的功能且各个部分之间又保持一定的联系，这就是功能设计。在结构设计阶段，基于这个功能的层次结构把各个部分组合起来成为系统。结构设计包括以下几点：

（1）采用某种设计方法，将一个复杂的系统按功能划分成模块的层次结构。

（2）确定每个模块的功能，建立与已经确定的软件需求的对应关系。

（3）确定模块间的调用关系。

（4）确定模块间的接口，即模块间传递的信息；设计接口的信息结构。

3.3　数据库设计

数据库设计主要是确定软件涉及的文件系统的结构以及数据库的模式、子模式，进行数据完整性和安全性的设计，它包括以下几点：

（1）详细的数据结构：表、索引、文件。

（2）确定输入、输出文件的详细的数据结构。

（3）结合算法设计，确定算法所必需的逻辑数据结构及其操作。

（4）上述操作的程序模块说明（在前台、在后台、用视图、用过程等）。

（5）确定逻辑数据结构所必需的那些操作的程序模块，限制和确定各个数据设计决策的影响范围。

（6）若需要与操作系统或调度程序接口所必需的控制表等数据时，确定其详细的数据结构和使用规则。

（7）数据的保护性设计，主要包括以下两点：

①防卫性设计。在软件设计中插入自动检错、报错和纠错的功能。

②一致性设计。其一是保证软件运行过程中所使用的数据的类型和取值范围不变；其二是在并发处理过程中使用封锁和解封锁机制保持数据不被破坏。

（8）其他性能设计。

4 体系结构设计

4.1 概述

系统设计要求满足三个基本条件，即加强系统的实用性、降低系统开发和应用的成本、提高系统的生命周期。因此，要改进软件的设计方法，使得在系统设计过程中产生的错误能及时得到更正。

设计方法采用结构化分析和设计原理，其中最有用的理论就是模块理论及其有关的特征，例如内聚性和耦合性。一般而言，系统设计首先应根据系统研制的目标，确定系统必须具备的空间操作功能，称为功能设计；然后是数据分类和编码，完成数据的存储和管理；最后是系统的建模和产品的输出，称为应用设计。

4.2 概要设计的目标

概要设计的目标是一个优化的系统。一个优化的系统必须具有运行效率高、可变性强、控制性能好等特点。所以，应该在设计的早期阶段尽量对软件结构进行优化，可以导出不同的软件结构，然后对它们进行评价和比较，力求得到"最好"的结果。

对于时间是决定性因素的应用场合，可能有必要在详细设计阶段或在编写程序的过程中进行优化。用下述方法对时间起决定性作用的软件进行优化是合理的：

（1）在不考虑时间因素的前提下开发优化软件结构。

（2）在详细设计阶段选出最耗费时间的那些模块，仔细地设计它们的处理过程，以求提高效率。

（3）使用高级程序设计语言编写程序。

（4）在软件中孤立出那些大量占用处理机资源的模块。

（5）必要时重新设计或用依赖于机器的语言重写上述大量占用资源的模块的代码，以求提高效率。

上述优化方法遵守一句格言："先使它能工作，然后再使它快起来。"

要提高系统的运行效率，并尽量采用经优化的数据处理算法。为了提高系统的可变性，最有效的方法是采用模块化的结构设计方法，即先将整个系统看成一个模块，然后按功能逐步分解为第一层模块、第二层模块等。一个模块只执行一种功能，一种功能只用一个模块来实现,这样设计出来的系统才能达到可变性好和具有生命力。为了增强系统的控制能力,在输入数据时,要拟定对数字和字符出错时的检验方法;在使用数据文件时,要设立口令,防止数据泄密和被非法修改,保证只能通过特定的通道存取数据。

概要设计要根据系统制定的目标来规划系统的规模和确定系统的各个组成部分,并说明它们在整个系统中的作用与相互关系,以及确定的硬件的配置,规定系统采用的合适技术规范,以保证系统整体目标的实现。

4.3 概要设计的步骤

系统设计人员根据若干规定和需求,设计出功能符合需要的系统。一个最基本的模型框架一般由数据输入、数据输出、数据管理、空间分析四部分组成,但也会随具体开发项目的不同而在系统环境、控制结构和内容设计等方面有很大的差异。因此,设计人员开发时须遵循正确的步骤:

(1) 根据用户需要,确定系统工程要做哪些工作,形成系统的逻辑模型。

(2) 将系统分解为一组模块,各个模块分别满足所提出的需求。

(3) 将系统分解出来的模块,按照是否能满足正常的需求进行分类。对不能满足正常需求的模块需进一步调查研究,以确定是否能有效地进行开发。

(4) 制订工作计划,开发有关的模块,并对各个模块进行一致性测试,以及系统的最后运行。

(5) 计算机物理系统配置方案设计。

在进行概要设计时,还要进行计算机物理系统具体配置方案的设计,要解决计算机软、硬件系统的配置,通信网络系统的配置,机房设备的配置等问题。计算机物理系统具体配置方案要经过用户单位和领导部门的同意才可实施。

开发管理信息系统的大量经验教训说明,选择计算机软、硬件设备不能光看广告或资料介绍,必须进行充分的调查研究,最好向使用过该软、硬件设备的单位了解运行情况及优、缺点,并征求有关专家的意见,然后进行论证,最后写出计算机物理系统配置方案报告。

从我国的实际情况看,不少单位是先购买计算机,然后决定开发。这种不科学的、盲目的做法是不可取的,它会造成极大浪费。因为,计算机更新换代非常快,在开发初期和在开发中后期的系统实施阶段购买计算机设备,价格差别就会很大。因此,在开发管理信息系统过程中,应在系统设计的概要设计阶段才开始具体设计计算机物理系统的配置方案。

5 结束语

按照软件工程领域所说的软件生命周期的"三个时期、八个阶段",开展项目系统各个阶段的工作,有效地进行软件概要设计,将软件系统需求转换为未来系统的设计,逐步开发出强壮的系统构架,使设计适合于实施环境,提高性能需求。这对后续的开发、测试、实施、维护工作起到关键性的影响。

参考文献

[1] 张海藩. 软件工程导论[M]. 6版. 北京:清华大学出版社,2015.

[2] 殷人昆,郑人杰,马素霞,等. 实用软件工程[M]. 3版. 北京:清华大学出版社,2011.

"计算机应用基础"分类分层任务驱动教学模式研究与实践

肖若辉　毕小明　魏　燕

温州科技职业学院,浙江温州,325006

摘　要:高职新生的计算机应用操作能力差别很大,教学过程中难以兼顾,无法因材施教。本课题提出分类分层任务驱动教学模式,以学生所学专业为依据进行分类,以学生计算机应用操作能力水平为基础进行分层,最后分类分层以走班形式组织教学。经过一学期实践,从课程期末成绩、浙江省计算机二级考试通过率及学生教学反馈调查三方面反映了分类分层教学效果明显。

关键词:计算机应用基础;教学模式;分类分层;任务驱动

1　计算机应用基础课程教学现状

随着教学改革进一步深化,计算机应用基础教学内容、课程名称也发生了一些变化。课程名称从最初的计算机文化基础,到大学计算机基础,再到计算机应用基础。教学内容也从最初偏向于文化修养,到后来侧重于大学层面的计算机基础应用,再到后来注重学生应用基础内容学习。也有部分学校因课时受限,直接把课程名称改为办公软件应用,教学内容以Office办公软件应用为主。

从课程开设广度来讲,各所高校均开设相关课程,本科高校注重培养学生的计算思维,高职院校注重培养学生解决具体问题的能力。从课程开设的深度来讲,大部分高校授课时数为40~66节,每周3节或4节,个别高校采用翻转课堂,课时只有30节左右,每周2节。因受课时影响,每所高校的教学模式也不尽相同,目前有一小部分高校开展翻转课堂教学模式,大部分高职院校采取任务驱动或分类教学模式。我校采用专业分类任务驱动教学模式,2015—2016学年第二学期在信息技术系开展分类分层任务驱动教学试点,取得了一定成效,但也存在一些问题。

2 分类分层教学试点实施方案

因计算机应用基础课程开设与否、开设课时由专业人才培养方案决定,而且各专业对课程教学内容的侧重点也有所不同,所以我们先按专业进行分类。同一专业学生再根据学生操作水平强弱进行分层,为了便于排课,同类专业不同层级学生需要同时走班分层教学。具体实施方案如下:

2.1 方案的具体内容

(1)课程名称:"计算机应用基础"。

(2)实施时间与对象:2015—2016学年第二学期,信息技术系大一新生。

(3)实施内容:"计算机应用基础"课程分A、B两级,其中A级为提高班,教学内容难度稍高,教学任务以综合性任务为主,侧重于培养学生解决问题的能力;B级为基础班,教学内容难度一般,教学任务以小任务为主,侧重于提高学生的操作能力。

(4)操作流程:详细过程见图1。

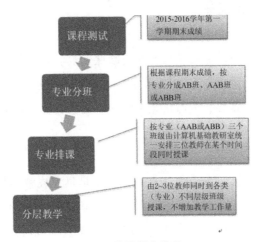

图1 分层操作流程

(5)课程考核:A级(提高班)的课程考核总评分为0~100分,分别由考勤纪律15％、教学任务提交情况15％、任务完成效果50％、中文录入速度10％、课堂综合表现10％等构成;B级(基础班)的课程考核总评分为0~90分,分别由考勤纪律15％、教学任务提交情况15％、任务完成效果50％、中文录入速度10％、课堂综合表现10％等构成。A、B两级的教学任务难度不同,教学方法不同,教学要求也不同。

(6)转班说明:A班、B班学生在教学过程中可以提出转班申请,在机房机位满足的情况下,经 A 班、B 班任课教师审核同意,经系办审核同意备案后,方可转班。

2.2 方案实施依据

(1)学生计算机应用基础参差不齐,这是实施"计算机应用基础"课程分层教学的最主要原因。我们学校的学生来自全国各地,沿海地区学生与内陆地区学生的计算机应用水平差别很大,男生与女生的计算机应用水平差别很大,城市学生与农村学生的计算机应用水平差别也很大,他们对计算机应用操作的接受能力有明显不同。

(2)相关政策促使"计算机应用基础"课程教学实施分层教学。根据《浙江省高校课堂教学创新行动计划(2014—2016 年)》,以及我院《关于"十二五"期间全面提高教育教学质量的实施意见》等文件精神,分层教学是课堂创新行动的重要内容。

(3)前期的课程教学研究与精细化课程建设也为"计算机应用基础"课程分层教学提供了基础。我校计算机基础教研室前期已完成相关课程建设,如 2006 年该课程被评为首批院级精品课程之一,完成分专业的课程标准制定,完成计算机等级考试实训网站建设,完成基于工作过程的任务式教学研究。

3 分类分层教学效果

经过一学期教学实践,分类分层教师普遍反映课堂教学效果明显,课程教学进度相对一致,不会出现"优生喂不饱,差生学不会"现象;学生也不会产生厌学情绪,其学习热情高,也能及时上交作业,教学效果良好。下面从几个方面总结分类分层教学试点成效。

3.1 课堂教学效果明显好转

没开展分类分层教学时,一个班级总有一些学生早早完成教学任务,无所事事,也不愿去挑战更难更复杂的任务,也总有几个学生跟不上教学进度,无法完成教学任务;开展分类分层教学时,这种现象明显好转,每一个层级班学生水平差不多,教师可以因材施教,合理安排教学任务,充分调动学生的学习积极性。

3.2 激发学生的学习兴趣

分层教学将全面提升学生的学习主动性,特别是转班制度,会对学生的学习带来压力和动力,也将激发学生课堂学习兴趣。对教师而言,分层教学将促使教师全面细化、深化面向 A、B 两级学生的教学内容,也会使教学变得更加有意思。

3.3 浙江省计算机二级考试通过率提升明显

浙江省计算机二级考试(办公软件技术)通过率明显提高,其中 A 班的平均通过率为81.08%,分类分层教学班级平均通过率为63.42%,全院平均通过率为58.04%,分类分层班级平均通过率高出全院平均通过率5.38百分点。

3.4 学生期末调查结果反馈

(1)你认为本学期"计算机应用基础"分层教学整体效果如何?(单选)

从数据调查反馈来看,大部分学生还是认同分层教学模式,但也有5.38%学生认为分层教学效果不好,见图2。

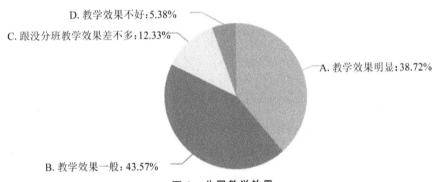

D. 教学效果不好:5.38%
C. 跟没分班教学效果差不多:12.33%
A. 教学效果明显:38.72%
B. 教学效果一般:43.57%

图 2　分层教学效果

(2)你认为"计算机应用基础"分层教学的优势有哪些?(多选)

从调查数据反馈来看,大部分同学都认为分班教学有利于教学进度安排,有利于同学间相互学习,还可以认识到其他班级的同学等,见图3。

A. 分班后,同学水平接近,有利于教学进度安排。▼筛选	355	61.63%
B. 分班后,同学水平接近,有利于同学间互相学习。	302	52.43%
C. 分班后,可以认识到同专业的其他同学,促进互相交流。	197	34.2%
D. 可填写其他分班好处: ▦ 查看详细填写结果	33	5.73%

图 3　分层教学优势

(3)你希望其他课程也采取分班分层教学吗?(单选)

从调查数据反馈来看,愿意分层教学达58.16%,不愿意分层教学达41.84%,说明学生还比较习惯于行政班级组织教学,见图4。2017级3+3录取方案可能会让学生习惯于走班教学形式。

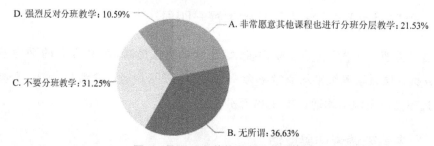

图 4　是否愿意其他课程分层教学

（4）"计算机应用基础"课程已学习了两个学期，请你谈谈对这门课的看法与建议。

这块内容很多，总体来说，大部分学生还是比较认同分层教学模式，至少增加了教学形式多样性，培养学生与其他班级同学交流的能力等，见图 5。

开始时间	IP	10、"计算机应用基础"课程已学习两个学期，请你谈谈对这门课的看法与建议？也可写下你想学习的其他内容。	
2016-06-23 10:00:47	122.228.178.140	还好	🔍
2016-06-23 08:41:25	122.228.178.140	完美！！！	🔍
2016-06-23 08:41:06	122.228.178.140	很好，不需要太大改变。	🔍
2016-06-23 08:40:45	122.228.178.140	非常好！！！！！	🔍
2016-06-23 08:40:32	122.228.178.140	这门课程非常有意思	🔍
2016-06-23 08:39:47	122.228.178.140	老师的教学方法很好，这门课程也很有必要	🔍
2016-06-23 08:39:29	122.228.178.140	非常好	🔍
2016-06-23 08:39:05	122.228.178.140	分班很必要，每个人的学习接受能力不一样，分班可以强化，希望学校以后就这样进行分班教学	🔍

图 5　学生建议

4　分类分层教学方案实施过程中存在的问题

4.1　课表安排难度增加

分类分层教学时，需要按类（专业）排课，如一类（专业）有三个班，这三个班需要分成 A、B、C 不同层次的班级，但三个班上课时间段必须一致，对时间、机房、教师的要求会增加，从而加大课表安排难度，若要跨系安排，难度会更大。

4.2　实训周不能调休，增加教学课时

实训周是各专业（类）培养学生综合能力的一项重要教学活动，因实训场地受限，一般各

班隔周安排实训周实训,这样分类分层教学时,就会出现实训周期间,分类分层班级学生分流,一部分参加实训周实训了,原可以实训周停课的,现在就不能停课,实训周期间,分层教学班级人数大大减少,增加教学成本。

4.3 学期成绩不能保证呈正态分布

教务系统暂时无法进行分层设班,成绩录入还只能是按行政班录入,而行政班的成绩是由 A、B 不同分层班级构成,导致各行政班期末综合成绩不一定呈正态分布。

4.4 学生课堂考勤管理还要更加完善

分类分层教学满足学生的需求,充分激发学生的学习热情,在教学过程中,允许学生转班学习,虽然考勤严格,但还是出现学生考勤不到位情况。极个别学生跟 A 班老师说去 B 班学习,跟 B 班老师说去 A 班学习而逃课,期末分班综合评定成绩时出现两个班级均没有其成绩的情况。

4.5 B 层级学生略感自卑

分层教学有可能让 B 班学生感觉到自己差人一等,而略感自卑,影响学生的自信心。从学生的调查反馈上来看,持这种观点的学生还不在少数。

5 总 结

分类分层教学在一些初中、高中等教育系统中出现过,也不是一个新鲜事物,但在大学教学体系中较少出现。一般大学专业的选修课程会进行分流教学,因资源限制,不涉及分层教学,在公共基础课程中开设分类分层教学尤为少见。本课题经过前期调研、准备,在信息技术系开展了一学年试点,说明在公共基础课程中开展分类分层教学模式,有利于提高课堂教学效果,激发学生的学习热情,能充分因材施教,提高课程教学水平等,但也存在一些问题,供相关课程开展分类分层教学实践参考。

参考文献

[1] 杨彩云,王军华. 计算思维视野下大学计算机基础分层教学构建[J]. 高教论坛,2012(2):73-75.

［2］向伟．大学计算机基础分层教学模式的实践研究［J］．四川文理学院学报，2010，20（2）：119-121．

［3］吕歆．浅谈隐形动态分层教学法在计算机基础教学中的应用［J］．电子测试，2016（9）：98-99．

［4］朱彬彬．翻转课堂在高职计算机应用基础课程教学中的应用——以"制作图文混排的文档"为例［J］．无线互联科技，2016（19）：76-77．

［5］毛天福．浅谈开放教育中开展微课辅助教学的必要性——以"计算机应用基础"课程为例［J］．高教学刊，2016（21）：106-107．

"创新实践"课程教学经验探讨[①]

郑秋华　仇　建　张林达

杭州电子科技大学计算机学院,浙江杭州,310018

摘　要：科技创新能力培养是大学教育的核心内容之一,学生的科技创新能力高低在很大程度上反映了大学的教学质量。本文针对杭州电子科技大学计算机科学与技术专业"创新实践"课程体系,结合创新实践课程的开设目的,从教学模式的具体实施方式、学生的创新思维和创新意识的激发方式、项目考核方式出发,阐述了教学实践过程中的一些体会和经验教学。

关键词：计算机科学与技术;创新实践;创新思维;创新意识

1　引　言

创新能力培养是大学教育的核心内容之一,与实现建设创新型国家的目标关系重大。近年来,我国的本科生教育走上了高速发展的快车道,但是我国的本科生特别是工科本科生创新能力不强则是不争的事实。因此,尽快探索出切实可行的本科生创新教育的新模式和新方法,是一个十分迫切的问题[1-3]。

"创新实践"课程是笔者所在杭州电子科技大学为计算机科学与技术专业设置的系列特色实践课程。该课程体系根据学生的兴趣方向,进行师生互选,分组配备导师,确定方向后进行针对性实训。通过该课程的学习,学生将会对创新或者创业了解更为深入,并且投入相关实践过程中,提高学生系统设计及解决实现过程中的具体问题的能力,为将来深造或工作带来实质性帮助。

该课程从大二下半学期开始,在执行过程中,首先由专业负责人牵头,学院统一组织进

①　资助项目：杭州电子科技大学 2016 年高等教育研究资助项目"工程教育中计算机类学生创新实践能力培养研究"（ZD101601）。

行导师遴选,并确定提供给学生的项目;然后开展对全体专业学生的宣讲,由学生根据自己的兴趣方向,填写导师、选择志愿表并进行两轮匹配选择,一般一名导师指导学生数不超过15 人;进行双向选择后,由导师负责,进行连续四个学期的持续针对性项目化实训[7]。

目前,杭州电子科技大学计算机学院已开展创新实践课程四年,通过个性化实践能力培养模式探索,给学生提供了迥异的学习选择和掌握一技之长的机会。四年的教学实践结果表明,学生对这种教学法的接受度很高,积极参与创新实践。课程教学成果也十分明显,其中我院在"第十五届全国大学生科技创新挑战杯"竞赛中,就有由创新实践课程导师指导的两支团队获得了浙江省挑战杯一等奖,并正在准备冲击国家奖。

目前笔者参与该课程教学已有两年,本文结合创新实践课程的开设目的,根据笔者自身的教学实践过程中获得的经验和教训进行一些探讨。

2 创新实践培养模式

"创新实践"课程体系的核心是培养学生的创新能力,但如何有效培养大学生的创新能力是一个需要探索和思考的问题。笔者接下来从教学模式的具体实施方式、学生的创新思维和创新意识的激发方式、项目考核方式出发,阐述教学实践过程中的一些体会和经验教学。

2.1 教学模式具体实施方式

很显然,以问题和课题为核心,以本科学生为主体,必然是创新实践课程的主导教学模式。但大学生的学习、学术适应和新环境适应才刚刚开始,他们普遍存在专业基础知识积累不够、科研创新能力欠缺等问题,因此在创新实践教学过程中,一些学生也相继出现了创新动力不足的情况。针对这一突出问题,应该采取怎样的创新培养模式来推动该计划的持续良性发展,让他们能适应新的学习环境,需要我们进行探索。

笔者在两届学生培养过程中,分别尝试了两种教学模式:第一种是先打基础,然后独立主导完成创新课程;第二种是在独立主导完成创新课程中解决基础能力。事后进行分析,两种模式各有优、缺点。第一种模式适合大多数能力还不是很高的学生,但不适合能力较高的学生;第二种模式适合部分能力已经很突出的学生,但对大多数学生并不适应。此外,笔者在教学过程中还发现了一个特殊情况,很多学生在大三下半学期开始就选择外出实习或准备考研,这也导致创新实践课程要完成使学生打好基础并具备一定的科研创新能力的时间比较紧促。

2.2 学生的创新思维和创新意识的激发方式

目前高等教育培养过程中存在实践教学环节薄弱、学生动手能力不强的现状,大部分课程还是以灌输式教学方式为主,其主导思想为知识传授型[4-5]。这部分课程对培养学生的基础知识不可或缺,但很难培养大学生的主动性、积极性和创造性。要培养大学生的创新能力,关键还是改变传统问答式的教学方式和一味指导、把关的科研培养方式,变学生被动接受为主动参与,激发学生的创新思维和创新意识。课题的设置可宽泛些,可由导师主导或学生提出导师认可。

笔者在课程教学过程中,通常会向学生介绍正在进行的一些科研课题,灌输进行科研创新的一些常规技能,让学生明白科研创新并不是一件高不可攀的事,而是一个"踩坑填坑"的过程,科研创新的问题发现能力和解决能力只有在深入参与过程中才能培养出来。

两年课程教学过程中,笔者共设置了"工控系统信息安全核查和可视化态势感知""Web主动防御网关"和"基于机器学习的分散性知识管理"三个课题。相对来说,这些课题的创新性都较高,属于业界的前沿热点,而且对动手能力要求也不低。

在学生进行课题的研发过程中,笔者认为需要在学生困惑时给出建议性思路,引导学生积极思考,启发学生通过观察、思考后提出新问题、新想法,避免学生因科研能力缺乏训练导致课题无法进行或出现走进死胡同现象,导致学生的创新激情严重受挫。

但在课题研发初期,对学生进行有效助推非常关键。因为开设时学生的创新激情通常会很高,但此时学生的动手能力和思考能力并不高。

2.3 项目的考核方式

创新实践的课程考核通常要求通过程序验收方式。但笔者认为,开放式的教学评价注重对学生能力的考核更为合适,其原因有两个:一个是创新应该允许失败,验证性的课题对大学生的创新能力培养并不是最佳选择;另一个是创新并不能按照学期严格进行考核,毕竟现在科研环境中一大弊病就是严格的考核周期。

课程组针对该情况,提出了课程中教师应对授课计划、教学素材、时间安排和最终成绩有绝对的掌控权。但笔者认为,不仅要从课程组层面进行改革,而且需要争取更高层面领导们开明的行动支持。

3 问题和思考

经过课程组的努力,"创新实践"课程体系取得了非常好的效果。笔者带的 2014 级创新实践班,在 2016—2017 学年共计获奖 50 余次,含申请发明专利两项,新苗计划两项,获浙江省挑战杯竞赛一等奖一项,其中"工控系统信息安全核查和可视化态势感知"在省级新闻网站上被报道,作为与国计民生相关的大学生科研创新典型被宣传。但是在教学过程中,笔者也遇到了不少问题。

(1) 工程认证和创新能力培养的理念冲突问题。工程认证的理念是将学生作为产品来培养,但创新实践的理念是将学生作为人才来培养,其过程一般来说很难根据一个模板来实施,两者的理念在一定程度上有冲突。

对于该冲突,笔者认为可在大纲上设定明确目标,也可在培养方式上进行创新,并不采用以指定项目进行验收的方式进行考核。因为该模式培养的是复杂问题的解决能力,但很难培养创新能力。

(2) 教师的尽心尽力和定量考核问题。我校教师创新实践业绩计算得不到学校教务处的算法支持,目前的算法实在太吃亏。创新实践的业绩点为 $32 \times 0.8 = 25.6$,而带 15 个学生毕业设计的业绩点为 $15 \times 16 \times 1.1 = 264$。而在实际教学过程中,创新实践教师可能付出更多。

(3) 硬件环境问题,包括场地问题、设备和经费问题。场地问题目前是统一安排或自借教室或者机房,有条件的利用自己的实验室,但一般来说实验室比较难同时容纳 15 个学生。此外,许多科技创新活动还涉及设备问题和经费问题,费用较少时,有些导师会个人出资,但费用较多时,导师解决显然非常困难,因此建议学院建立专项经费进行支持。

(4) 大纲绝对掌控权的落实问题。同第 2 点,学校层面对大学生的创新支持力度并不大,在教学过程中虽然导师可以充分进行掌控落实,但具体操作需要明确政策支持。

(5) 学生思想问题。不少学生是好孩子思想,觉得"大学生上好课,考试考个好成绩"最重要,缺少科研创新的激情和创新思维。笔者认为教学和学工要进行配合,在奖励政策和学校即将实施的保研政策方面实行科研创新导向,而不是纯分数导向[2,4,6]。

4 总 结

"创新实践"课程是杭州电子科技大学针对计算机科学与技术专业特点开设的一个特色实践课程系列。在近 4 年的开设实践中,虽然经过课程组的努力,"创新实践"课程体系取得了非常好的效果,但为了能更好地实现创新实践课程的开设目的,提高学生的创新能力、创新思维和创新意识,我们需要进行进一步的思考和探索。笔者在本文结合自身的教学实践过程中获得的经验和教训,对如何更好地开展创新实践课程教学进行了一些探讨。

参考文献

[1] 张守刚. 从大学生创新能力培养谈高校实践教学体系之构建[J]. 陕西教育(高教),
2013(7)：75.

[2] 胡真真. 从哈佛大学的创新教育思想看大学生创新能力培养[J]. 河南教育：高校版,
2008(1)：20.

[3] 董卓宁,段海滨,张江. 大学生基础性创新能力培养探究[J]. 科技导报,2012,30(33)：11.

[4] 白强. 大学生科技创新能力培养机制研究——哈佛大学的经验与启示[J]. 重庆大学学
报(社会科学版),2012,18(6)：170-175.

[5] 常建勋,赵长生. 分层次培养本科学生创新能力的改革与实践[J]. 高等教育发展研究,
2010(1)：30-32.

[6] 田放. 论大学生创新能力的培养——从美国大学生创新能力培养所得到的启发和思考[D].
济南：山东师范大学,2001.

[7] 樊谨,仇建. 物联网工程专业创新实践课程教学模式探讨[J]. 计算机教育,2016(11)：
119-122.

教学方法与
教学环境建设

翻转课堂中翻转模式的选择与实践①

方启明　夏一行　姚金良　陈　滨

杭州电子科技大学计算机学院,浙江杭州,310018

摘　要:本文首先提出翻转课堂教学模式的五分类法,根据课堂翻转程度高低将翻转模式分为全翻转、大翻转、半翻转、小翻转和不翻转五类。然后对"大学计算机基础""C语言程序设计""海量数据存储与处理"三门计算机类课程中翻转模式的选择和实施进行分析,希望能为不同课程中翻转模式的选择提供借鉴。

关键词:翻转课堂;翻转模式;半翻转;MOOC;SPOC

1　引　言

翻转课堂(flipped classroom 或 inverted classroom)作为一种新兴教育理念和教学模式,近年来在国内外颇受关注,成为教育教学改革热点。国内外学者从不同角度对翻转课堂进行了不同定义[1],比如美国范德堡大学教学发展中心给出的定义:"翻转课堂是对传统教学的一种翻转,学生首先在课外接触课程即将学习的新材料(通常是阅读文献或观看视频),然后在课堂时间通过问题解决、讨论或辩论等策略完成知识内化。"

美国富兰克林学院 Robert Talbert 教授总结出翻转课堂的实施结构模型[2],将翻转课堂实施的主要环节分为课前和课中两个部分。课前首先观看教学视频,接着进行有针对性的课前练习,这个过程可以帮助学生熟悉新课内容,同时找到自己的缺陷所在。课中首先进行快速少量测评,教师找到学生的问题所在,接着师生共同解决问题,促进知识内化,最后总结反馈。这种模式将学习时间进行重新规划和设计,通过对知识传授和知识内化的颠倒安排,实现了先学后教,改变了传统教学中的师生角色,增加了师生互动交流,颠覆了传统教学

① 项目资助:杭州电子科技大学 2017 年高等教育研究资助项目"翻转课堂中翻转模式的选择与动态调整机制研究与实践"(YB201724)。

中以教师为中心的固有模式,建立以学生为中心的新型模式。翻转课堂的实质是让学生变被动学习为主动学习。人们普遍认为翻转课堂是一种比传统课堂更新颖、更具创造性的教学方式[3]。

我国于 2011 年开始正式认识翻转课堂,此后相关理论研究和应用实践如雨后春笋般出现,由最初的对国外翻转课堂的案例分析、理论研究,到教学模式设计,再到近些年的教学应用研究,体现了翻转课堂受重视的程度。不过我国的翻转课堂研究实践尚处于起步阶段,虽然受到广泛关注,并已取得初步成效,但仍存在很多问题需要探讨解决,其中一个基本问题是:是否所有课程都适合实施同样模式的翻转课堂?

通过调研与实践,笔者认为几乎所有课程都可从翻转课堂教学模式中受益,但每种课程实施翻转课堂的程度和具体模式则要根据不同情况进行认真选择。有的课程适合完全翻转;有的课程适合部分翻转;还有的课程可能难以实施翻转课堂,但其中部分内容可以实施翻转教学;有的课程可在传统教学过程中引入某些翻转课堂教学方法来提高教学效果,比如通过课堂测验先检测学生的基础或预习效果并以此来指导课堂教学设计、通过组织小组讨论解决某个难题等。本文主要探讨不同课程翻转模式的选择问题,通过探讨多门课程中翻转模式的选择和实践为该问题提供一定经验借鉴。

2 翻转模式的分类

把知识传授放到课外,知识内化放在课堂,是翻转课堂的基本要义。但在具体教学实践中,并非一定要将课堂完全翻转过来,由于课程内容、学生情况、教师能力等多方面原因,有时全翻转式教学并不一定能取得预期效果。为此,一些研究者提出"半翻转课堂"(semi-flipped classroom)概念[4],将传统教学与翻转课堂进行结合,课堂教学中一半左右时间由教师讲授知识点,另一半时间用于互动讨论解决问题,这种模式与另一新兴概念"对分课堂"[5]类似。也有研究者认为半翻转课堂并不严格要求传统讲授和互动讨论时间对半分,而把结合两种教学方法的模式都归为半翻转课堂[6]。

半翻转课堂概念的提出是翻转课堂研究和实践发展到一定阶段的重要标志和必然产物,是对翻转课堂模式的必要补充。基于此,课堂翻转模式被分为全翻转、半翻转、不翻转三类。笔者认为,为了更细致地对翻转课堂教学模式进行深入研究,有必要对翻转模式进行更细粒度的划分。本文在上述三分类法的基础上进行拓展,提出翻转模式的五分类法:根据课堂翻转程度由高到低,细分为全翻转、大翻转、半翻转、小翻转、不翻转五类,如图 1 所示。该分类主要根据课堂上传统讲授教学与翻转讨论教学的比例进行划分,若整堂课全部进行翻转教学则为全翻转,全部进行传统讲授则为不翻转,两者大致相当则为半翻转,大部分时间进行翻转教学则为大翻转,大部分时间进行传统讲授则为小翻转。若从更大尺度上考虑一门课程的教学,它由若干堂课构成,每堂课可采用相同模式进行教学,也可针对不同内容采用不同模式教学,而整门课程也可根据翻转比例大小按五分类法划分。

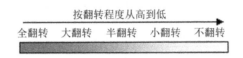

图 1 翻转模式的五分类法

3 翻转模式的选择与实践

每种翻转模式都有其用武之地。针对具体课程,教师要根据课程性质和内容、教学资源、学生情况、教师能力、实施效果等多方面因素,研究选择合适的翻转模式,以期实现最优教学效果。笔者在所承担的多门课程中进行了不同翻转模式的探索和实践。

3.1 "大学计算机基础"课程

"大学计算机基础"课程是我校非计算机类专业大一新生的公共选修课,目标是培养学生掌握必要的计算机基础知识和基本操作技能,并形成一定的计算思维能力。本课程量大面广,全校每届选课人数在 4000 人左右,且学生在计算机基础知识和操作技能方面的现有基础差异很大,如何设置教学内容、设计教学方式、有针对性地实施因材施教,一直是广大教师面临的一大难题。近年来兴起的基于 MOOC/SPOC 的翻转课堂为该问题提供了可行的解决方案。MOOC(massive open online course)即大规模开放在线课程,是面向社会所有学员开放的在线课程;SPOC(small private online course)即小规模私有在线课程,是仅面向某个小范围(比如某学校某课程班)学员开放的课程。目前的翻转课堂主流模式都是基于MOOC/SPOC 的,因为 MOOC/SPOC 能为翻转课堂提供必要的教学资源,这些资源以在线教学视频为主,能帮助学生完成课前自主学习。

基于 MOOC/SPOC 的翻转课堂是未来大学教育教学改革的方向[7]。我校的"大学计算机基础"课程从 2014 年开始实施基于 MOOC/SPOC 的翻转课堂教学改革,积累了较多经验。本课程 MOOC 资源由我校课程组联合浙江理工大学、浙江工商大学、浙江财经大学和中国计量学院等高校教师共同打造,并发布在 MOOC 平台——玩课网(http://www.wanke001.com/)上,目前已被 36 所高校采用。

本课程共 32 学时,包括 12 学时的计算机基础理论教学和 20 学时的上机操作实践教学。理论部分教学在教室进行,是以计算机与计算思维为主线对计算机基本概念和知识的介绍；实践部分教学在机房进行，以 Windows 操作系统和 Office 办公软件的实用操作技能培训为主。两部分教学均采用翻转课堂方式，其中理论教学采用大翻转模式，实践教学采用全翻转模式，具体模式设计如图 2 所示。

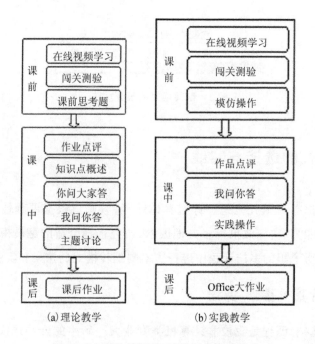

图 2 "大学计算机基础"课程的翻转模式

理论教学部分，课前，教师给学生下达在线学习任务单，布置引导性思考题，学生带着问题自主完成在线视频学习和闯关测验等任务。课程视频是分知识点设计录制的短视频，每个视频时长约为 5～8 分钟，学生可以利用碎片化时间进行学习，在学习过程中有疑问可即时在课程讨论区提出，教师和其他学生可随时回答并参与讨论。闯关测验是根据视频知识点设计的，若做错题目会提示学生观看相应视频巩固相关知识点。闯关测验需达到 80 分以上才能获得相应积分，未达 80 分的可多次闯关，每次闯关题目从海量题库中随机抽取，想通过"刷题"方式通关是很难的，由此督促学生通过回看视频来真正掌握相关知识。事实上，视频回看被认为是 MOOC 资源的优势之一。最后，学生还要在线提交课前思考题的答案。在这个过程中，教师可通过玩课网随时查看学生课前任务的完成情况，及时提醒进度慢的学生，同时总结出共性问题和难点，以备课堂上讲解或讨论。

课中，教师首先对课前思考题进行点评，然后花 15～20 分钟对本讲知识点进行概述，一般不做展开讲解，主要起到提纲挈领作用，目的是使学生在课前学习基础上能对各知识点更好地建立关联、衔接和融合。之后是"你问大家答"和"我问你答"环节，"你问大家答"是由学生提出问题，其他学生帮助解答或展开讨论；"我问你答"则是由教师提问，学生做答，教师可以挑选课前闯关测验中错误率高的题目，通过提问进一步检查学生对知识点的掌握程度，必要时对相关知识点做更深入讲解。接下来是主题讨论环节,学生针对教师事先准备的相对深入和延展的问题展开讨论,班级人数较多时可采用分组讨论方式。

课后,学生须完成课后作业,同样通过玩课网在线提交,教师进行批改并可在下次课上进行点评。

可见,本课程的理论教学部分实施了基于MOOC的翻转课堂教学,每次90分钟的课堂上只有15~20分钟的"知识点概述"环节采用传统讲授方式,其余环节基本都是互动讨论,我们把这种模式称为大翻转模式。

上机实践教学则采用全翻转模式。在下达课前学习任务单时,教师将课堂实践任务提前布置给学生,学生带着任务完成课前视频学习和闯关测验,并根据任务要求进行模仿操作,熟悉基本操作方法。课堂上,教师首先对上次课的学生作品进行简单点评,展示优秀作品和典型问题作品并进行讲解;之后的"我问你答"环节由教师提问检查学生的掌握情况,目的是督促学生课前认真自学;接下来的实践操作环节是课堂主体,由学生独立完成实践任务。以往的上机实践课,教师都要当场演示、讲解操作方法,为照顾多数学生,一个操作可能要重复演示、讲解很多遍,造成课堂效率低下、效果不佳。而现在采用基于MOOC的翻转课堂模式,很好地解决了这一问题。学生可以把全部时间都用在实践操作上,遇到问题可通过回看视频、请教老师或同学来解决,教师则能更好地关注学生操作情况,及时发现问题,进行针对性辅导,从而大大提高教学效率和效果。实践教学的课后环节会布置若干Office作品制作的大作业,由学生分组完成,以提高学生的综合运用能力。

3.2 "C语言程序设计"课程

"C语言程序设计"课程是我校理工类专业大一学生的公共必修课,与"大学计算机基础"课程一样具有量大面广的特点,且教学内容稳定成熟,教师队伍经验丰富,适合开展基于MOOC/SPOC的翻转课堂教学。我校"C语言程序设计"的翻转课堂教学同样从2014年开始,实施以来积累了较丰富的经验,课程组不同教师在不同学期针对不同班级进行了全翻转、半翻转、小翻转等不同模式的教学探索和实践[8-9]。笔者认为,综合考虑师、生两方面情况,半翻转是目前适用性更广的翻转模式。从学生角度看,各专业大多数学生难以通过课前自主学习掌握所有目标知识,且各班级总有少数学生不能自主完成所有课前学习任务,学生仍期待教师在课堂上进行一定的基础知识讲授;从教师角度看,实施全翻转课堂教学对教师的教学设计和课堂把控能力提出了更高要求,即使传统教学经验丰富的教师要很好地实施全翻转模式也需要一个摸索和适应过程。

笔者实施的"C语言程序设计"课程半翻转模式如图3所示。课前,教师通过发布任务单要求学生完成相应的在线视频学习和练习。我校课程组制作的MOOC视频资源发布在玩课网平台和浙江省高等学校精品在线开放课程共享平台(http://zjedu.moocollege.

com/),已被50所院校使用。视频同样采用分知识点的短视频,且加入了"视频打点"防止学生自动播放视频而未实际观看的作弊行为,即在视频播放过程中随机弹出一些简单测试题,学生必须正确做答之后视频才能继续播放。

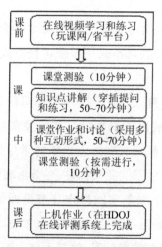

图 3 "C 语言程序设计"课程的半翻转模式

课中,教师首先通过10分钟左右的在线课堂测验了解学生课前学习效果。之后安排50～70分钟进行知识点讲解,中间穿插提问和练习。因为原本3学时的知识讲解被压缩到一半时间,教师必须注意详略得当、重点突出,并根据课堂测验情况进行调整。接下来是50～70分钟的课堂作业和讨论,围绕2～3个程序题进行讨论、编写和展示,必要时教师还可对课后作业中的典型问题进行解析。课堂讨论主要以小组形式进行,5人左右一组,组内合作,组间竞争。该环节可采用多种互动形式激活讨论氛围,比如小组辩论、代码接龙(由多位同学以接龙形式共同完成一段程序编写)、模拟表演(例如由一组同学模拟表演排序算法思想和执行过程)等。最后,在下课前视情况进行课堂测验以检查课堂教学效果。

课后作业由学生上机完成,利用我校自主开发的程序设计在线评测系统 HDOJ(http://acm.hdu.edu.cn/)进行作业提交和自动评测。该系统已被国内众多高校师生在程序设计课程教学和 ACM 竞赛训练中广泛使用。

3.3 "海量数据存储与处理"课程

本课程是我校计算机专业大三学生选修课,以搜索引擎系统为主线,介绍海量数据存储与处理技术。课程专业技术性较强,涉及很多前沿方法和技术,且随着研究发展和技术革新,课程内容也需要不断发展革新,因此制作 MOOC/SPOC 教学资源难度较大,而目前国内也没有相关资源可以利用,因此难以开展基于 MOOC/SPOC 的翻转课堂教学。另外,一个普遍共识是高校众多课程不应全部实施基于 MOOC/SPOC 的翻转课堂,因为翻转课堂使得师生投入的学习时间大大增加,若所有课程都实施翻转课堂,学生将无暇休息、疲于应付,最终导致相反效果。因此,要根据不同课程的具体情况选择合适的教学方式。

本课程仍采用以传统讲授为主的教学方式,但在具体教学过程中,适当引入了一些翻转课堂教学方法,比如利用手机进行在线课堂测验、针对某些问题组织分组讨论、布置自学内容并在课堂上进行成果展示和讨论、任务驱动的上机实验教学等。这些方法可以灵活运用在整个课程教学过程中,以提高教学效果,而具体到每一堂课并没有一个固定的翻转模式。所以本课程在总体上可认为采用了小翻转模式,而具体到某一堂课,可能是五种翻转模式中的任意一种,视教学内容和教学需要而定。

4 结束语

本文首先提出翻转课堂教学模式的五分类法,将翻转模式分为全翻转、大翻转、半翻转、小翻转和不翻转五类。然后对"大学计算机基础""C 语言程序设计""海量数据存储与处理"三门课程中翻转模式的选择和实践进行了探讨,以期为不同课程中翻转模式的选择提供借鉴。基于 MOOC/SPOC 的翻转课堂能有效支持和帮助学生进行自主个性化学习,体现以学生为中心的教学理念,充分利用课堂时间,真正做到因材施教;但如何最大限度地发挥翻转课堂的优势,还要依靠广大教师的积极探索和勇于实践。

参考文献

[1] 杨春梅. 高等教育翻转课堂研究综述[J]. 江苏高教,2016(1):59-63.

[2] Talbert R. Inverting the linear algebra classroom[J]. *Primus problems resources & issues in mathematics undergraduate studies*,2014,24(5):361-374.

[3] 管思怡. 近五年国内外翻转课堂研究综述[J]. 华中师范大学研究生学报,2016(3):105-108,134.

[4] Clark R M,Kaw A,Besterfield-Sacre M. Comparing the effectiveness of blended, semi-flipped,and flipped formats in an engineering numerical methods course[J]. *Advances in engineering education*,2016,5:38.

[5] 张学新. 对分课堂:大学课堂教学改革的新探索[J]. 复旦教育论坛,2014(5):5-10.

[6] 吴冬芹,任凯. 半翻转课堂:微课资源课堂应用新模式探索[J]. 中国教育技术装备, 2016(22):62-64.

[7] 战德臣.“大学计算机”“MOOC＋SPOCs＋翻转课堂”混合教学改革实施计划[J].计算机教育，2016(1)：12-16.

[8] 韩建平.C 语言程序设计翻转课堂的研究与实践[J].杭州电子科技大学学报(社会科学版)，2015，11(3)：70-74.

[9] 夏一行.基于 MOOCs 的程序设计课程翻转课堂教学改革[J].杭州电子科技大学学报(自然科学版)，2014，34(6)：100-103.

操作系统原理的支架式教学研究与探讨

郭永艳　边继东　毛国红

浙江工业大学计算机科学与技术学院,浙江杭州,310023

摘　要: 本文主要介绍支架式教学的定义、理论基础以及教学模式,以"操作系统原理"课程中进程互斥问题为例,详细说明支架式教学模式下如何进行教学设计以及教学实践,最后对该教学方式进行了总结。

关键词: 操作系统原理;进程互斥;支架式教学;最近发展区

1　引　言

"操作系统原理"是计算机专业的必修课,在计算机专业的教学计划中一直占据着举足轻重的地位。自 2009 年开始,"操作系统原理"已经成为计算机专业研究生入学考试国家统考科目。该课程涉及面广、知识点多、抽象复杂,对学习者的逻辑思维能力、抽象能力、概括能力以及总结能力有一定的要求,学生普遍感觉学习困难。如果没有设计合理的教学策略和有效的教学平台,如果不能充分调动学生的学习主动性,让学生积极主动地参与到知识的构建过程中,学生很容易失去学习动力和兴趣,很难达到教学目的。在操作系统教学实践过程中,已有许多对教学方法和模式的研究探索,例如文献[1]采用了比较教学法,文献[2]采用了比喻教学法,文献[3]采用了启发式教学法,文献[4]采用了计算思维导向教学法,文献[5]采用了本源性问题驱动模式,文献[6]采用了 OBE 教育模式。概括而言,支架式教学模式在操作系统课程的教学实践中研究探索较少。本文提出将支架式教学法应用在教学设计及实践中。

2　支架式教学的定义

支架(scaffold)原意是指建筑行业中使用的"脚手架",是工人们在建造、修葺或装饰建筑物时所使用的能够为他们和建筑材料提供支持的暂时性的平台或柱子等,是一种临时性的支撑架构。根据这个建筑隐喻,伍德借用这个术语来描述同行、成人或有成就的人在另外一个人的学习过程中所施予的有效支持[7]。支架式教学法的定义有很多。目前,比较有影响、流行的定义源自于"远距离教育与训练项目"的有关文件:支架式教学应当为学习者建构对知识的理解提供一种概念框架。这种框架中的概念是为发展学习者对问题的进一步理解所需要的。

3 支架式教学的理论基础

支架式教学的理论基础是苏联著名心理学家维果斯基提出的"最近发展区"理论。"最近发展区"是指学生"现有水平"与"潜在发展水平"之间的距离。其中,"现有水平"是指学生已有的经验,而"潜在发展水平"则是指学生将要从现有水平上发展得到的新的经验。"最近发展区"理论认为学生的学习过程,实际上是通过支架(教师,或有能力的同伴,或某些有用的资料)的合理帮助,不断地将学生的现有水平转化为潜在发展水平的过程。

4 支架式教学的教学模式

建构主义教学理论认为,学习的过程是学习者积极主动地建构知识的过程,它特别强调了认识主体内在的思维建构。支架式教学是在建构主义理论影响下形成的一种教学模式,是基于"以学生为中心"的现代教育理论,它强调了学生的主动性和教师的指导性相并重。

支架式教学大致可分为五个教学环节:搭建支架、进入情境、独立探究、协作学习、效果评价。开展支架式教学的关键是搭建一个合适的支架,支架可以是一个简单的提示、一个小小的建议或者一个适时的提问,只要能够帮助学生的理解从浅层次的水准过渡到深层次的境界,我们就可以将之选取为一个较好的支架。一个合适的支架能够激发学生的学习积极性,使其能够主动地沿着支架进行自主探索学习,从而进行知识的自主构建。概括来讲,学习支架可以是范例、问题、建议、向导、图表等。通过支架的作用,学生由"现有水平"发展到"潜在发展水平"。"潜在发展水平"即为我们的教学目标。

5 支架式教学在进程互斥问题的应用

并发性是现代操作系统的基础,理解并发性的关键在于理解进程互斥问题,这也是我们的教学重点和教学难点。对于教学重点和教学难点,传统方式是"认真讲、特别讲、仔细讲、反复讲"。往往是教师讲得起劲;学生也许听得起劲,但是进行随堂测试时,依然是理不清头绪,动不了笔头,教学效果并不尽如人意。根本原因在于学生没有积极参与到知识的构建过程中。但是学生作为学习主体参与知识构建并不会自动发生,这需要老师采用适宜的教学策略,提供适宜的支架,对学生进行合理帮助和激发。

我们以进程互斥的解决机制为例来阐述支架式教学模式。本教学环节应用了问题支架、建议支架、图表支架。我们通过创设情境,以问题的推进来引导、激发学生思考,辅以环环相扣的师生对话,协助学生进行自主探索和协作学习,最终完成了对知识的自主构建,对学生的学习效果进行了及时评价。

5.1 搭建支架

实际上,我们在日常生活中常常会遇到互斥现象,在很多情况下也自觉遵循了一些规则以解决互斥问题。学生的生活经验即为学生的"现有水平",而课程中专业的严谨的解决机制则视为学生的"潜在发展水平"。我们通过创设情境,以问题支架来唤醒学生原有的相关生活经验,使学生认识到这些现有的生活经验与即将构建的新知识有着相当重要的联系,然后以建议支架、图表支架来协助学生进行知识的自主构建。

5.2 创设情境,引导学生思考

我们通过问题支架,以问题链为载体,促进学生积极参与并建立对教学内容的感性及直观认识。德国著名教育家福禄贝尔说过,"从生活中学习,要比任何方式的学习更深入和更容易理解"。所以我们采用贴近生活的超市购物及结账的场景来呈现问题。为简化讨论,假设超市商品数目无穷多,超市有若干顾客,有且只有一个收银员,请学生回答如表 1 所示的 6个问题。

表 1 超市购物结账相关问题汇总

序号	问题
问题①	顾客的主要行为是什么?
问题②	顾客采购完毕,准备结账时要做什么?
问题③	顾客结账过程是否可以被中断?为什么?
问题④	如果某顾客结账时找银行卡花了 1 分钟,这 1 分钟时间内收银员可以为下一顾客结账吗?
问题⑤	如果排在你前面的顾客结账要花 2 小时,而你的商品又不得不买时,怎么办?
问题⑥	针对问题⑤出现的情况,你能提出什么解决方案吗?

以上问题属于"最近发展区"理论中学生的"现有水平"。根据生活经验,这些问题并不难回答,这些问题的意义在于它们能牢牢抓住学生的注意力,促使学生积极参与到课堂中。

在学生回答问题的过程中,教师要牢记自己的支架角色,要给学生思考时间,不要随意插话。但是教师可以"适当插话"或补充,比如,顾客想结账时必须去排队,顾客结账不允许被中断是因为顾客和其他顾客在竞争使用收银台。

通过回答以上问题,学生对教学内容有了初步了解和认识,接下来我们引入临界资源、临界区、互斥的概念,并给出如图 1 所示的典型进程进入临界区的一般结构[8]。

```
do{
    其余代码区
    入口区    //申请临界资源的过程
    临界区
    退出区    //释放临界资源的过程
    其余代码区
}while(1);
```

图 1　典型进程进入临界区的一般结构

接下来请学生运用类比方式进行抽象,将表 1 中的几个问题用专业术语描述,最终完成表 2。

表 2　生活经验与专业知识类比

序号	顾客超市购物结账行为	进程互斥部分专业描述
①	顾客行为:挑选商品,收银台结账	进程由非临界区部分和临界区部分组成
②	顾客想结账时去排队	进程之间是互斥关系
③	顾客的结账过程不可被中断	同时只能有一个进程进入临界区
④	前面的顾客结账后,后面的顾客才可以开始结账	进程退出临界区时释放临界资源,别的进程方可进入临界区
⑤	排在前面的顾客结账要花很长时间,顾客只好"傻傻"等待	进程进入临界区的申请没有被满足时,进程处于忙等状态
⑥	超市借鉴使用了叫号系统	进程进入临界区的申请没有被满足时,进程主动阻塞,等待被唤醒

图表可以直观地表达事物之间的联系。学生通过图表支架对所要学习的知识有了更为直观和系统的认识。在学生进行类比抽象的过程中,教师要给学生思考的时间,要观察学生的反应,给予适当的提示,但切忌喧宾夺主。

5.3　独立探索与合作学习相结合

通过使用问题支架和图表支架,学生的学习积极性和探究欲已经被充分激发,对所学知识的框架也有所了解,接下来需要引导学生深入问题,掌握信号量的概念。独立探索和合作学习时要以问题驱动的方式进行。我们设计的问题是:结合图 1 和表 2,请用代码形式描述入口区及退出区的工作。这个问题难度不大,通过独立探索,学生很快便给出了如表 3 所示的代码。

表3 入口区及退出区代码

入口区代码	退出区代码
while(w==1)； w=1；	w=0；

根据表3的代码,提示学生:当进程不被允许进入临界区时,进程处于什么样的状态?学生发现进程并不停止而是一直在循环测试,即处于忙等状态。接下来追问:同学们有什么办法能够避免忙等呢?学生开始思考并互相讨论,最后表示无能为力。但是大家都很迫切地想知道操作系统是怎么做的。好奇、疑惑使得学生内在的学习动力被大大激发,这时候我们水到渠成地引出记录型信号量的定义以及P、V操作的伪代码,如表4所示。入口区的工作由P操作实现,P操作有两种结果,进入临界区或自我阻塞;退出区的工作由V操作实现,V操作就是释放资源并唤醒因为该资源而阻塞的进程,而这正是叫号系统的理论依据。但是以上仅仅是从理论上讲解了信号量机制可以解决互斥问题。接下来通过举例,即要求学生采用定量的方式对理论知识进行验证。

表4 使用P、V操作解决进程互斥的伪代码

Process 顾客甲	Process 顾客乙
...	...
P(S)；	P(S)；
结账	结账
V(S)；	V(S)；

假设:超市有一个收银员、顾客甲以及顾客乙,顾客甲先开始结账。顾客甲在结账过程中发现苹果忘了称重。在其返回称重期间,顾客乙能否进行结账?

推导过程可以独立完成,也可以跟他人讨论。在推导过程中,教师要细心观察学生的反应:紧皱眉头时要去问问需不需要提供帮助,半思考半茫然状态时要问问是不是需要点拨一下,眉头渐渐舒展时或者奋笔疾书时不要去打搅他。当学生在独立探究或合作学习遇到困难时,教师要及时提供建议支架。与问题支架相比,建议支架更直白,往往能直截了当地指出问题的关键所在。譬如,学生最容易出错的是进程被唤醒时应该从哪里开始执行,是要重新执行一遍P操作还是直接从临界区开始执行?我们不会直接告诉学生答案,而是建议他们再认真理解一下断点的定义。课堂上有时候会出现这样的情况:某同学被推荐到讲台上进行推导,这时候老师不见了,学生之间充分互学,彼此合作互相解难,最终完成了对知识的自主构建。

这个在教师的适当帮助下由学生独立探索或者互相合作完成的推导过程非常重要,在推导过程中,学生混沌的思维逐渐走向清晰,既能加深对理论知识的认知,又加深了对断点位置及信号量值的认识,对知识的脉络也更加清晰。

5.4 效果评价

效果评价不能为评价而评价,更应该被当作一种即时总结。所以在进行评价之前,教师要把之前的知识点串一串。评价以多种题型展开,比如选择、填空、判断、伪代码编写。教师在题目的选择上要多花心思,尽量做到既有理论又有验证,既有定性分析又有定量分析等。

6 总 结

每个人内心其实都想成为自立的人,在学生很明显地表达出需要帮助前,教师最好先按兵不动。在学生需要帮助时,则提供适宜的支架进行适时的引导,给学生机会去挑战学习,让学生成为课堂的主人,去积极自主地构建知识。我们发现一个非常可喜的现象:采用支架式教学后,课堂学习气氛热烈,基本上所有的学生都积极参与了课堂,进行了自主有效的学习,教学效果比较满意。当然,支架式教学不一定适合应用于所有的知识点,根据实际情况可以在同一门课程中采用多种教学方式,教学效果要进行及时总结、反思与改进。教无定法,如何提高课堂教学的有效性仍然需要进一步研究探索。

参考文献

[1] 徐钦桂,杨桃栏.比较教学法在操作系统教学中的应用和实践[J].计算机教育,2010(10):95-99.

[2] 李先锋,韩立毛,胡波.比喻教学法在操作系统原理教学中的应用[J].计算机教育,2010(6):108-111.

[3] 李景锋,刘伟,郝耀辉,等.操作系统课程的启发式教学研究与探讨[J].计算机教育,2010(8):87-90.

[4] 梁正平,李炎然,王志强.计算思维导向的操作系统课程教学改革[J].计算机教育,2012(19):27-30.

[5] 孙述和,杜萍,谢青松.本源性问题驱动模式在操作系统课堂教学中的应用[J].计算机教育,2011(21):65-67.

[6] 邱剑峰,朱二周,周勇,等.OBE教育模式下的操作系统课程教学改革[J].计算机教育,2015(12):28-30,34.

[7] 高艳.基于建构主义学习理论的支架式教学模式探讨[J].当代教育科学,2012(19):62.

[8] 汤小丹,梁宏兵,哲凤屏,等.计算机操作系统[M].3版.西安:西安电子科技大学出版社,2007.

数据挖掘在计算机课程成绩分析中的应用

和铁行　王　伟

杭州医学院,浙江杭州,310053

摘　要: 目的:找到教务管理系统中日益增加的海量数据之间的隐性关联,以提高学生的学习效率,促进教师教学水平提升,增强教学管理的有效性。方法:利用数据挖掘关联规则的改进型 Apriori 算法和聚类算法进行数据挖掘。结果:通过对数据挖掘进行统计分析后,发现数据之间有着隐藏的关联性。结论:通过对挖掘结果的分析,成绩的评定指标要具有可操作性和合理性,利用挖掘结果可以指导教师教学,有利于学生更有针对性地进行计算机课程的学习。

关键词: 数据挖掘;Apriori 算法;聚类算法;成绩分析

高校在长期的教学过程中积累了大量的数据,随着信息技术的发展,这些海量的数据大都存放在学校的教务管理系统中。于是,将数据挖掘技术应用到成绩方面的研究成了一个研究方向,利用数据挖掘技术对学生成绩进行分析,合理开发利用这些数据,将这些数据进行分析处理、统计分类,找到数据之间的关系,对于指导教师教学及提高教学质量具有重要意义。

本文利用数据挖掘中的关联规则法和聚类算法对学生的成绩及其影响因素做了深入的分析、总结和发掘,希望能为今后教师的日常教学、学生学习以及教学管理提供帮助。

1　数据挖掘及算法介绍

1.1　数据挖掘

数据挖掘(data mining,DM)[1]是利用计算机这一现代化工具,从模糊的、海量的、不完整的实际应用数据中,把隐含在其中的人们事先不知道的但又可能有用的信息和知识提取出来的过程,试图发现隐藏在这些数据背后的关系是人们挖掘的目的,挖掘的结果可以为人们提供更多有价值的信息。描述功能和预测功能是数据挖掘技术的两大基本功能;描述功能是指描述数据库中数据的一般性质;预测功能是指对当前数据进行推断,以便做出预测。

1.2 数据挖掘算法

数据挖掘算法[2]是根据数据创建数据挖掘模型的一组试探法和计算。它把用户提供的数据拿来进行分析,并试图查找出特定类型的模式和趋势,定义出用于创建挖掘模型的最佳参数(此种算法的最终目标),然后将这些参数应用于整个数据集,以方便提取可行模式和详细统计信息。从应用角度来讲,常用的数据挖掘算法有分类算法、回归算法、聚类分析算法、关联规则、时序和偏差检查算法、决策树算法等。[3]这些方法都有自身的特点,有其各自适用的场景。如对植物叶子的分类就是典型的分类算法,根据降雨、雾霾、气温、活动范围(室内或室外)等特征将自己的行为分类为出门和不出门则是典型的决策树算法。

1.3 Apriori 算法和聚类算法

从所有的项目集合中找出所有频繁项目集合是 Apriori 算法的基本思想,找出的这些频繁项目集合的频繁性必须大于或等于预先设定好的最小支持度值,然后由这些满足最小支持度的频繁项目集合来产生关联性较强的规则,即强关联规则,在满足最小支持度的同时还要满足预先设定好的最小置信度,这是强关联规则的基本要求。Apriori 算法最开始是从最简单的候选项集 C_1 中开始筛选,找出符合条件的 L_1,然后由 L_1 与自身连接便可产生候选项集 C_2,接着再对 C_2 进行筛选,找出符合条件的 L_2,如此循环下去直到最后为空集为止。

聚类通俗地说就是物以类聚的意思,它会根据设定的条件对数据进行分类,把性质相似或相近的数据划分为一类,把原来大量的、没有什么关联的数据变成同类之间有关联的几类数据,便于人们了解数据的分布情况和数据间的彼此关联关系[4]。聚类算法主要应用于数据挖掘领域、机器学习领域、统计学领域三个方面。

本文用到的数据挖掘技术就是挖掘关联规则的 Apriori 算法和聚类算法。

2 数据挖掘在学生成绩分析中的应用

2.1 挖掘流程

确定挖掘的目标,即需要挖掘的计算机课程的学生成绩,然后对这些挖掘的对象进行采集、预处理,进行初步挖掘,再逐层进行深度挖掘,最终建立数据间的关联性,挖掘分析出各指标间的类。具体流程是：确定挖掘目标(学生成绩)→挖掘采集→进行数据预处理→数据初步挖掘→数据深度挖掘→分析挖掘指标之间的类内和类间联系→完成知识表达。

2.2 系统流程

挖掘系统流程如图1所示,应用于实际的数据挖掘。

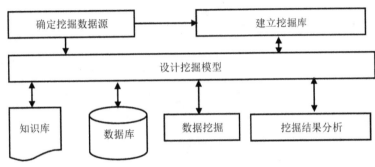

图1 挖掘系统流程

挖掘系统流程主要由以下几部分组成：

(1)挖掘的数据源和建立挖掘库：挖掘的数据来源于正方教务管理系统、百科园[①]通用考试管理系统和浙江省计算机等级考试数据库,把挖掘的数据整理成挖掘库。

(2)挖掘模型：把收集得到的数据汇总到数据库中,再根据数据挖掘后得到的数据,为决策人员提供新的和有价值的信息或知识,帮助其快速、正确地做出决策。

(3)数据库：主要存储涉及学生信息的各种数据。该系统将学生的基本信息以及学生学习计算机课程的各种信息存储在数据库中。

(4)知识库：经过数据挖掘后得到的有用的信息,即从中提取出来的规则,供决策人员做决策时使用。

(5)数据挖掘：根据决策人员提出的问题特点,确定挖掘的任务或目的,对数据库中的相关数据进行精简和预处理,再从精简后的数据中挖掘出有效的新知识,提供给基于计算机课程成绩的有效数据挖掘,最终由它给决策者提供有效的知识。

(6)挖掘结果分析：通过分析最终的挖掘结果,找出有效数据之间的关联,提供有实际意义的报告。

2.3 数据准备

本次研究选择了我校2015级120名专科生和2016级60名本科生的基本信息(数据来源于正方教务管理系统、百科园通用考试管理系统和浙江省计算机等级考试数据库)、医学

---

① 百科园是用于计算机课程教学互动的软件系统。

计算机应用基础课程的任课教师、课时情况、出勤率等信息(来源于联创机房管理系统和百科园通用考试管理系统),以及浙江省计算机等级考试的成绩信息(来源于2016年秋浙江省计算机等级考试数据)。其基本信息如表1所示。

表1　计算机课程数据的基本信息

学生表	课程表	成绩表
学号	课程号	学号
姓名	课程名	课程号
性别	课程性质	课程名
年龄	学分	各项分值
班级	开设学期	综合分值
专业	任课教师	……
出勤率	理实课时	
……	……	

2.4　数据预处理

表1中的数据中可能存在冗余、不完整、空值等情况,因此在挖掘收集到的数据之前应先进行预处理,提高数据的质量,从而有助于建立高准确率的数据模型。数据预处理就是要删除与挖掘的预测结果无关联的数据,如学生的年龄、班级等信息。同时,基于数据挖掘的要求,还要将多张数据表进行合并整理,形成适合数据挖掘的数据表。

2.5　基于Apriori算法的数据挖掘

本次关联规则分析的数据由我校2015级120名专科生和2016级60名本科生、计算机课程考试成绩及相应的任课老师信息组成。我们共抽选出180条学生的记录,经过整理后的初始信息如表2所示。

表2　计算机课程初始信息

学号	专业	课前基础测验	教师职称	授课时数	实验作业情况	课程考成绩
20150101	药学	合格	中级	6周	62	86
20150201	护理	良好	中级	8周	88	91
20150104	影像	不合	中级	4周	56	52
20150306	临床	合格	正高	8周	82	64

续 表

学号	专业	课前基础测验	教师职称	授课时数	实验作业情况	课程考成绩
20150508	卫检	中等	副高	5周	77	46
20150910	临床(本)	优秀	中级	7周	95	88
……	……	……	……	……	……	……

注：课前基础测验在第一次实验课中完成，评定按五级制。

为了简化分析，接下来需要将数据进行抽象和离散化处理。学生专业信息处理为药学(A1)，护理(A2)，影像(A3)……学生课前基础测验在第一次实验课中完成评定，分别用优秀(B1)，良好(B2)，中等(B3)，合格(B4)，不合格(B5)表示。教师职称分别用正高(C1)，副高(C2)，中级(C3)，初级(C4)表示。学生上课课时数离散化为：$\geqslant 8$周(D1)，7周(D2)，6周(D3)，5周(D4)，$\leqslant 4$周(D5)。实验作业根据得分情况离散化为：$90\sim100$分为优秀(E1)，$80\sim89$分为良好(E2)，$70\sim79$分为中等(E3)，$60\sim69$分为合格(E4)，低于60分为不合格(E5)。计算机课程考试成绩离散化为：$90\sim100$分为优秀(F1)，$80\sim89$分为良好(F2)，$70\sim79$分为中等(F3)，$60\sim69$分为合格(F4)，低于60分为不合格(F5)。经过处理的信息如表3所示。

表3　数据预处理、离散化后的信息

学号	专业	课前基础测验	教师职称	授课时数	实验作业成绩	课程成绩
1	A1	B4	C3	D3	E4	F2
2	A2	B2	C3	D1	E2	F3
3	A3	B5	C3	D5	E5	F5
4	A4	B4	C1	D1	E2	F4
5	A5	B3	C2	D4	E3	F5
6	A4	B1	C3	D2	E1	F1
……	……	……	……	……	……	……

数据分析采用 SPSS Clementine 12.0 中文版，以 Apriori 算法为基础。由于考试分数的特性，设定 λ 为6，其他权值为3进行挖掘分析，生成387条频繁项集，296条关联规则。部分关联规则如表4所示。

表 4　关联规则

关联规则	支持度	置信度
A1,B4－＞F2	18％	60％
A2,C3－＞F3	16％	52％
A4,D1－＞F4	48％	73％
A5,E3－＞F1	59％	86％
B4,C3－＞F2	34％	66％
B5,D5－＞ F5	82％	91％
B4,E2－＞F4	86％	93％
C2,D4－＞F5	43％	77％
C3,E1－＞F1	39％	84％
D4,E3－＞F5	86％	97％
……	……	……

从表 4 中"A2,C3－＞F3"的关联规则可以推导出专业和教师的职称对于学生成绩并没有直接影响,从"B5,D5－＞ F5""B4,E2－＞F4""D4,E3－＞F5"这些关联规则中我们可以推导出最终的成绩和前面数据存在很强的关联性:入学基础差、授课时数少、实验作业情况中等以下的同学的课程通过率较低;而入学基础好、授课课时数大于等于 8 周、平时作业完成良好的同学,课程考试成绩就较高。因此,应当适当增加课时,教师在课堂上应对课时少且实验作业成绩较差的同学给予更多关注,以利于提高课程的考试成绩。

2.6　利用聚类算法对试题本身进行分析

通过聚类分析[5],教师能够直观地了解学生对各知识点的掌握程度,学生对该考试的题型掌握程度,以及任课教师在今后教学中对哪方面内容需要列为讲解的重点和难点,这样能有针对性地进行教学,且学生也能真正得到提高。

计算机应用课程题型有以下 6 种:理论题(分值 25 分)、打字(分值 10 分)、Word 操作(分值 20 分)、Excel 操作(分值 20 分)、PowerPoint 操作(分值 12 分)和网络操作(分值 8分)。本文采用聚类算法中的 K-Means 算法对这 6 个属性间的聚类分析进行挖掘。

为了更好地进行聚类分析,首先需要对数据进行标准化。标准化的方法是:将每个题型的实际得分数除以该题型的总分,例如对于 Word 操作题,某考生得分为 18 分,总分为 20分,则 18/20＝0.9。采用同样的方法对所有题型进行处理,最终的标准化值范围是[0,1]。

接下来采用 K-Means 算法对数据进行聚类分析。聚类中心随机产生是传统的 K-Means算法主要特征,这样会导致聚类结果的差异和不稳定。为了使聚类结果具有更好的稳定性,依然将考试成绩离散化为优秀、良好、中等、合格和不合格 5 个等级。通过不同的等级来确定该等级的初始聚类中心。

最后对生成的聚类结果进行分析。通过聚类分析得知,理论部分得分率比较低(多选题得分率只有 26.3%,单选题得分率为 58.6%,判断题得分率为 61.6%),而学生在打字题和网络操作题上普遍得分率较高(打字题得分率为 96.3%,网络题得分率为 89.6%),而 Word 操作和 Excel 操作题上得分相对合理(Word 操作题得分率为 83.3%,Excel 操作题得分率为 81.9%)。

3　结　论

分析的结果和课程结束后学生成绩的分布结构相类似。学生所在专业以及教师的职称对课程成绩影响不明显,它们之间基本上不存在符合设定阈值的关联;而学生课前的基础、授课时数、实验作业和最终成绩存在很强的关联性。由于"计算机应用基础"是公共基础课,分配的理论课时少,理论部分成绩总体上得分率不高。因此,教师在授课过程中,在强化操作内容教学的同时,特别要有针对性地对同学进行理论和上机实践操作的一对一或一对多的针对性辅导。

本文利用数据挖掘技术中的关联规则分析、聚类算法对计算机课程的成绩进行了分析,科学、客观地找出了影响考试成绩的一些相关因素。其分析结果可以帮助学生发现"计算机应用基础"这门课程的某些薄弱环节,对于以后提高学生的考试成绩提供针对性的帮助;同时,对于教师今后的教学方法的改进和学院对于课程的学时分配工作也起着指导作用。

参考文献

[1] 赵艳. Apriori 算法在学生成绩分析中的应用研究[J]. 河北企业,2015(9):10-11.

[2] 娄岩. 医学大数据挖掘与应用[M]. 北京:科学出版社,2015.

[3] 曾斯. 数据挖掘技术在计算机等级考试成绩中的分析研究[J]. 电脑知识与技术,2015,11(13):14-15.

[4] Han J W,Kamber M. 数据挖掘概念与技术[M]. 范明,孟小峰,译. 北京:机械工业出版社,2007.

[5] 孙永辉. 聚类分析在学生成绩分析中的应用[J]. 中国管理信息化,2016,19(6):229-230.

基于 MOOC 的线上线下混合教学模式探讨与实践

刘华文　　徐晓丹　　段正杰　　陈中育

浙江师范大学数理与信息工程学院,浙江金华,321004

摘　要: 混合教学模式是新形势下教学改革的热点,它克服了单一线下教学中学生主体作用得不到发挥、线上教学中缺乏约束和动机等缺点,将线上网络教学与线下课堂教学混合使用以提高教学效果。本文以"网站设计"课程为例,详细阐述了混合教学模式在课程准备、方案实施、教师主导作用发挥等几个环节的实施过程及经验总结,并对混合教学模式下的学习评价进行了深入探讨。实践表明,混合式教学有效提高了教师的教学效率和学生的自主学习能力。

关键词: 混合式教学;线上线下;网站设计

1　引　言

随着互联网技术的发展和应用,混合教学模式越来越受到教师的关注。混合教学模式是将线上的网络教学和线下的课堂教学有机地整合在一起,以充分发挥教师的主导作用和学生的主体作用,共同促进教学质量的提高。它是在传统教学模式向网络教学模式改革后的又一新举措,其教学模式由线上网络教学和线下课堂教学两部分组成,其中线上的网络教学克服了传统课堂教学模式中教学方式不灵活、教学时间地点受限制、学生主体作用得不到充分发挥等不足,在充足的网络教学资源支撑下,实现了学生随时随地学习和交流;而线下的课堂教学又可以弥补线上教学中由于教师主导地位削弱而导致的对学生缺乏一定的约束和激励,学习过程得不到有效监督等不足,极大提高了学生的学习效率。

目前,已有一些高校开展了混合式教学的研究和实践[1-5],对混合教学的设计理论、实施过程等进行了详细分析。本文根据混合式教学特点,结合对"网站设计"这门课程的分析,详细介绍了线上线下混合式教学在该课程中的应用,在课程方案设计、课程准备、任务实施、教师监督等环节进行了深入分析。

2 "网站设计"课程分析

"网站设计"是我校面向文理科学生的一门通识课程,该课程主要有以下几个特点:

(1)讲授内容新颖丰富,紧密贴合当前实际,学生的学习兴趣度高。该门课程由于学习门槛低、内容丰富有趣,因此能吸引学生的持续关注,为有效开展网络教学提供了基础。

(2)选课人数众多,课程受益面广,这是混合式教学开展的支撑。在我校,每个学期都有众多学生选修该课程,因此网络课程建设完成后,开展混合式教学会有更多的学生受益。

(3)学生水平参差不齐,单一的课堂教学中教师无法兼顾不同水平的学生;而网络课程中教学资源丰富,可以根据学生水平设定不同的学习目标,同时满足不同学生的学习需求。

(4)"网站设计"是一门实践性非常强的课程,如果仅仅使用网络教学,学生的一些操作性、实践性问题得不到有效解决,因此集中的、师生面对面的课堂教学也是必不可少的环节。

"网站设计"课程非常适合于开展线上线下的混合模式教学。为此,我们通过两年的时间,基于 MOOC 平台建设了该门课程的在线精品开放课程,同时在此基础上,开展线上线下教学。

3 混合式教学实施

3.1 教学资源库建设

为了有效地开展混合式教学,建立丰富的教学资源库是基础。为此,我们根据"网站设计"课程的特点,重新梳理知识点,根据知识点建立分层教学资源库,对于每个知识点都有相应的教学课件、微课视频、操作视频、课后练习、反思等,其结构如图 1 所示。同时,为该门课程建立了较为完整的习题库和常见问题库,其中习题库根据难度分为低、中、高三个等级,以便于不同层次的学生学习;常见问题库是教师结合多年的教学经验,把学生通常会遇到的问题根据知识点整理,以方便学生在自主学习过程中查看。常见问题库也是一个动态的资源库,教师每隔一段时间,会将论坛中学生提出的一些代表性问题进行整理后加入常见问题库中。关于该门课程 MOOC 教学资源建设的更多内容,可参见文献[6]。

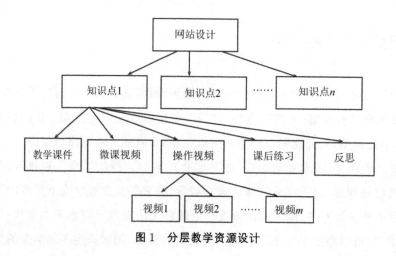

图 1　分层教学资源设计

3.2　混合式教学的实施

本文设计的线上线下混合教学模式框架如图 2 所示。在线上网络教学中，教师利用网络教学平台建设网络教学资源，发布学习任务，和学生进行互动交流；学生通过网络平台进行学习，完成任务，和教师实时交流信息。在以课堂为主的线下教学中，教师主要针对重点内容和实践操作部分，讲解难点并指导学生操作，同时对学生的任务完成情况进行评价和总结，解决和技术相关的问题。

线上和线下的教学是相互影响，相互促进的。在线上的网络教学中，教师通过学生的学习反馈可以更清楚地分析教学的难点，这将有效地改进和指导课堂教学；而线下教学中，教师可以根据学生的操作实践和经验更新教学资源，例如把学生操作中常见的问题加以整理后更新至网络平台的常见问题库，以及根据学生的学习情况对题库的难度加以调整等。

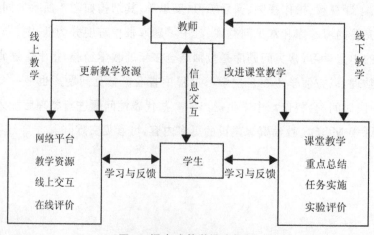

图 2　混合式教学模式框架

混合式教学中的线上和线下的教学都按照教学周来进行计算和统计。在线上的教学中,为了方便教学的有序开展,教师在每周一发布新的学习任务,包括本周的微课视频内容、在线作业等。学生登录网络教学平台后,要在规定的时间内看完视频,在线完成作业,参与讨论。为了保证教学质量,每周都安排教师线下集中上课,讲解难点,检查学生实验。由于"网站设计"这门课程涉及较多的实际操作,学生的许多操作问题在线上难以得到及时解决,教师在上课时面对面的讲解和演示更能加深学生的理解,及时解决操作方面的难题。在机房上课也保证了该门课程线下教学的效果。

3.3 线上学习中教师主导作用的发挥

在教学过程中,我们发现较之于线下的学习,线上的学习质量和效果更加难以得到保证。文献[7]对美国大学生网络学习的调查也表明,网络学习者如果没有行之有效的监督机制,学习效果很难得到保证,特别是为了完成学习任务,把很多任务集中在一起的"填鸭式"学习访问[8],对学习效果有显著的负面影响。因此在线上以学生为主的学习活动中,教师的主导作用应该加强,以保证学习质量。我们根据实际教学情况,主要采取了以下几个措施:

(1)分时间点发布学习任务,设定每个作业的截止时间。对每个任务都设置截止时间,可以较好地避免学生只在某个时间段将所有任务集中学习的弊端。同时,将学生的访问统计也计入成绩考评中。要注意的是,在计算访问统计量时,不仅仅是统计学生的访问量总数,还要统计该学生在不同的时间段访问的次数。假设甲、乙两个学生访问总数相同,但甲集中在某两天访问,但乙是分五天访问的,那么乙的访问统计分数要高于甲。

(2)分知识点设定主题讨论区。讨论区模块的针对性设置在网络教学中起到非常重要的作用,它可以有效地缓解网络学习带来的孤独感,增加学生之间的互动性,提高其学习积极性。我们在课程资源库中根据每个知识点都设置了微课视频和作业,在课程的学习中,又增加了主题讨论区,对每个知识点设置一个主题板块,相关知识点的讨论都在该主题板块进行;对活跃在主题讨论区的同学进行相应的奖励。教师会定期查看讨论区,将有代表性的讨论问题进行整理以便于课堂教学。

(3)定期发布学生学习情况统计,实现线上学习有效监督。教师每隔一段时间对学生的线上学习情况进行统计公布,表扬线上学习积极的学生,同时重点关注线上学习参与度少的学生。

图3显示了几个措施实施前后学生的访问量统计情况。我们可以发现,3月份学生的访问量集中在两个时间点,这两个时间点是作业最迟上交时间。经过以上几项措施后,学生在5月份的访问量有了明显变化,访问网站的次数不断增加,并且访问时间分布也有所改变,除了交作业前的几次集中访问外,其他时间段的访问量也在增加,说明学生在更多的时间段访问网站学习,"填鸭式"的学习情况得到明显改善,学生的学习兴趣和关注点更加持久。

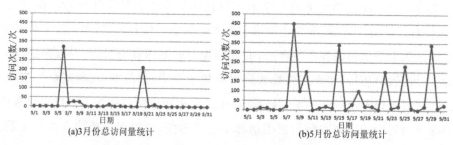

(a)3月份总访问量统计　　　　　　　(b)5月份总访问量统计

图3　网站3月份和5月份的网站访问量统计比较

3.4　多样性量化评价机制

在线上线下的教学中,评价对教学的效果起着至关重要的作用。我们采用了多样化的量化评价方法,首先分析网络教学中可以作为量化指标的各个因素,并根据其重要性分配在总的评价中所占的比例。这些因素包括微课视频学习统计、课程作业、课后测试、主题讨论区等,其中主题讨论区更能体现网络平台环境下学生的主动学习情况,可以根据发帖数、讨论次数得到相应分数。其评价指标及分数分配如表1所示。

表1　多样性量化评价指标

项目	占总体比例	说明
观看微课视频	15%	每看完一个视频待相应分数,看完课程全部视频得满分
访问次数	5%	考核指标包括总访问次数和访问的不同时间段数
讨论发帖数	10%	发帖或回复帖子得2分,满分100分
平时作业	20%	取所有作业得分的平均分
课堂测试	30%	取所有测试得分的平均分
期末作品	20%	包括教师评价得分和同学互评得分

为了完善评价,充分发挥学生的主动学习积极性,我们将学生对他人的评价也列入总的评价指标,让学生在评价过程中进行反思学习,提高网络教学效果。但由于学生本身的知识局限性,在开展评价时,教师需要事先制定一个指导性的规则以及适用于各个评价的模板。

4　小　结

混合式教学是一种新的教学模式,它将线上的网络教学和线下的课堂教学有机地整合在一起,互相促进,以充分发挥教师的主导作用和学生的主体作用。本文介绍了"网站设计"

这门课程开展线上线下混合式教学的设计及实施情况。如何在评价中设置定性的评价指标以真正体现学生的实际学习水平,以及教师建立各类任务的评价指导模板以指导学生自评和互评,将是今后进一步研究的重点。

参考文献

[1] 黄荣怀,马丁,郑兰琴,等. 基于混合式学习的课程设计理论[J]. 电化教育研究,2009(1):9-14.

[2] 张其亮,王爱春. 基于"翻转课堂"的新型混合式教学模式研究[J]. 现代教育技术,2014,24(4):27-32.

[3] 徐舜平. 中国大学和教师参与 MOOC 的行为分析——以清华大学为例[J]. 中国远程教育,2014(11):33-39.

[4] 李曼丽,徐舜平,孙梦嫽. MOOC 学习者课程学习行为分析——以"电路原理"课程为例[J]. 开放教育研究,2015,21(2):63-69.

[5] 牟占生,董博杰. 基于 MOOC 的混合式学习模式探究——以 Coursera 平台为例[J]. 现代教育技术,2014,24(5):73-80.

[6] 徐晓丹,刘华文. 网站设计教学改革中的慕课资源建设[J]. 计算机教育,2016(3):43-45.

[7] 张向民. 美国学生在线行为及其对学习绩效影响的分析[J]. 开放学习研究,2017(1):37-45.

[8] Spivey M F, McMillan J J. Using the blackboard course management system to analyze student effort and performance[J]. *Journal of financial education*,2013,39(1/2):19-28.

促进学科核心能力发展的大数据与人工智能课程 STEM 项目化学习的研究[①]

秦飞巍　张林达　彭　勇　姜　明

杭州电子科技大学计算机学院,浙江杭州,310018

摘　要: 随着社会的发展和科技的进步,多学科融合的趋势愈发明显,科学技术的研究和应用都逐步走向学科的融合。在大数据已经走入寻常人们生活的方方面面的今天,本文尝试在大数据与人工智能学科中进行 STEM 项目化课程的研发和实践。以学生的学科核心能力发展需求为核心,以学生的能力发展需求和软、硬件条件的保障为基础,把以科学实践探究为核心的思维能力、实践能力、创新能力这三种核心能力作为课程开发的偏重目标,对学科原有课程进行特色补充,在 STEM 项目化课程的研发和实践中提升学生的计算机科学素养。

关键词: 学科融合;大数据;人工智能;STEM;个性化教学

1　引　言

一直以来,我国无论是科学研究还是教育体系都是以分科思维为主,分科使得研究更为深入和也更加专业,极大地促进了社会的进步和学科的发展。但是,目前在传统学科中,交叉融合的趋势愈发明显,例如近些年来,诺贝尔化学奖和诺贝尔生理学或医学奖的交叉体现了这一趋势,新兴学科如量子信息学、量子化学的出现,使得这一趋势愈发地明显。另外,几乎所有科学技术研究都需要依赖现代信息技术的帮助,这意味着研究正走向学科的融合。

我国的高等教育课程以分科为主,物理、化学、生物和地球科学所代表的分科教育在很大程度上影响着学生的科学素养。浙江省的计算机科学已经从分科走向综合教学。从学科特点来说,计算机科学和数学都是较为抽象、深奥的思辨性学科,技术、工程则是贴近现实生

①　资助项目:浙江省教育科学规划研究课题(2017SCG003)。

活的应用型学科[1]。

STEM 最早来源于美国，是一种全新的教育理念。STEM 是科学（science）、技术（technology）、工程（engineering）、数学（mathematics）的首字母缩写，是美国为了促进国家竞争力而推行的一项教育计划[2]。STEM 教育目标的提出，使得理工科教育者不再停留在本学科内部，而是从更为宽广的视野审视学科之间的关系[3]。

STEM 项目课程的主要特征是学科融合[4]。典型的 STEM 课堂的特点是在真实的学习情境中强调学生的设计能力与问题解决能力。最关键的就是让学生动手去实践、去钻研，而不是仅仅动脑学习。STEM 项目课程包括理论和技能两块。技术、工程更加注重实践，这能弥补科学理论探究的不足。实践既包括科学家在研究和建构有关自然世界的模型及理论时的行为，也包括工程师在设计搭建模型和系统时的一系列活动。

综上所述，教育面临着培养出具有适应未来学习需求和解决复杂社会问题能力的学生的重大挑战。我们需要以解决真实问题为内在动力的，可以激发学生的探究意愿和利用团队合作的学习方式解决问题的课程内容。所以本课题将从学科融合的视角开发 STEM 项目课程供学生学习，以更好地激发学生的兴趣，增强他们对知识的理解；发掘学生在计算机科学技术专业上的潜力，提升他们解决问题的能力和创造力。

2　相关工作

国际技术和工程教育协会 STEM 教学中心为大学高年级开发了一个在 STEM 内容中传达技术素养的标准化国际模型——工程设计项目（the engineering by design）模型，通过真实的、基于项目的学习环境来提高所有学生在 STEM 和英语上的成绩[5]。

美国波士顿科学博物馆通过国家技术素养中心开发了 EIE（engineering is elementary），倡导在全国学校和博物馆开展工程教育，为教师和学生创造教育产品和资源。教材产品有针对 1 年级和 2 年级的《EiE 课程》，针对 3 年级的《工程探险》，针对 4 年级的《无处不在的工程学》[6]。

国内也有一部分专家开展 STEM 教育研究，其中赵中建等人对 STEM 素养进行了剖析，针对 STEM 教育的现实意义进行了研究，对 STEM 课程计划机构开发的 PLTW 课程进行了考察分析[7]。学生在应用数学和工科所学的知识解决问题时能进行创造、设计、建构、发现、合作。董宇研究讨论了 STEM 教育对工科和数学教育可能的影响，提出重视科学阅读、科学推理、科学建模、科学工程四种科学学习过程[8]。

国外的课程对我们有启发和借鉴意义，国内专家的解读对我们有指导意义。但在适合高校学生学习的大数据与人工智能——计算机科学 STEM 项目课程方面有待开发，教学实施与学生评价方面都有待完善。

3 核心概念操作定义

3.1 多学科融合

本研究的学科是指科学、技术、工程和数学四大领域,主要将计算机科学课程和其他学科结合起来,让学生从自己的实践经验出发,理解大数据与人工智能科学原理,利用工程实践完成设计与建模,利用高性能 CPU/GPU 集群服务器完成编程与控制。

3.2 STEM 项目化学习

STEM 项目课程的主要特征是学科融合,STEM 项目化学习就是在真实的学习情境中让孩子动手去实践、去钻研,强调学生的设计能力与问题解决能力。让学生经历学科融合的项目化学习,了解这些学科之间的联系,有助于更好地理解知识学习与实际应用之间的关系,有利于培养学生解决问题的能力和提升其科学素养[9]。

3.3 问题解决能力

对于问题的定义,不同学者有不同的观点。笔者认为,问题即起始状态与目标状态之间所存在的差距。所谓问题解决,即通过某种操作方式由起始状态到达目标状态的历程。因此,要解决问题,需要具备确认问题,做出规划,解决过程以及评价解决方案可行性等能力。本研究将借用 Mondini 所发展出的"解决问题的评分指标"分别就问题的理解能力、解题策略的规划、能解释解决问题的过程以及评价解决方案的可行性这四个维度以 1～4 分来评估学生在"问题导向学习"教学策略下解决问题能力的表现,得分越高表示能力越好[10]。

4 研发原则与途径

4.1 研发原则

在研发 STEM 项目化课程的过程中,要遵循以下几个原则:

(1) 生本性原则:在研发过程中,要充分体现以生为本的理念,强调并尊重学生的主体地位,充分发挥学生的主观能动性,凸显其在课程实施过程中的主角地位。

(2) 层次性原则:要充分尊重学生认知能力的渐进性和认识方法的层次性。在内容的设计上要有层次性,在课程实施过程中要给予学生选择权。

（3）生成性原则：在 STEM 项目化课程的研发过程中，并不是遵循纲要而一成不变的。STEM 项目化课程的内容是对基础性内容的补充。

4.2 研发途径

基于学科核心能力发展的 STEM 项目化课程研发要充分发挥学生的主体地位，在充分调查研究学生学习情况和能力发展现状的基础上，才能做到有的放矢。然后，制订出切实可行的计划。教师团队合作探讨出课程研发的方式，确定如何组建团队、组织小组合作实施、建立评价机制，做好课程研发实施的组织建设。根据学生的学科能力需求和现有条件确定课程并按照计划实施。利用评价机制进行评价反馈，反馈结果又反过来促进课程研发方向的修正，以保障课程研发和实施的有效性。STEM 项目化课程的整体研发途径如图 1 所示。

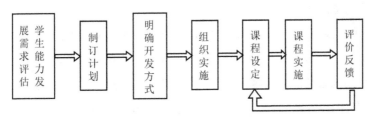

图 1   STEM 项目化课程研发的途径

5   研发内容与课程实施

5.1   开发符合本科生学习与研究的 STEM 项目课程

该项目课程旨在培养学生综合运用科学、技术、工程、数学知识进行创新实践的能力，锻炼学生运用科学的方法解决实际问题的能力。

对计算机学科中大数据与人工智能的 STEM 教育的素材进行梳理和重组，与其他学科的教育专家合作，从课程、教法、教具与实验设备、虚拟化仿真环境、学生学习等多个角度开展深入而系统的研究。一方面需要加强学科融合的背景知识；另一方面需要学习信息技术。技术教育和工程教育在高等教育中主要是通过技术类课程来实现的，包括信息技术课程和通用技术课程。我们在项目设置中将学科融合以及分阶段任务驱动设计作为指导策略，重视科学探究、验证性实验、设计、制作和调查等与实践有关的学生活动，建立从这些活动中建构重要概念的理念[11]。

开发课程时我们将某一主题分为三个部分进行开发：第一部分主要依托大数据科学知识对某一主题进行制作与探究；第二部分依托工程知识对某一主题下某一问题进行设计与建模；第三部分依托信息技术对工程产品进行编程与控制。STEM 项目课程开发如图 2

所示。

同时,我们充分利用社会资源加强和政府、企业界、高等教育机构的合作,以便为学生创设高科技、合作性的学习环境。同样,STEM 教育亦离不开各类资源的整合,除去学校及教育部门的推动与参与之外,还需要高校、学会、协会、科技场馆等社会资源的补充。

图 2　STEM 项目化课程开发

5.2　开发符合该课程的评价量表

开发 STEM 项目化课程的评价原则如下:

(1)充分发挥 STEM 课程评价的多种功能,尤其应注意发挥其检查、反馈和激励的功能,有效地促进学生的发展。

(2)恰当运用多种评价方式。应加强形成性评价,注意收集、积累能够反映学生阅读与发展的资料,采用成长记录袋等多种方式,记录学生的成长过程。重视定性评价,对学生的成长记录进行分析,可用代表性的事实客观描述学生阅读水平的进步,并提出建议。

(3)注重评价主体的多元与互动,加强学生的自我评价和相互评价,促进学生主动学习,自我反思,尊重学生的个体差异。

(4)注重过程评价,STEM 项目学习是发现问题并不断细化问题,然后设计不同解决方案,这跟企业设计方案一样,选择最简单有效的方法实施,并非只有最后成果重要,重要的还有整个过程中学生展现出来的能力。

学生评价量表如表 1 所示。

表 1　学生评价量表

评价指标	自评	组评	师评
提出问题(科学)和界定问题(工程)			
开发和使用模型			
规划和实施调查			
分析和解释数据			
使用数学和计算思维			
形成解释(大数据科学)和设计解决方案(人工智能工程)			
参与基于证据的讨论			
获取、评价和交流信息			

5.3　STEM 项目化课程实施

课程实施分为三个阶段:

第一阶段(准备阶段)：研究学习,收集素材,开发 STEM 项目课程及评价量表。

第二阶段(进行阶段)：教学实施,资料整理。

第三阶段(整理研究)：教学效果分析,梳理课程资源,撰写课程案例与分析。

规划项目内容设计如表 2 所示。

表 2　STEM 项目化课程具体内容设计

课程名称	课题具体内容
大数据思想与原理	● 大数据方法概述 ● 大数据常用算法与数据结构 ● 大数据系统体系结构 ● 大数据存储工具和方法 ● 大数据处理工具和方法 ● MapReduce、Hadoop 技术与应用 ● 大数据案例分析
大数据存储与管理	● 非关系型数据库概述 ● MongoDB 开发与应用环境配置 ● MongoDB 基本语法使用 ● MongoDB 应用程序设计 ● MongoDB 数据管理系统案例分析 ● MongoDB 高级应用(分片管理、应用管理、服务器管理与部署等)
知识表示与语义推理	● 元数据管理概述 ● 元数据管理技术(元数据建模技术、自动元数据抽取技术、元数据管理技术、元数据转换技术、元数据注册系统构建技术) ● 领域建模与概念模型设计(本体语言、本体建模、语义网) ● 知识发现、知识管理(本体映射、数据一致性和有效性验证) ● 知识推理(描述逻辑、语义推理) ● 管理工具简介(Protege、COMA、OWL、SWRL) ● 知识系统设计与开发 ● 案例分析(语义检索、智能问答、个性化推荐)
人工智能与深度学习技术	● 从传统机器学习到深度学习 ● 监督学习与增强学习 ● 反向传播算法 ● 处理张量数据的卷积神经网络 CNN ● 处理时序关系数据的循环神经网络 RNN ● 基于 Spark 的异构分布式深度学习平台 ● 人工智能在网络空间安全中的应用 ● 案例分析一——基于卷积神经网络的医学影像分析与处理 ● 案例分析二——基于深度学习的磁盘故障检测 ● 案例分析三——基于深度学习的无人机载目标检测与识别

续　表

课程名称	课题具体内容
网络安全与隐私保护技术	● 拟态防御技术 ● 可信计算 ● 安全态势感知 ● 基于生物特征的身份认证 ● 数据隐私保护 ● 基于加密技术的数据内容保护 ● 大数据云计算安全标准 ● 大数据云计算安全保护测评体系
大数据可视化技术	● 数据可视化基本框架、数据可视化设计原则与可视化理论发展 ● 时空数据可视化方法(时空数据可视化、地理空间数据可视化、高维非空间数据可视化) ● 非时空数据可视化方法(层次与网络数据、文本文档内容可视化、跨媒体数据可视化等) ● 可视化交互与评估 ● 数据可视化开源工具与技术应用(ECharts、D3) ● 经典数据可视化案例(墨尔本人行道监控数据、好莱坞电影数据集、VAST Challenge 2013：Mini-Challenge 3 数据集)

6　总　结

在大数据时代,数据成为组织的无形资产,甚至比有形资产更有价值。政府管理信息要更加重视数据的经济价值,将其作为一种战略资产来管理,特别是对人口、法人、空间地理等基础数据的开发,在为公民提供个性化公共服务、推动大众创新的同时,也为企业利用大数据开发新应用,推动社会经济发展和商业创新提供了基础。

浙江省把打造全国大数据产业中心作为发展信息经济的重要目标,大力推动大数据发展和运用。大数据时代对现有的计算机及 IT 人才培养提出了挑战。杭州市重点发展高科技产业、跨境电商服务业,因此大数据及人工智能人才面临着极大的缺口。

本文在原有计算机科学专业本科培养模式的基础上,探索基于多学科融合的大数据与人工智能课程 STEM 项目化学习的研究;与企业的真实人才需求对接,加强本科生的大数据、网络安全、人工智能等基础知识的掌握,与工程项目实践动手锻炼结合,试图探索培养能够适应大数据时代技术需求的新型人才。

参考文献

[1] 赵蔚，李士平，姜强，等. 培养计算思维，发展 STEM 教育——2016 美国《K-12 计算机科学框架》解读及启示[J]. 中国电化教育，2017(5)：47-53.

[2] 王娟，胡来林，安丽达. 国外整合 STEM 的教育机器人课程案例研究——以卡耐基梅隆大学机器人学院 ROBOTC 课程为例[J]. 现代教育技术，2017,27(4)：33-38.

[3] 江丰光. 连接正式与非正式学习的 STEM 教育——第四届 STEM 国际教育大会述评[J]. 电化教育研究，2017,38(2)：53-61.

[4] 金慧，胡盈滢. 以 STEM 教育创新引领教育未来——美国《STEM 2026：STEM 教育创新愿景》报告的解读与启示[J]. 远程教育杂志，2017,35(1)：17-25.

[5] 龙玫，赵中建. 美国国家竞争力：STEM 教育的贡献[J]. 现代大学教育，2015(2)：41-49.

[6] Cunningham C M. Engineering is elementary[J]. *The bridge*，2009,30(3)：11-17.

[7] 赵中建，施久铭. STEM 视野中的课程改革[J]. 人民教育，2014(2)：64-67.

[8] 董宇. 我国大学生 STEM 学习兴趣调查研究[D]. 南京：东南大学，2016.

[9] 秦瑾若，傅钢善. STEM 教育：基于真实问题情景的跨学科式教育[J]. 中国电化教育，2017(4)：67-74.

[10] 翁聪尔. 美国 STEM 教师的培养及其启示[D]. 上海：华东师范大学，2015.

[11] 韩建平，刘春英，胡维华. "课内外贯穿，竞赛教学融合"的程序设计教学模式[J]. 实验室研究与探索，2014,33(6)：169-171.

计算机网络体验式教学改革的探索①

夏　明　汪晓妍

浙江工业大学计算机科学与技术学院,浙江杭州,310023

摘　要:本文针对计算机网络课程教学过程中以理论讲解为主的教学方式不利于学生深刻理解计算机网络工作机制,更难以实际应用的现状,提出在计算机网络课程各个教学环节中引入体验式教学模式,并以 TCP 协议教学为例,阐述了具体实施过程。

关键词:计算机网络;体验式教学;网络分析工具;网络编程

1　引　言

网络是计算机最重要的通信方式之一。近年来,互联网应用快速发展,计算机网络已成为支撑经济和社会发展的重要平台,并极大地改变了我们的生活、工作和学习方式。对于计算机网络基本工作原理的深刻理解,是利用计算机网络实现信息系统的必要条件,因此已成为计算机专业学生就业的基本需求。目前,各大专院校普遍开设了计算机网络课程。

计算机网络课程的核心目标是让学生理解计算机网络协议的体系结构以及各个协议的作用和工作机制,并初步掌握对其进行分析的能力。由于网络协议工作在计算机操作系统内部,并且其产生的数据在网线等媒介内传输,看不见、摸不着,目前以理论讲解为主的教学方式很难让学生对网络协议的工作机制有深刻的理解,更遑论对实际网络进行分析以及应用了。目前计算机网络课程教学中存在的问题主要包括以下几个方面:

---

①　资助项目:浙江工业大学课堂教学改革项目(KG201518),浙江工业大学 2016 年度校级创新性实验项目(No.31)。

（1）课堂教学以灌输式理论教学为主，缺乏与实际网络的联系。当前，计算机网络课程的课堂授课模式是首先介绍计算机网络协议的分层结构，然后逐层介绍各个协议的工作步骤、重要算法和数据报组成等知识点。由于计算机网络协议的复杂性，每层协议的知识点都相当多，长时间的单向、快速的知识灌输导致了几个问题：①学生感觉理论内容与实际接触的网络系统脱节；②学习热情降低；③对理论内容理解不深刻，往往知其然而不知其所以然，不理解为什么要这样设计网络协议；④由于理解不深刻，学了后面的，忘了前面的。以上问题导致学生在完成整个课程的学习后，对于整个计算机网络协议往往并没能建立系统的、完整的认识，而只记住了停留在纸面上的、片段的知识点。

（2）课后作业以课本习题为主，缺乏对实际网络分析能力的训练。当前，计算机网络课程布置的课后作业大多以所使用教材的习题为主。这些习题基本涵盖了所讲授的重要知识点，若学生认真完成可以在很大程度上帮助其理解各层协议所使用的算法等理论内容。然而这些习题与学生实际接触的网络环境关联不明显，导致学生在完成习题后，难以学以致用，不知如何将所学习的知识应用于实际网络的分析中，更不知如何使用网络协议实现计算机间通信，从而大大影响其计算机网络应用能力。同时，学生由于不了解所做习题与实际网络的关系，很多都草草了事，没有真正发挥习题的作用。

（3）课内实验以被动模仿操作为主，学生缺乏对计算机网络重要知识点的深刻思考。目前计算机网络课程一般都配置了部分学时用于课内实验，教导学生在计算机上分析网络协议数据包，从而加深其对于网络协议的理解。然而，由于课内实验学时有限，学生突然从上课时被动接收理论知识的模式切换到在不熟悉的模拟环境中进行网络协议分析，跳跃过大，在有限的实验时间内，很多学生仅仅按照操作说明完成了实验步骤，并没有来得及理解所看到的实验结果和课堂讲授的理论知识之间的联系，从而使得实验效果大打折扣。

为改变计算机网络课程各个教学环节中学生始终处于被动接收的状态而导致教学效果不佳的问题，本文引入体验式教学模式，引导学生从被动接受者的角色向主动参与者的角色转变。在体验式教学中，教师可根据学生的学习规律和特点，创造真实或模拟的情境以再现教学内容，让学生通过亲身体验，更好地理解教学内容[1]。目前，已有部分成果[2-4]利用Wireshark 等网络数据包分析工具，教师在理论教学的同时，对网络数据包进行分析以提升教学效果。但在如何在课堂教学、课后作业、课内实验等教学环节中引入体验式教学模式，合理设计体验式教学内容和方案方面，还缺乏深入研究。

2　面向计算机网络课程的体验式教学

在计算机网络教学过程中，课堂讲解、课内实验、课后作业等教学环节的教学需求、教学条件(如操作人、是否有教师指导、操作时间约束等),以及教室、实验室和学生寝室的网络环境(如可配合操作的终端数量、能否访问校园网和外网、地址分配策略等),都存在较大差异。表1给出了细致分析后的总结结果。为实现有效的体验式教学,提升教学效果,需要在课堂教学、课内实验、课后作业等完整教学环节中引入体验式教学内容,并在对各个教学环节进行细致调研的基础上,根据各个教学环节的特点对教学内容的选择、安排,以及教学过程中所使用工具软件的配置、操作顺序等,做针对性的优化。

表1 计算机网络课堂教学、课内实验、课后作业教学环节对比

环节	教学需求	教学条件			网络环境			
		操作人	指导教师	操作时间	终端数量	访问校园网	访问互联网	地址分配
课堂教学	演示	教师	是	紧张	小于2台	是	是	不定
课内实验	验证	学生	是	中等	较多	不定	不定	不定
课后作业	验证	学生	否	宽松	中等	是	是	动态

国内高校使用的课堂教学计算机所运行的操作系统以 Windows 为主,大多数学生也相对较为熟悉 Windows 操作系统。本文对适用于国内教学环境的可用于计算机网络体验式教学的工具软件进行了总结:

(1)Wireshark。最流行的网络数据包分析工具之一,可良好地运行在 Windows 操作系统上。支持从网卡抓取数据包进行分析显示,并支持设置多种条件对数据包进行过滤等高级功能。

(2)科来数据包生成器。Windows 平台上常用的数据包生成工具。用户可以轻松地用它编辑典型协议(如 ARP、IP、TCP、UDP)各个字段的值并发送所编辑的协议数据包以测试效果。

(3)Windows 自带的协议分析命令。如用于探测主机是否在线的 ping 命令,用于跟踪路由的 tracert 命令,用于显示 ARP 缓存表的 ARP 命令,用于显示路由表的 route 命令,用于显示连接状态的 netstat 命令等。

(4)网络编程开发平台。目前大多数的编程语言都支持快速网络程序开发。如 C#支持通过 TcpClient 和 TcpListener 类快速开发 TCP 客户端和服务器程序。在计算机网络教学中,让学生接触简单的网络编程有利于提高其学习兴趣,并了解如何使用网络协议进行计算机间数据通信。

下面以 TCP 协议工作过程的教学为例,讨论课堂教学、课内实验、课后作业环节全覆盖的计算机网络体验式教学开展案例。

2.1 课堂教学环节

课堂教学环节的主要目的是向学生演示计算机网络中涉及的概念、网络协议运行过程、

所使用算法和数据包构成等。该环节主要由教师一个人完成，操作时间较短且终端数量受课堂条件限制一般不超过 2 台。该环节要求网络条件较好，一般可访问校园网和互联网。因此，在课堂教学过程中，可着重于协议工作流程和数据包字段设置的体验。

教师在讲解完 TCP 协议三次握手建立连接、数据传输、四次握手断开连接的完整工作过程后，进入体验教学阶段。

首先，教师利用 Windows 自带的 netstat-a 命令，显示当前计算机的连接状态，如图1(a)所示；然后根据显示结果，结合理论知识点进行讲解，分析为什么目前有这些连接，并讨论典型连接处于当前状态的原因。

然后，打开 Wireshark 准备抓取数据包，并利用浏览器连接到一个可以访问的网站。此时，再次运行 netstat-a 命令，并将前后显示结果进行对比分析，如图 1(b)所示。由于与一个新的服务器主机（所访问网站）建立了连接，因此将会多出一个或一个以上的处于 ESTABLISHED 状态的连接。教师可对此连接的源主机和目的主机 IP 地址、端口等做进一步分析，让学生体验 TCP 连接的作用。同时，可通过 Wireshark 抓取到一系列数据包，并利用 Wireshark 的过滤功能，过滤出教学计算机与该网站服务器间通信的数据包，以方便观察，如图 1(c)所示。教师可对所抓取的数据包进行分析，比如验证三次握手过程中源主机、目的主机的地址和端口，与 netstat-a 命令所显示是否一致，以及验证三次握手过程中，数据包各标志位、顺序号和确认号设置与课本描述是否一致等，从而让学生体验在网络运行过程中数据包交互的过程。

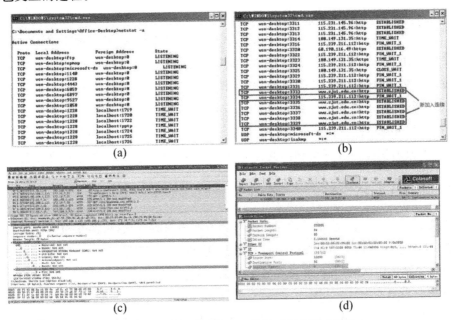

图 1　综合利用多种网络工具软件进行体验式教学

在分析验证的基础上,可进一步利用科来数据包生成器编辑数据包,与学生一起,对数据包的每个字段进行设置并发送数据包,如图 1(d)所示。然后通过 Wireshark 和 netstat-a 命令验证所编辑数据包的发送结果,进一步巩固理论知识点学习成果。

在课堂教学完成后,教师可将简单的网络编程参考资料发给学生,让学生进行预习,为课内实验环节做准备。

2.2 课内实验环节

课内实验环节的主要目的是在有教师指导的情况下,让学生通过动手实验加深对于课堂教学环节所讲授知识点的理解,并提升学生自主动手实践的能力。操作时间相对宽松(一般至少 2 个学时),终端数量很多,可以实现多名学生配合进行网络协议分析。网络条件一般受到限制,往往局限于实验室内或校园网内。

在体验式教学中,可首先提供给学生简单网络程序,如点对点即时通信程序的源代码[5]。让学生在课前预习后,在课内实验环境中在教师指导下体验利用网络协议实现网络通信程序。根据笔者历年的教学经验,学生在只有基本编程基础的情况下,参考源代码大约需要 1 节课左右的时间可完成代码编写和程序调试。

在课内实验的剩余时间中,可让学生进行计算机间的通信测试,并在观看教师利用 netstat、Wireshark 等工具进行网络协议分析的基础上,亲自动手利用这些工具体验网络运行,完成以下实验内容:

(1)使用 netstat-a 命令,对比即时通信程序与远程主机建立连接前、后的连接状态,思考连接状态发生改变的原因。

(2)使用 Wireshark 工具,分析即时通信程序所产生的数据,思考网络协议对即时通信对话数据做了什么封装和解析以实现网络传输。

通过以上协议分析过程,学生体验到了网络协议的运行过程,从而进一步加深了对于网络协议的理解,并了解如何利用网络协议实现网络通信。由于学生在课堂教学环节已经接触了利用 netstat 和 Wireshark 等工具进行网络协议分析,并在课后对网络编程进行了预习,对于课内实验内容不会感到突兀而无从下手,提高了课内实验的效率和效果。

2.3 课后作业环节

在体验式教学中,笔者尝试了课后习题与动手体验内容相结合,课堂教学和课内实验内容相结合,综合布置课后作业的新方法。在进行理论内容复习的同时,通过动手体验进一步提升学生对于理论内容的理解,并提高学生的动手能力。

体验式教学课后作业的设计主要考虑三方面内容:

(1)可合理规划课后作业形式的分布,明确哪些知识点用课本习题覆盖,哪些知识点用协议分析等动手体验内容覆盖。

（2）根据学生课后寝室内网络情况，设计合理的网络协议分析体验作业。学生课后完成作业时间较为宽松，可以寝室为单位方便地进行小型局域网实验，学生能够比较自由地访问校园网甚至外网。以 TCP 协议工作过程的教学为例，可让学生在课后作业中对课内实验环节所编写的即时通信网络程序工作过程做进一步分析。如分析程序语句与网络协议状态转换和数据包发送接收之间的关系，让学生进一步了解如何通过编程控制网络协议进行通信。还可以寝室为单位，让部分同学设立即时通信服务器，部分同学利用科来数据包生成器发送数据包，并利用 Wireshark 查看数据收发结果，以及观察程序跳转情况。进一步的，还可让学生对点对点即时通信网络程序进行改进，实现寝室内多人之间的即时通信，从而锻炼学生灵活运用网络协议的能力。

（3）可设计课后习题与协议分析结合的作业。如要求学生在回答课后习题问题的同时，附上数据包抓取结果作为佐证，并进一步描述是在什么情况下抓取到这些数据包的，分析数据包中的内容，以及讨论抓取结果与课后习题答案、课本知识点是否一致等。

3 结 语

本文介绍了通过体验式教学方法对计算机网络课程教学过程进行改革的探索，其特点在于融合考虑了包括课堂教学、课内实验和课后作业的完整教学环节。在每个教学环节内设置合理的体验式教学内容，并与已有的理论教学内容有机融合，使教学环节紧密联系，环环相扣，以提高每个教学环节的教学效率。在计算机网络课程完整教学环节中引入体验式教学，可有效提高学生的学习兴趣，提升其对于网络协议运作原理的理解，提高学生动手分析网络协议乃至运用网络协议实现计算机间通信的能力，对于提升计算机网络课程的教学质量有较大意义和价值。

参考文献

[1] 王海霞. 体验式教学浅谈[J]. 大学教育,2012,1(2)：63-64.

[2] 潘文婵,章韵. Wireshark 在 TCP/IP 网络协议教学中的应用[J]. 计算机教育,2010(6)：158-160.

[3] 赵建立,吴聪聪. Wireshark 在"计算机网络"教学中的应用研究[J]. 教学园地,2013(2)：29-33.

[4] 李宋茜,徐辉. Wireshark 协议分析技术在计算机网络课程实验中的应用[J]. 科技风,2015(17)：100,102.

[5] 周存杰. Visual C#. NET 网络核心编程[M]. 北京：清华大学出版社,2002.

基于OBE的操作系统实践教学目标达成度评价机制设计

赵伟华　刘　真　贾刚勇　许佳奕

杭州电子科技大学计算机学院,浙江杭州,310012

摘　要：OBE是一种基于学习成果的新型教育模式,强调学生获得的能力。本文基于OBE教育理念,设计了操作系统实践教学环节的目标达成度的评价机制,包括确定课程教学目标,设计评价指标、评价内容、评价依据、评价方法,确定评价标准。

关键词：OBE;操作系统实践教学;目标达成度;课程评价

1　引　言

我校计算机科学与技术专业于2014年顺利通过工程教育专业认证,于2017年申请第二次认证,这表示本专业在培养学生工程能力方面已经取得一定的成绩,但同时也意味着对教学过程的持续改进提出了更高的要求。操作系统是本专业非常重要的核心课程,可为学生建立较全面的计算机系统的概念。但课程本身概念多、知识面广、原理性和实践性强,为了提高课程的教学效果,培养学生对复杂工程问题的分析与解决能力,特别设置了独立的实践教学环节:操作系统课程设计。近两年,我们将OBE教育理念引入操作系统实践环节的教学改革中,以成果导向教学,采用教学目标达成度评价课程的教学效果,并指导课程教学设计的持续改进。

2　OBE教育模式内涵

OBE(outcome-based education)是一种以学生为中心,以人人都能成功为前提,以成果导向教学设计并持续改进为手段的新型教学模式。该理念最早由美国学者Spady提出,此后很快得到人们的认可,已成为美国、英国、加拿大等国家教育改革的主流理念[1]。美国主导的《华盛顿协议》全面接受了 OBE 理念,并将其贯穿于工程教育认证标准的始终[2]。我国工程教育专业认证协会颁布的《工程教育认证标准(2014)》也强调:以成果导向为原则,以全体学生为中心,以持续改进质量为根本目的[3]。

OBE 的成果导向理念为课程教学质量评价提供了新的思路和方法。它认为课程评价是达成性评价,而不是比较性评价;关注的是自我比较,而不是彼此之间的比较;评价结果应该用"合格/不合格""达成/未达成"等表示。因此,基于 OBE 的课程评价方法要求教师应以学生为中心,关注学生能力的达成,并将评价结果用于课程的持续改进中[4]。

3 操作系统实践环节教学目标达成度评价机制的设计

教学评价的作用是在学习结束时,评价鉴定学生的学习成果,更重要的是在学习过程中,对学生的学习和教师的教学进行反馈、反思、改进、优化,提高"学"与"教"的效率,促进持续改进。在教学评价的发展过程中产生了多种评价模式,影响较大的有目标模式、差距模式、CIPP 模式、回应模式、解释模式等[5]。通过对这些模式的分析比较研究,依据 OBE 教育模式的成果导向和持续改进内涵,我们综合应用了目标模式和 CIPP 模式的评价理念,设计操作系统实践环节教学目标达成度的评价机制,实行以能力为中心,以过程为重点的开放式、全程化评价。

所谓教学目标达成度,是指教师根据课程教学目标进行教学设计(教学内容、教学方法等)且实施后,学生通过学习本课程后所获得能力达到课程教学目标的程度。要获得有效的评价结果,做好评价设计是关键,包括确定课程教学目标,设计评价指标、评价内容、评价依据、评价方法,确定评价标准等。

3.1 确定课程教学目标

目标评价模式的提出者泰勒认为,教学目标是课程评价的出发点和依据,也是进行课程评价的决定因素和根本标准。课程教学目标的描述必须是明确、具体、可观察、可测量的,这是有效进行达成度评价的前提。依据 OBE 的目标导向、反向设计原则,首先要确定课程对毕业要求的支撑和贡献,在此基础上确定课程的教学目标。我国工程教育专业认证协会颁布的《工程教育认证标准(2014)》共设置了 12 项毕业要求,经调研分析后确定操作系统实践环节需支撑 4 项毕业要求能力的培养,具体如表 1 所示。

表1 操作系统实践环节需支撑的毕业要求及指标点

毕业要求	能力指标点
毕业要求3：设计/开发解决方案	3-1 能够针对计算机复杂系统设计与开发满足特定需求的模块或算法
	3-3 能够在设计环节中体现创新意识
毕业要求4：研究	4-2 能够针对特定的计算机复杂工程问题设计实验
	4-3 能够收集、分析与解释数据，并通过信息综合得到合理有效的结论
毕业要求9：个人和团队	9-2 能够在团队合作中承担个体、团队成员及负责人的角色
毕业要求10：沟通	10-1 能够就计算机复杂工程问题撰写报告和设计文稿、陈述发言、清晰表达或回应指令

为达成课程对毕业要求的支撑，操作系统课程设计的教学目标是：①能够独立完成 Linux 实验平台的搭建，包括 Linux 系统的安装、源码分析工具的配置、内核的重新编译等工作（支撑 4-3）；②能够在模拟环境下，根据各实验项目的功能要求，应用操作系统原理知识设计解决方案，并编程实现（支撑 3-1，4-2）；③在实验项目的方案设计及实现过程中，应在算法及数据结构设计、实现的技术思路等体现一定的创新意识（支撑 3-3）；④具备对实验结果进行分析与解释并推导出有效结论的能力（支撑 4-3）；⑤学生在项目上机验收、撰写设计文档及课程设计报告时能清楚分析并阐述其设计思路的合理性及正确性（支撑 10-1）；⑥在以小组为单位协作完成实验项目时，能够承担个体、团队成员及负责人的角色（支撑 9-2）。

3.2 设计评价指标、评价内容、评价依据、评价方法

课程需要支撑的能力培养要求即评价指标，如表1所示。评价内容要突出重点，抓住关键；评价依据要简明扼要；评价方法要简便易行；评价活动要便于组织。教学质量评价必须具有评价的主体，即评价者，OBE 教育模式要求评价主体应是多元化的，可包括正在学习本课程的在校学生、讲授本课程的教师、往届毕业生、用人企业等。针对不同的评价主体，考虑到可操作性，应选择不同的评价内容及方法，且相应评价结果对达成度评价的贡献（权重）也应不同。具体设置如表2～表5所示。

表2 评价主体、评价内容及评价方法设置

评价主体	评价内容	评价方法	权重
教师	是教学活动的直接参与者,评价内容应全面且可操作,以提高评价的可靠性和准确度。具体设置如表3所示	对学生全面考核评价	0.7
在校学生	是教学活动的直接受益者,对自身能力的提高有最真实的感受,评价内容根据表1中的各项指标点设置,如表4所示	问卷调查方式	0.1
往届毕业生	工作一段时间后,能更清楚地认识自己在校时的学习成果,对课程的教学设计也有更深入的体会,评价内容根据毕业能力要求设置,如表5所示	问卷调查方式	0.1
企业	通过观察毕业生在工作中的表现,能清楚了解学生的学习成果对社会能力需求的满足程度,为学校教学质量的持续改进给出建议,内容设置也采用表5的格式	问卷调查方式	0.1

教学目标达成度＝教师×0.7＋在校学生×0.1＋往届毕业生×0.1＋企业×0.1

表3 教师评价内容、评价依据及期末成绩评价方法设置

评价内容		评价依据(每项100分)	在各项成绩中的权重	期末成绩组成
平时成绩	设计报告	文档质量(格式、内容、完整性等)	0.2	＝平时成绩×0.3＋程序验收成绩×0.7
		设计方案质量	0.2	
		任务分工合理性	0.1	
		方案设计是否具有创新性	0.1	
		设计报告中对程序运行结果的分析,对项目实施思考	0.1	
	考勤及态度	对迟到、旷课、上机认真度等方面进行评价	0.3	
程序验收成绩	项目验收	系统完成质量	0.4	
		项目验收中回答问题的情况	0.3	
		系统实现是否具有创新性	0.1	
		协作情况:对其他成员完成内容的了解情况	0.2	

表4 在校学生调查问卷

学号：	姓名：	专业：
表1中各指标点	达成度：A＝1(优秀)；B＝0.8(良好)；C＝0.6(合格)；D＝0.3(未达成)	
3-1	□A □B □C □D	
3-3	□A □B □C □D	
……	……	
10-1	□A □B □C □D	
课程改进建议		
达成度评价结果＝(∑各指标点达成度)/6		

表5 往届毕业生及企业调查问卷

公司名称：	评价专业：
12项毕业要求	达成度：A＝1(优秀)；B＝0.8(良好)；C＝0.6(合格)；D＝0.3(未达成)
要求1	□A □B □C □D
……	……
要求12	□A □B □C □D
教学改进建议	
达成度评价结果＝(∑各毕业要求达成度)/12	

在评价教学目标达成度时，我们设置了多元化的评价主体，包括教师、学生、企业等，其中学生及企业的评价方法见表4和5。在教师评价中，各评价内容及依据对毕业要求指标点的支撑权重是不同的，我们的设置如表6所示。

表6 教师评价内容在毕业要求达成度评价上的权重设置

评价内容	指标点					
	3-1	3-3	4-2	4-3	9-2	10-1
文档质量(格式、内容、完整性等)						0.4
设计方案质量	0.3		0.3			
任务分工合理性					0.4	
方案设计是否具有创新性		0.4				
设计报告中对程序运行结果的分析，对项目实施思考				0.4		
系统完成质量	0.7		0.7			

评价内容	指标点					
	3-1	3-3	4-2	4-3	9-2	10-1
项目验收中回答问题的情况				0.6		0.6
系统实现是否具有创新性		0.6				
协作情况：对其他成员完成内容的了解情况					0.6	
每个指标点达成度＝∑各评价内容达成度×权重						

3.3　确定评价标准

OBE 模式以学生个人能力发展为中心，实行的是达成性评价而不是比较性评价，因此评价时应根据课程教学目标明确给出每项评价内容（对应相关能力要求）的评价标准，依据每个学生的能力程度，给予从"不熟练"到"优秀"不同的评定等级。此外，OBE 模式认为所有学生都能学习成功，但不是以同样的进度、同样的方法取得，这就要求教师关注他们独特的学习需要、进度和特性，以更有弹性的教学方式来配合学生的个别需求，允许"多次评价、先后达标"。

4　结　语

依据 OBE 的成果导向教育理念，我们设计了操作系统实践环节教学目标达成度的评价机制，采用目标达成度来评价课程的教学质量，强调对学生能力的培养，关注教学过程的实施，重视教学设计对课程教学目标及专业培养目标的贡献。实际实施证明，与传统的教学评价方式相比，针对教学目标进行定量化教学评价具有独特的优势，对于提高教学质量、培养学生的创新精神和工程能力具有重要意义。

参考文献

[1] 顾佩华，胡文龙，林鹏，等. 基于"学习产出"（OBE）的工程教育模式——汕头大学的实践与探索[J]. 高等工程教育研究，2014(1)：27-37.

[2] 樊一阳，易静怡.《华盛顿协议》对我国高等工程教育的启示[J]. 中国高教研究，2014(8)：45-49.

[3] 王孙禹,赵自强,雷环.中国工程教育认证制度的构建和完善——国际实质等效的认证制度建设十年回望[J].高等工程教育研究,2014(5):23-34.

[4] 张宏.基于学生成果导向的课程评价改革思考[J].湖北函授大学学报,2015,28(5):106-107.

[5] 刘佩佩.几种典型课程评价模式探析[J].湖北第二师范学院学报,2011,28(3):117-119.

翻转课堂教学模式的模型优化及设计策略剖析

朱 莹 王让定

宁波大学信息科学与工程学院,浙江宁波,315211

摘 要:任何一种教学模式必须有科学的理论依据、明确的教育目标、完备的教学条件、有序的教学程序、有效的教学评价等。本文在分析目前国内外翻转课堂教学模式的模型结构和教学方法的基础上,设计了一种适合多学科多领域的翻转课堂教学模式,并对翻转课堂教学模式的设计策略进行深入探讨,以期对今后翻转课堂的实施提供参考。

关键词:翻转课堂;混合教学;教学模式;MOOC;教学策略

1 引 言

自 20 世纪 90 年代以来,翻转课堂从理念形成到走向实践的速度之快、改革之深,可谓一个奇迹。翻转课堂现已发展成为全球公认、备受关注的课堂教学形态之一,堪称当代世界课堂教学形态的典范。翻转课堂在实践中的成功确证了其背后依托的教学理念的科学性,标示着当代教学改革的理论路径[1]。

建构主义认为知识是由个人创造或建构的[2]。知识不是通过教师传授得到,而是学习者在一定的情境下,借助其他人(包括教师和学习伙伴)的帮助,利用必要的学习资料,通过意义建构的方式而获得。翻转课堂通过将知识传递放在课前完成,从而把课堂时间释放出来用于开展学生主动学习,这充分体现了学生学习的个体建构特征。另外,实践证明学习者知识结构的构建一定需要知识内化,而知识内化的过程不是对之前概念的颠覆性重构,而是逐渐消化的过程,尤其是对于复杂的、非良构的、不能自发建立的知识,应该是逐渐加深对新知识的理解和认识,直到完全建构新的知识体系。这种知识内化途径称为"渐进式的知识内化"[3]。翻转课堂正是通过"问题引导—观看视频—问题解决—评价反馈"的流程帮助学生多次内化知识,形成正确的知识概念。同时,翻转课堂教学模式也体现了混合教学模式的特点,既强调课前学生的知识内化环节,又重视课堂上混合情景的创设,既强调学生的学习"主体"作用,又强调教师的"主导"作用,试图通过"混合"带来最优化的学习绩效和最佳的教学质量。

国内外学者(包括美国富兰克林学院 Robert Talbert 教授,国内学者张金磊[4]、曾明星[5]、曾贞、钟晓流、沈书生、张新明等)提出了几种典型的翻转课堂教学模型结构,这些模型互相借鉴,根据不同的学科和领域又逐渐完善。归纳起来,各模型主线都包括课前和课中两个阶段:课前,学生观看教学视频,然后进行针对性的练习;课中,学生快速完成少量测评,然后通过解决问题来完成知识的内化;最后,师生共同进行总结和反馈。各种模型结合学科特点,综合运用了信息技术、云计算教学平台、网络教学平台及丰富的网络互动交流工具等。总之,翻转课堂的三个关键步骤为[6]:观看视频前的学习,讨论并提出问题;观看视频时的学习,根据问题寻找答案;应用并解决问题的学习,深入问题进行探究[7]。近几年来,MOOC发展得如火如荼,由于 MOOC 与翻转课堂具有较高的同一性、互补性和耦合性,因此把翻转课堂与 MOOC 结合起来成为可能。

尽管如此,我国翻转课堂教学模式的模型研究还处在初级阶段,构建适合多学科的翻转课堂教学模型的相关研究是目前急需解决的问题。本文借鉴以往流行的翻转课堂教学模型,结合实践提出了一种适用于多学科多领域的模型结构。

2 混合式翻转课堂教学模型的结构及分析

从以往的研究模型中,我们发现以下几个主要问题:①重视课前、课中,而忽略了课后的反馈与评价;②注重学生的发展,而忽略了教师的发展;③忽略了知识构建和内化的过程。所以理想的翻转课堂教学模型应该是有效地实现知识内化和教学内化,使"教"与"学"的质量呈渐进式上升,促进师生共同发展。

本文设计了一种适合多学科多领域的翻转课堂教学模型,如图 1 所示。该模型依从认知结构构建、知识内化原理、混合教学等教学理论,描述了完整的"教"与"学"的过程,充分体现了"教"与"学"的特点,把"教"与"学"有机融合,充分体现"教学相长",促进师生共同发展。

该模型把"教"分为教学设计、教学开发、教学引导、评价总结和提炼升华几个阶段。教师首先要对课程的性质定位,深入研究教学目标和教学内容,进行教学设计,开发教学资源。当学生进入课前自主学习阶段,教师的角色就是引导者和协作者。在这个阶段,教师需要对学生进行个性化辅导,总结学生遇到的共性问题和典型问题,为课堂教学创设有针对性的教学情境。在课堂教学过程中,教师是学生的引导者或学习的参与者,而不是授受者。在课后,教师需要提供给学生测评工具,如试题库或实验项目等,以检验学生对本知识点的掌握和理解情况。同时,教师需要获得学生的教学评价,对教学进行深刻反思,以优化课程的教学方案和教学设计,这一过程是提炼升华阶段,对教师的发展尤为重要。在不同学科的翻转上,教师面临着传统教学中很少涉及的新问题,这也对各科教师提出了新的挑战。教师不得不提前掌握学生的学习情况,并不断加深对学科内容的理解,这是教师发展的过程,是"教"的内化。整个教学过程中,教师一直是课程的导演,有时也会参与角色扮演,彻底颠覆了传统教学传授者的角色。

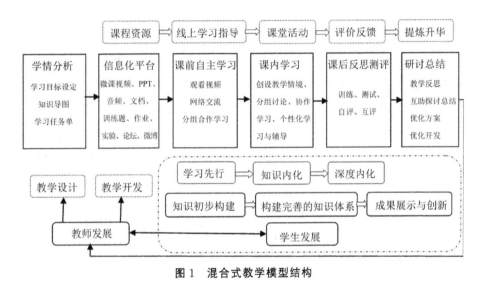

图1 混合式教学模型结构

该模型把"学"分为自主学习、课堂讨论、评价反馈和应用创新等几个阶段。学生先在课前自主学习,用自己的先验知识和现有的知识结构逐渐认知,这是新的知识体系初现阶段。学生通过教师提供的课程资源、同伴的互助以及网络平台进行课前自主学习,再反馈学习情况,填写预习反馈表,把难点和疑点反馈给教师;教师汇总梳理,设计课堂讨论,有针对性地进行教学活动设计。课堂上,学生通过分组讨论和教师的辅导实现知识内化,构建稳定的知识体系。课后,学生通过测评和研讨对知识深度内化、拓展和运用,创作自省性博客,完成自己对新知识的意义构建。最后,学生可以通过具有创造性的项目活动或演讲活动来展示和应用其学习成果。整个过程体现了学习者认知结构建立和学生发展的过程。

本教学模型在"教"与"学"的产生过程中体现了师生互相促进,共同发展,"教"与"学"不再划分明确的界限,有机融合。我们在这样的教学模型引导下,实现了高效和高质量教学。

3 翻转课堂的设计策略

3.1 课程设计与开发

第一步是"知识指导,任务先行"。教师在进行教学设计时,首先明确课程的性质与定位,进行目标分析,以确定本课程的教学目标。其次,对课程的知识点进行精细分解,制作知识导图和学习任务单,将教材中需要学生掌握的各级知识点转化成具体的问题,形成任务。

第二步是"优化设计,及时训练"。教师设计的课程要以微视频为主,以知识点为视频设计的基本单位;优化 PPT 和音频内容,创设优秀的网络课程,提供优秀的参考资料和课外扩充知识,灵活应用论坛、博客或微信群,实时答疑。同时,在学生自学了基本的概念和原理之后,教师要提供与任务难度相当的测试题目让学生进行训练,还要设计学生学习知识之后的学习效果检测,可以让学生用思维导图、概念图、知识树等形式呈现出来,从而检测学习效果。

翻转课堂的设计与开发还要借鉴优秀的网络资源,在教学过程中提供方便的资源链接,为学生提供学习的便捷路径,可以加盟一些 MOOC 平台,或建立个人的学习空间,方便学生学习。当然,翻转课堂的课程设计与开发应该是师生或生生共同参与,根据"教"与"学"不断深化,新旧知识不断更替,精细设计,进行动态调整,达到教学相长的效果。

3.2 翻转课堂的设计策略与实施

翻转课堂的设计策略宗旨是通过教学活动设计来保证"翻转课堂"在最大化地开展课前学习的基础上,延长课堂学习时间,促进知识内化的最大化。教学团队可以从教法和学法两个方面优化翻转课堂。在教法方面,教学团队应坚持以学为中心、问题导入、重点讲解、答疑解惑、反馈总结的原则。教法设计具体包括:提问与点题设计、讲解与演示设计、启发思考与对话设计、答疑解惑设计、反馈总结设计。在学法方面,教学团队应注意从课前的"学习心向"和资料准备切入,重点是对课堂学习中的兴趣、动机、注意力、思维的综合发起和持续学习的维持,学法设计应坚持自主探究、小组合作、同伴互助、成果分享原则。学法设计具体包括:集中注意力的理解与倾听设计、探究型学习设计、批判性思维与问题生成设计、合作学习与任务分工设计、学习共同体架构设计、成果展示与表达分享设计。

翻转课堂具体的实施策略包括明确教学目标,精确设计教学活动。

(1)明确教学目标。教学模式都是为了完成一定的教学目标而构建的,在教学模式的构建过程中教学目标处于核心位置,并且教学目标对构成教学模式的其他因素起制约作用,它决定着教学模式中师生参与的教学活动的组合关系以及推行的程序,也是教学评价的尺度和标准。翻转课堂教学分为课前、课中和课后环节,那么各个阶段也应该有各自的教学目标。课前教学目标应该是基于网络教学平台让学生完成课堂要讲授知识点的预习和思考,通过该环节培养学生的自主学习能力。课中教学目标是让学生更好地完成知识内化,通过课中环节设置的情境创设和确定问题、分析问题和自主探究、小组协作和师生共探、解决问题和成果交流以及师生小结和反馈评价等教学活动来培养学生的协作学习能力、表达能力和实践动手能力。课后教学目标是将课前和课中环节的知识点知识进行全面巩固,课后环节设置了知识巩固、评价反思和拓展提高的教学活动,学生可以通过教学平台讨论区、QQ或者微信等方式与同伴或者教师进行多角度的交流。

(2)精确设计教学活动。翻转课堂教学过程是由一系列的答疑、解惑、分组协作及互动组成。首先,教师对翻转课堂教学进行课前准备,对翻转课堂教学的课程进行精心设计,对学情进行分析,从知识与技能、过程与方法、情感态度与价值观三个方面来确定课堂教学的目标,仔细查看学生课前反馈的问题,整理设计出一些有探究意义的问题,让学生分组学习、互助协作。其次,翻转课堂教学模式的课堂教学环节中,教师根据课前学生在教学平台上学习之后的反馈来创设情境,确定问题;学生在课堂上与其他同学进行成果交流,分享自己制作作品的过程,同时把自己创作的作品上传到学习平台,让老师和同学在课堂上进行互相讨论与评价。最后,在翻转课堂教学模式的课后指导环节中,学生可以在教学平台上与同伴进行互助指导,也能得到教师的帮助指导。这样,学生在新型的教学模式中可以获得实时、多样化的指导帮助,大大增强了学生完成课外作业的动力。

3.3 完善评价体系

单一的评价方式已经不能满足学生评价的要求,必须建立一种新的评价标准和评价方式对翻转课堂过程和结果进行评价。该评价方式首先应该充分考虑学生课前自学的效果、知识掌握情况和疑难问题的归纳总结;其次,把小组的课题讨论、项目总结和作品展示计入总评成绩;再次,把学生的自测和平时训练成绩计入总分,期末考核应该灵活多样,真实反映学生对课程的掌握情况;最后,教师与学生的自评与互评等方式都应纳入评价体系,建构多元化的评价方式。

另外,反思可以帮助教师与学生不断完善教学过程与学习效果,因此,教师对教学的反思、学生对学习的反思也应成为评价中的一环。教师的教学反思可单独进行,也可集体讨论。学生既可对自己的学习内容、学习方法进行反思,也可对学习态度、行为表现进行反思。这样的评价体系才能促进师生共同发展。

3.4 增强保障体系

翻转课堂的实践创新需要获得不同方面、不同条件的支持和保障,主要包括学校、教师和学生三个主体层面[7]。

学校需要提供相关的资金设备和技术支持,优化教学平台,培养和锻炼优秀教师。

教师要提升专业教学能力,更新教学理念,从本质上实现课堂教学的翻转。教师可以设计和制作优秀的课程教学视频,合理管理教学时间,营造良好的教学环境,组织多元化、多样化的学习活动,对学生进行个性化指导,及时对学生的问题与表现进行反馈。

学生要树立和适应转变学习方式的意识,提高自主学习和控制能力,提升自己的信息素养,掌握学习视频内容的基本方法,依据课前学习的内容选择参与的学习活动,并完成相应的课程作业。

4 小 结

未来教学改革[8-9]的关键词是"一体化""共生体"与"学教",走向课程与教学的内融,构筑学习活动的协同创新,推进"教学"概念的重构等是翻转课堂理念对我国当代课堂教学改革的启示。翻转课堂符合人类自然的学习方式,也是未来学校的趋势,有朝一日可能会成为常规的教学模式。

当然,根据我国教育特点和当前学情,教育工作者对翻转课堂教学模式本身要理性思考。一方面,教师要针对翻转课堂教学实践中发现的问题和不足进行反思与改进;另一方面,教师要对翻转课堂的适应性和有效性进行深入分析,避免盲目跟从。

参考文献

[1] 可汗. 翻转课堂的可汗学院:互联网时代的教育革命[M]. 刘婧,译. 杭州:浙江人民出版社,2014.

[2] 杨春梅. 高等教育翻转课堂研究综述[J]. 江苏高教,2016(1):59-63.

[3] 赵兴龙. 翻转课堂中知识内化过程及教学模式设计[J]. 现代远程教育研究,2014(2):55-61.

[4] 张金磊. "翻转课堂"教学模式的关键因素探析[J]. 中国远程教育,2013(10):59-64.

[5] 曾明星,蔡国民,覃遵跃,等. 基于翻转课堂的研讨式教学模式及实施路径[J]. 高等农业教育,2015(1):76-81.

[6] 蔡宝来,张诗雅,杨伊. 慕课与翻转课堂：概念、基本特征及设计策略[J]. 教育研究，2015(11)：82-91.

[7] 代月明. 翻转课堂本土化实践保障研究[D]. 重庆：西南大学,2015.

[8] 何克抗. 从"翻转课堂"的本质,看"翻转课堂"在我国的未来发展[J]. 电化教育研究，2014(7)：5-16.

[9] 郝林晓,折延东. 翻转课堂理念及其对我国课堂教学改革的启示[J]. 比较教育研究，2015(5)：80-86.

实验教学
与网络环境建设

基于 Packet Tracer 7.0 与 Arduino 的无线传感器网络应用实训案例设计

欧志球　葛永明

浙江机电职业技术学院,浙江杭州,310053

摘　要: 无线传感器网络课程作为物联网核心课程,涉及电子、计算机与通信等专业的知识。设计难度适中,知识涵盖整体无线传感器网络应用,并且适合学生动手实现数据采集、传输、存储与展现的实训案例是该课程的难点与研究热点之一。本文通过基于 Arduino 的软、硬件平台与思科的 Packet Tracer 7.0 模拟仿真平台,并结合国内 Yeelink 物联网开放平台的实训案例,来解决这些问题。实践证明,该实训案例能有效地降低学生的学习曲线,提高学生对整体系统知识的把握。

关键词: 无线传感器网络;Arduino;Packet Tracer

1　引　言

无线传感器网络课程是物联网专业的核心课程之一,内容涵盖传感器感知、无线协议及组网、应用服务器交互以及系统控制等,跨越电子、计算机和通信等学科,因此设计该课程的实训案例历来是该课程的难点[1-6]。合适的无线传感器网络实训案例应该同时满足:能让学生了解宏观的无线传感器网络应用,能让学生实际动手实现数据采集、传输、存储与展现,并且难度适中。

目前对该部分的研究主要包括三类:第一类采用现有实验平台的传统方式,主要采用基于德州仪器的 CC2430/CC2530 等系列的硬件平台的实训案例[7];第二类采用仿真软件进行案例设计,比如文献[3]提出采用 Cooja 仿真器对无线传感器网络组网进行仿真实验,文献[4]提出基于 ATOS-SensorSim 进行无线传感器网络系统仿真,文献[6]提出采用 Packet Tracer 7.0 进行物联网系统仿真;第三类结合一些应用平台进行案例设计[8]。这些方式未能将物联网整体感知、组网与应用的训练有机结合,第二、三类研究中学生缺乏对感知层软、硬件有效的开发。第一类研究面临两难问题：如果使用已有平台，学生发挥余地小，训练不充分；如果完全从头采用 CC2430 等芯片搭建，则对学生要求过高过细。因此，本文提出一种基于 Arduino 与 Packet Tracer 7.0 的实训案例设计，用于解决以上问题。

2　实训案例总体架构

2.1　软、硬件平台

该实训案例使用了 Arduino、Packet Tracer 7.0、Yeelink、Apache Tomcat 以及 Andriod 等平台。

Arduino 是一款开源电子原型平台，包括软、硬件，软件采用类似 C 语言的开发环境[9]。

Packet Tracer 是思科公司发布的一个辅助学习工具，为学习思科网络课程的初学者设计、配置、排除网络故障提供了网络模拟环境。7.0 版本引入物联网编程接口，大大提高了物联网原理教学的实用性、直观性和趣味性[6]。

Yeelink 是国内开放的物联网云平台，提供 RESTful 开发接口，方便接入各种物联网元素。

Android 与 Apache Tomcat 分别提供该案例所需的展现与应用 Web 服务器。

2.2　总体构架

该实训案例用于模拟实际的冷链物流系统中，对于温、湿度的实时监测，报警通知，事后复查以及汇总报表等功能，让学生从整体层面了解无线传感器网络实际应用的业务分析与开发过程，综合训练学生的无线传感器网络业务系统分析、感知节点开发、组网、数据汇总存储、云服务器连接以及数据展现等知识与能力。

该架构分为仿真与实际软、硬件系统两部分。仿真部分由 Packet Tracer 7.0 构建，提供学生对整体无线传感器网络系统的认识。实际软、硬件系统部分总体架构无线传感器节点部分采用 Arduino，降低学生感知层的开发难度。

应用服务器与汇聚节点通过串口连接，应用服务器 Tomcat 通过 Yeelink 提供的 RESTful 接口推送相关数据到云平台，并提供 Android 或 PC 端的访问。总体构架如图 1 所示。

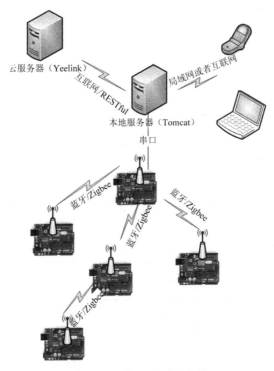

图 1　实际软、硬件总体架构

3　应用系统仿真

仿真模块的目的在于帮助学生认识无线传感器网络复杂组网与控制。Packet Tracer 7.0
提供丰富的物联网组件以及类似 Arduino 的开发接口,可以让学生以较低的学习成本达到
学习目标。该仿真模块根据实训知识点不同细分为感知、实时展现、控制、组网以及服务器
和客户端模拟,如表 1~表 4 所示。

表 1　感知部分

设备	要求	目的
温度传感器	实时读取温度	训练传感器感知
湿度传感器	实时读取湿度	

表 2　实时展现部分

设备	要求	目的
LED 灯	温、湿度超值报警	训练对感知数据的简单应用
蜂鸣器	温、湿度超值报警	
液晶屏	显示温、湿度值	

表 3　控制部分

设备	要求	目的
恒温器	温度超值时，调节温度	训练简单控制逻辑应用
空调	湿度控制	
加湿器		

表 4　组网部分

设备	要求	目的
网关	与控制板组网	训练学生对无线传感器网络接入组网
交换机	三者组成内部网络	
笔记本		
服务器		

　　另外，仿真部分同时设计对 IoE 服务器的设置，用于训练学生对无线传感器网络节点接入服务器的配置知识，如图 2 所示。

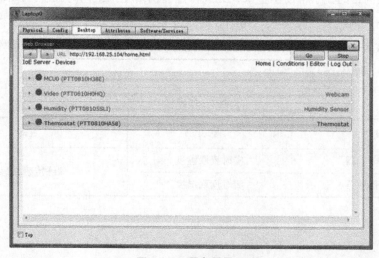

图 2　IoE 服务器展示

4 感知与组网

如图 3 所示，该案例的感知与组网部分基于 Arduino 软、硬件平台，有效地降低学生的学习与使用难度，为学生提供对无线传感器网络节点电路走线、采集与传输软件开发、组网等部分知识的训练。图 3 中 HC05 提供蓝牙的组网方式，也可采用 XBee 形成 Zigbee 组网[9]。

图 3 实际感知与组网

各节点的功能与训练目标如表 5 所示。

表 5 节点功能与训练目标

设备	要求	目的
节点	获取温、湿度，控制 HC05	训练学生对无线传感器节点的开发、组网
汇聚节点	控制 HC05 与节点通信，与服务器通信交换控制命令	
服务器	存储与控制	

5　应用服务器与展示

该实训的应用服务器与展示包括两类,如表 6 所示。

表 6　应用服务器与展示

应用服务器	目的
Yeelink	开放公有物联网服务器,适合所有学生
Apache Tomcat＋Android	需要自行采用 Java 结合 Java EE 与 ADT 开发,适合有一定开发基础的学生

案例中如果学生采用 Apache Tomcat＋Android,则应用服务器的接口如下:

- 与 Arduino 接口,基于 RXTX 方式的串口;
- 与 Yeelink 接口,基于 RESTful 规范的接口;
- 与 Anrdoid 手机接口,基于 JSON 的接口。

6　实训效果与分析

该案例于 2017 年上半年应用于我校物联网专业两个班的学生,具体应用场景如表 7 所示。

表 7　案例应用场景

项目	说明
人数	90 人
每组人数	3～4 人
分组数	23 组
实训时长	2 周
学生组成	37 人偏系统开发（10 组） 53 人偏系统集成（13 组）

系统从以下两个方面考核该实训的训练效果:小组完成度分布、个人完成度分布,如图 4 和图 5 所示。为避免平时考评影响实训案例评价,以下考核数据移除了平时的考评数据。

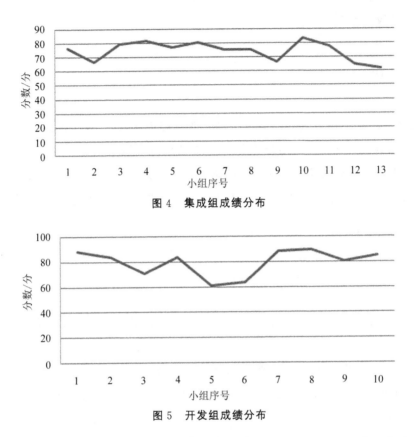

图 4　集成组成绩分布

图 5　开发组成绩分布

从如图 6 和图 7 所示的成绩看,绝大部分小组都完成了该案例所要求的任务,集成组和开发组的学生仅各有 1 组接近没有完成,说明该案例的整体难易度适合团队小组完成。

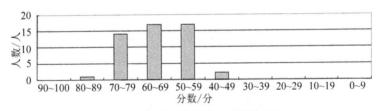

图 6　集成组学生个人成绩分布

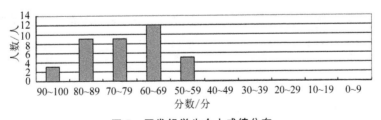

图 7　开发组学生个人成绩分布

从图 6 和图 7 看,整体成绩呈正态分布,绝大部分学生集中在 60～79 分,说明该案例对学生个人能力水平区分度良好。同时,开发组学生个人案例的完成度要明显好于集成组学生，说明该案例较为偏向于开发。

7 结 论

合适的无线传感器网络实训案例是该核心课程的难点之一，本文提出一种基于 Packet Tracer 7.0 仿真与 Arduino 平台结合的实训案例，能较好地解决该实训中学生对宏观应用知识掌握不够，或者无线传感器网络节点开发难度过高的缺点。经过实践证明，该案例取得了较好的教学效果。同时，该案例较强调学生的动手开发能力，对于部分偏向于系统应用集成的学生仍有提升空间。

参考文献

[1] 贺道德，江涛. 基于翻转课堂的无线传感网教学设计研究[J]. 电脑知识与技术. 2017，13(4)：98-99.

[2] 郝洁. "无线传感器网络"课程特点、挑战和解决方案[J]. 现代计算机，2016(35)：75-77.

[3] 郭显，方君丽，张恩展. 基于 Cooja 仿真器的无线传感器网络实验研究[J]. 计算机教育，2017(3)：167-172.

[4] 祝玉军. 无线传感器网络课堂教学方法探索[J]. 计算机教育，2017(5)：66-68.

[5] 杨慧，张小露，耍倩倩. 基于 WSN 的"GPS 原理与应用"在线教学实践系统的设计与应用[J]. 测绘工程，2017(7)：71-75.

[6] 吴强. Packet Tracer 7 在高职物联网教学中的应用[J]. 天津职业院校联合学报，2017，19(2)：62-67.

[7] 李小龙. 无线传感器网络实验教学研究[J]. 电脑知识与技术，2014，10(33)：7964-7965.

[8] 聂萌瑶，王庆喜. 基于云计算的无线传感器网络课程教学研究[J]. 无线互联科技，2017(2)：19-20.

[9] 李旷琦，黄梓钊，蔡志岗. 基于 Arduino 的 XBee 与 Yeelink 结合的温湿度监控网络的搭建[J]. 现代电子技术，2017，40(6)：140-143.

构建开放、包容、竞赛驱动的"创新实践"新课堂[①]

曾 虹 吴以凡 张 桦 方启明 仇 建

杭州电子科技大学计算机学院,浙江杭州,310018

摘 要:"创新实践"课程的课堂教学在大学生创新能力及实践能力培养方面发挥积极作用。本文以杭州电子科技大学"创新实践"课程的课堂教学现状为例,针对目前"创新实践"课堂教学中存在的问题,如软、硬件资源存在浪费现象,缺乏统一的共享实验环境,学生的创新意识不足等,实施了"创新实践"课堂改革,构建了开放性的基础共享实验平台,满足了不同工科专业学生的实践需求,通过竞赛驱动模式,挖掘学生的创新潜能,提升学生的创新意识和实践能力,取得了较好的改革成果。

关键词:创新实践;开放;包容;竞赛驱动

1 "创新实践"课堂教学现状

在建设创新型国家和走新型工业化道路的背景下,培养大批具有创新能力、多层次和专业化的创新型工程人才具有重要的战略意义[1]。高等院校,尤其是以工科为主的院校,其培养目标,一方面要使学生具有扎实的理论基础和系统的专业知识;另一方面要培养学生具有较强的动手和实践能力,以及较好的创新和解决实际问题的能力[2],使其进入工作岗位后能尽快适应工作环境,这也体现了目前用人单位对工科院校毕业生的更高要求[3]。高校实践教学是实现该培养目标的重要教学环节之一[4],实验中心(室)、校内实习基地、校外企事业单位及相关的实践教学基地的实践活动[5],可以提升学生的实际动手和创新能力。

在此背景下,杭州电子科技大学计算机学院针对中、低年级本科生,开设了"创新实践"课程。"创新实践"课程是一门从大二上学期开始,连续开设四个学期的、具有明显学科交叉特点的实践课程。该课程紧紧围绕我校的计算机科学与技术学科工程教育认证目标,旨在

① 资助项目:浙江省 2016 年度高等教育课堂教学改革项目(KG20160128)。

强化学生的专业知识及技能,拓宽专业视野,提升实践创新能力,优化专业课程结构。根据大纲要求,通过本课程学习,学生应掌握信息控制系统开发所需多学科融合的基本开发技能,比如计算机编程、嵌入式系统、自动控制技术、电子设计、通信工程、机械设计等,强化学生系统设计及解决具体问题的能力,为将来就业或继续深造打下坚实的实践基础。

分析最近几年"创新实践"课程开展的实际效果,该课程的课堂教学实践活动正面临以下两个方面的挑战:首先,目前"创新实践"课堂教学的基本组织方式是,每位指导老师根据各自的研究方向,为学生布置硬件或软件相关课题,将学生分组,为学生讲授与课题相关的基础理论知识,并指导学生完成相关课题。但由于教师所拥有的教学资源并没有实现共享,导致课题所需要的硬件设备、电子元器件和软件平台往往重复购置,学生课题一旦完成,这些教学软、硬件资源可能被搁置,难以重复利用,存在教学资源严重浪费现象。其次,"创新实践"课程重点在于"创新"和"实践"。这里所说的"创新",对于本科生来说,应该侧重于应用创新。目前我校学生创新意识普遍不足,缺乏主动创新意识。

如何改变学生中现有"被动接受"的固定学习模式,培养学生的创新思维意识,使创新成为大学生的一种习惯,并通过一定的实践训练强化学生的创新能力,将是"创新实践"这门课程需要解决的一个重要问题。

2 改革措施及方法

构建的"创新实践"新课堂具有开放性、包容性以及竞赛驱动等特点。开放性体现在教学软、硬件资源实现共享,随时随地可获取;包容性体现在构建的新课堂能满足不同专业学生的课堂教学需求;竞赛驱动方式可以提升学生创新意识和实践能力。具体措施如下:

(1)跨专业实践平台建设,构建"创新实践"课堂教学基础软、硬件平台。

"创新实践"课程本质上是一门多学科交叉融合的课程,课堂实践教学中需要用到计算机、电子、通信、自动化等多专业相关知识。因此,构建课堂教学基础软、硬件平台的目的,即整合学院及校内现有教学资源,搭建课堂公共教学平台,满足学生的实践训练需求,做到资源共享,有效提高教学资源的利用率,提升课堂教学效率。教师可依托现有校内资源,开展创新实践设计及实际工程实现等方面的教学工作,学生也能够对系统设计及实践的所有环节,如设计和制作 PCB、加工开模、现场调试及安装等,均有接触和了解,并可对创新设计过程及成果开展有效评估。构建的基础软、硬件平台如图 1 所示,以核心控制模块为基础,以自制个性化执行机构和伺服驱动控制系统为对象,搭载各类传感器,通过云平台实现软件及算法设计,以"模块化、可重构、全开放、标准化"理念搭建跨专业"创新实践"基础教学平台,实现教学资源共享,提高资源利用率,降低开发难度,提升课堂教学效率;尽量满足各专业不同程度学生的学习要求,将重心放在创新创意设计及功能实现上。

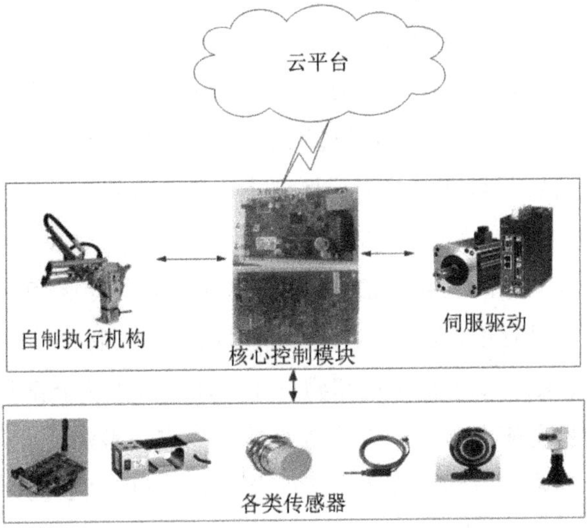

图1 "创新实践"课堂教学基础软、硬件平台

基础软、硬件平台由底层硬件平台、通信模块、开放云共享平台三部分组成。

①底层硬件平台由自制个性化执行机构、伺服驱动控制系统、核心控制模块以及各类硬件传感器模块构成。底层硬件平台控制各种硬件资源,完成实验功能,同时与开放云共享平台通信,接收软件平台发送过来的指令并将完成结果返回。底层硬件平台基于STM32、树莓派等多种控制器进行设计与实现,向下借助底层硬件支持实现对硬件实验资源的控制,向上通过通信模块与开放云共享平台连接。

②通信模块基于Modbus协议,定义了简洁、高效通信模式,实现底层硬件平台和开放云共享平台的全双工通信。

③开放云共享平台以本地或远程的方式,支持学生完成各种创新实验任务,比如物联网实验、自动控制实验以及自主设计实验等。云共享平台为上层实验功能提供了抽象的硬件接口,包括实验资源管理部分和远程硬件控制部分。云共享平台通过通信模块向下与硬件平台交互,处理硬件平台的连接请求,向底层硬件平台发出硬件资源控制命令;向上为客户端软件提供了抽象硬件接口,简化了上层编程的复杂性。

构建的基础软、硬件平台涵盖计算机科学与技术、电子科学与技术以及自动化等多个交叉学科,涉及嵌入式系统、物联网、云计算、自动控制、电子电路设计、机械设计与控制等多个领域,能充分适应电子信息类学校的特色,调动广大学生参与创新实践,培养学生的创新意识,锻炼学生的动手能力。

(2)依托学科竞赛,激发学生的主动创新意识,提高学生的实践动手能力。

为了鼓励和培养大学生的创新意识以及实践能力,各级教育主管部门为在校大学生设计了种类众多的学科竞赛活动或科技项目,如大学生"挑战杯"科技竞赛、嵌入式大赛、大学生创新创业项目、新苗人才项目等,这些竞赛或项目的完成,在大多情况下不能只依赖单一的专业知识,往往需要涉猎多专业学科领域。因此,依托构建的实践平台,以各类学科竞赛或科技项目为抓手,可为"创新实践"课程的课堂教学改革注入新的活力。

将学科竞赛融入"创新实践"课堂教学过程中,大大拓展了传统"课堂"概念,使得"课堂"不再是封闭的场所,任何场所都可以成为授课课堂。这不仅可以使得大多数特长不是很突出的学生无论在专业能力还是综合素质方面都得到较大提升。比如,通过"挑战杯"竞赛,从选题开始,有意识地激发学生的创新热情,根据不同的兴趣或专业特长,提出颇具创意的创新设计方案;在竞赛实施过程中,鼓励学生进行技术或应用创新,可以很好地培养学生的系统开发能力、多学科知识融合及系统集成和测试能力;同时,在整个竞赛或项目研发过程中,学生的表达能力、文档撰写能力和组织能力等也能得到充分锻炼。而这些学生综合素质的提升,不仅体现在专业实践能力和业务水平大大提高,无形中也会使得学生的创新意识、创新能力大大加强,达到"创新实践"这门课程的最终目的。此外,学科竞赛反过来可以更好地促进"创新实践"课堂教学,这是一个良性的闭环反馈系统,教师可以及时发现竞赛过程中遇到的各种问题,便于更好地改进"创新实践"课程教学内容及基础平台建设。

同时,学科竞赛或科技项目的不同特点,更有助于对学生进行个性化的实践能力培养。我们根据不同学生的特长和兴趣爱好,结合学科竞赛的性质,推荐学生参加不同的学科竞赛,个性化培养增强学生的创新实践能力,如图2所示。比如对于创意好、文案功底强的学生,推荐其参加创意创新类竞赛;对于有嵌入式开发爱好的学生,推荐其参加"挑战杯";对于算法编程能力强的学生,推荐其参加"ACM"比赛。因人制宜地实现对学生创新实践能力的个性化培养。

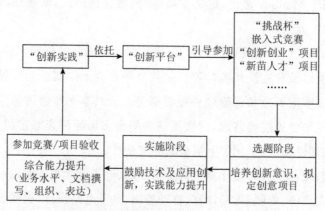

图 2　学科竞赛驱动的"创新实践"课堂教学

（3）建立形成性评价和终结性评价相结合的考核机制,重视过程,兼顾结果。

"创新实践"课程以应用创新人才培养为目标,科学合理评价学生成绩是"创新实践"课堂教学的重要环节。

以竞赛任务驱动的"创新实践"课堂教学主要采用基本实践训练、开展竞赛相关的专题讲授、以小组为单位的讨论汇报等方式,可以单一进行,也可以几种方式配合进行。基本实践训练可让学生更快掌握相关基础理论知识,并转化为实践应用;我们根据竞赛需要,为学生开展相关的专题讲授,同时邀请企业技术骨干介绍相关技术的最新发展动态和市场需求;以小组为单位的讨论汇报,充分发挥学生的主观能动性,有助于学生形成发散性思维。

在学生成绩评价方面,我们主要采用形成性评价和终结性评价相结合的方式。"创新实践"课程重在培养学生的创新意识和实际动手能力,最终成绩固然重要,但学生在分析解决问题过程中的表现更为重要,这体现了学生的综合专业创新能力和专业水平,所以对学生的实践过程评价(即形成性评价)尤为重要。在学生成绩的形成性评价方面,我们主要采用多样性、开放性方法,全方位记录学生平时的学习情况,收集反映学生学习过程和结果的资料。通过学生参与竞赛/项目的全过程(选题、实施、现场答辩),以及课堂中的随堂提问、主题报告等多方面评价学生的学习情况,加强对学生学习的过程管理,注重对学生综合创新能力的评价,有利于培养学生的主动性、创新性和团队合作能力。而终结性评价是形成性评价的重要补充,是对学生整个创新实践学习期间是否达到相应目标要求的评价,可使学生看到自己在学习上的进步,增强学习信心,产生成就感。

3 结 语

通过"创新实践"课程的课堂教学改革,杭州电子科技大学计算机学院在学生实践能力和创新能力的培养上效果明显。一方面,通过构建的基础软、硬件平台,可以有效整合学院现有软、硬件资源,显著提高现有资源利用率;降低学生开发设计门槛,吸引不同专业学生组队投入创新实践当中。另一方面,通过竞赛驱动,依托构建的基础软、硬件平台,学生积极参与到各类学科竞赛中,其主动创新意识和创新能力不断增强,在各类竞赛中,如"挑战杯"、嵌入式竞赛等,收获颇丰,提升了学生的自信心,增强了学生的成就感。

参考文献

[1] 刘荣佩,史庆南,陈扬建. CDIO 工程教育模式[J]. 中国冶金教育,2011(5):9-13.

[2] 严亮,刘海涛,杨中正. 工科院校实践教学改革的思考[J]. 中国电力教育,2011(17):120-121.

[3] 刘翠红,陈秉岩,王建永. 基于学生实践和创新能力培养的实验教学改革[J]. 科技创新导报,2011(1):151-152.

[4] 张士磊,孟昕元. 创新实践型人才培养的实验教学改革与探索[J]. 实验科学与技术,2014(1):149-152.

[5] 邓广涛,崔志恒,赵俊伟,等. 改革实践教学管理　培养创新能力[J]. 实验室研究与探索,2013,32(6):349-352,423.

（2）菜单和子网页。主页之下，往往会有大量的子网页，甚至子站点，按照相应的分类，承担不同的功能，主页和子页之间，通过菜单建立，非常方便。

（3）资源链接。随着网站数量的急剧增加，大多数网站上会有资源链接的内容，将与本网站相关的其他网站链接在本网站上，用户只需进入一个网站便可网上"冲浪"，这种设计对用户非常有用。

（4）站点地图。大多数的网站上有海量的信息，所以，为用户建立一个关于本网站的详细地图为用户导航，是非常必要的。

（5）网站搜索。网站搜索引擎可以对整个网站内容做精细全面的索引，实现自动更新。

（6）故障指示。农业信息网范围广大，结构复杂，再加上病毒和黑客泛滥，故障是不可避免的。故障指示让用户明白自己在网络上发生的问题。

（7）用户反馈，网站调查。采用用户反馈或网站调查方式，吸收用户对网站的意见，为更好地办网站，获得第一手的反馈材料。

从作用分析，农业信息网页由哪几部分构成？

（1）网页的空间构成。空间构成需要注意创造出层次分明的视觉效果，强调重点，有序组织，使得网页重心突出，逻辑分明。

（2）网页的色彩构成。色彩是网页中很重要的一部分，适当颜色的选取，合理搭配，都会使网页更加具有魅力。

（3）网页的文字构成。文字是最早出现在网页上的信息符号，网页上的文字要考虑亮度、闪烁度，字型、字号，是否斜体、粗体等。

（4）网页的图像构成。图像是网页上仅次于文字的要素，而且比文字更有吸引力和表现力。图像要考虑色彩、压缩格式、大小等因素。

（5）网页的多媒体构成。多媒体是计算机技术中最有魅力的一部分，它将文字、图像、声音和动画很好地结合在了一起。网页中的多媒体主要有四种：单纯的声音、幻灯片、视频和动画。

◆ 农业信息网的设计主要包括哪几个方面？

（1）内容。农业信息网，顾名思义，主要是向用户传播有关农村、农民和农业相关的内容，包括技术、知识和最新的惠农政策。其目的在于告知或者劝说用户。

（2）技术。网站的设计需要专门的计算机人才来实现，需要具有专业的计算机技术才能完成。使用技术的目的是实现合理的功能。

（3）外观。网站的设计要吸引用户，就要对网站的外观加以重视。外观方面的考虑就提供了网站的设计形式。

（4）经济。农业信息网站的建立不仅仅要给农民带来实惠，更要注重一定的经济效益。

◆ 农业信息网设计应遵循的基本原则有哪些？

农业信息网的设计应遵循如下原则：

（1）实用性。根据农业信息网站建设目的和服务对象，认真做好信息需求调研，掌握主要服务对象的基本情况（包括文化程度、上网条件、上网目的、主要用途、浏览习惯等），网站内容要满足用户的信息需求，网站建设所需的软硬件设备能满足安全稳定运行的要求。

（2）开放性。网站构建中尽量使用主流的硬件平台（主机、网络设备等）和软件平台，遵循业界开放式标准，支持系统建设中涉及的各种网络协议、硬件接口、数据接口等，设计中充分考虑与各涉农信息单位和其他信息系统的对接。

（3）扩展性。在农业信息网站建设中使用能灵活扩展的软硬件平台，根据工作发展的需求，扩展设备容量和提升设备性能。系统具备技术升级、设备更新的灵活性，便于未来扩展的需要。

（4）安全性。一是通讯安全性，安全管理主要包括网络安全管理、主机和操作系统安全管理、数据库安全管理、数据访问权限管理等；二是业务数据安全性，对于各部门上报的数据的正确与否，是否有在审批环节过程中的人为失误或私自篡改的安全问题，将通过建立维护体系问责制，谁收集、谁审核，对各自负责的信息承担相应的责任，通过信息安全管理办法保证业务数据的安全性。

（5）易访问性。农业信息网的用户大部分是农户，他们的文化素养不够高，因此，网站的设计要使用户能够容易访问，在最短的时间内能够轻松地浏览到想要的内容。

（6）通用的用户界面。这就要求我们注意网站的统一性、各页面之间的连贯性、网页分割的原则、采用对比的手法、整体和部分的和谐性、站点导航设计的清晰性等问题。

◆ **农业信息网设计的基本过程是什么**？

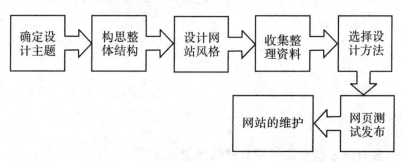

（1）确定设计主题。一个网站成功与否，取决于是否有一个好的主题。在这一过程中，要遵循以下原则：主题要小而精；名称要合情、合理、合法且易记；有自己的特色。

（2）构思网站的整体结构。这是整个网站能否成功的关键。整体结构规划的好，进行农业信息网的设计时就可以得心应手。

（3）网站整体风格的创意与设计。网站的风格是指网站完成后给浏览者留下的整体形象的综合感受，可以是平易近人的，也可以是生动活泼的。风格的设计主要包括：版面布局、浏览方式、网站的交互性等问题。

（4）资料的收集与整理。收集整理网站的内容是必不可少的步骤。农业信息网最迷人的地方在于它信息的极大丰富，否则，即使有漂亮的网页，没有充实的内容也无济于事。

（5）选择网页的设计方法。要建立一个网站，还要选择用何种方法来实现它。选择一个合适的熟悉的工具，可以提高网页制作效率。

（6）网页测试与发布。农业信息网页设计好后，还要对其页面、图片、超链接、多媒体资源等进行严格的测试。

（7）网站的维护。网站发布后，要对反馈的意见进行整理，根据合理的建议不断完善和更新网站内容，这样网站才会越办越好。

图形图像在农业信息网的设计中发挥什么样的作用？

（1）具有表达信息的作用。传达农业信息是农业信息网设计的主要目的，也是最基本的功能。图形图像具有传递信息的准确性和直观性，使用户更好地接受和理解信息。

（2）具有艺术性。其艺术性能够将农业信息网页界面艺术化，使页面不显得呆板、有活力。

（3）能够增强页面的表现力。其有助于体现网页整体的设计思想，增加页面的视觉冲击力和表现力。

（4）能够增强页面的趣味性。合理地运用图像使得网页活跃起来，不显得呆板，焕发活力。

◆ 农业信息网中图像设计有哪些造型元素？

（1）点。点是一个相对的概念，是与其他元素相对而言的，其具有会聚的特性。

（2）线。点动成线，将直线和曲线结合起来，大大增加页面的表现力。

（3）面。线的平铺或者累计可以形成面，其在视觉表现上更有力。

（4）空间。在此处指的是虚拟的三维立体空间，使网页有一种立体的感觉。

（5）运动。指使网页产生出来运动效果的造型方法。

（6）质感。指表现出来的粗细、光滑、柔软等表面质地产生不同的感受的造型方法。

◆ 在农业信息网的设计中，创意从何而来？

（1）创意来源于设计师的想象。就是指设计是通过对网页主题和风格的理解，利用想象，进行加工和再创造，产生新的形象。

（2）创意来源于联想。联想是由一事物想到另一事物的心理过程。

（3）创意来源于人类的情感。人类的情感是丰富的，意境和物镜结合是激发创意的源泉。

（4）创意来源于对改变传统视觉惯性的思考。人们在欣赏事物时，已经形成了一定的思维定势，改变这种思维定势，可以产生创意。

（5）创意可以借鉴传统文化。中国有着悠久的历史文化，在审美和视觉方面具有自己的民族风格，有利于农业信息网设计者产生创意。

◆ 在农业信息网的设计中，处理图形的方法有哪些？

（1）概括技法。抓住农业信息网的主要特征，简略概括地表现其内容。

（2）写实技法。以现实事物为基础，运用写实手法表现页面。

（3）抽象技法。是对事物规律性的东西加以提炼表现页面的方法。

（4）漫画技法。引用表现主题恰当的漫画，给人新颖、独特的感受。

（5）装饰技法。采用装饰图形，给人和谐、流畅的美感。

◆ 色彩设计在农业信息网设计中有什么作用？

（1）色彩具有集聚视线的作用。色彩搭配好的网页具有极强的视觉冲击效果，可以在第一时间吸引浏览者的注意力。

（2）色彩具有突出主题的作用。不同的色调表现的内容，可以表示其不同程度的重要性。

（3）色彩参与页面板块划分，具有划分区域的作用。根据不同的内容，将网页分为不同的板块，用不同的色彩表示。

（4）色彩能够增强美感和艺术性。色彩的运用使网页具有了艺术美感，提高了网站的审美层次。

在农业信息网设计中对文字有什么要求？

（1）适应性。网页中文字的内容与文字表达的意思相适应。

（2）准确性。网页中的文字表现内容必须准确无误。

（3）可阅读性。文字的字体、大小要设计合理，有利于网页的阅读。

（4）美观性。适当地运用美术字，可以增强网页的美观和艺术感受。

（5）创新性。提供文字表现出来的创新性，给人耳目一新的感觉。

◆ **农业信息网中的网页动画是怎么回事？**

动画是指连续播放一系列画面，给视觉造成连续变化的图画。网页动画就是根据这一原理，并且每秒播放帧数可以设置和调整。网页动画是用 JS 控制布局对象来完成的。

◆ **在农业信息网的设计过程中，网页动画有什么特点？**

（1）具有强烈的视觉冲击力和感染力。网页中动感的元素比静止的元素更能够引起注意，能够强烈地吸引浏览者的注意力和视线。

（2）信息量大。动画具有时间的维度，在一定时间内能够传递更多的信息。

（3）具有真实性和生动性。动画具有运动特性，能够使页面产生变化性和生动性。

（4）具有交互性。动画大大增强了浏览者的参与互动能力，同时增加了网页的趣味性。

◆ **在农业信息网的设计过程中，动画设计应遵循哪几点原则？**

（1）形式与内容的统一。动画效果是为了对信息准确表达，我们应努力做到形式与内容相统一。

（2）常识性信息符号的选择。为了准确地传达内容，应选择易于识别和理解的元素。

（3）动画时间的掌握。动画的时间可以用每秒播放的帧数来表达，帧数越多，动画播放连续感越强，平滑度越好。

（4）动画为网页整体服务，不能为动而动。动画表现出来的内容一定要与网页的内容相适应，不适应的动画，应尽量少用或者不用。

（5）页面动点适度。页面动画构成的动点不要太多，否则很多个动画都在动，令浏览者头晕眼花，影响页面整体的表现效果。

（6）动画文件尽量要小。一般来说，动画应该尽量压缩到数据量，以较小的文件完成动画，提高访问速度。

◆ 在农业信息网的设计过程中，动画设计应注意哪几个问题？

（1）把握好整体与局部的关系。网页的动画作为整个农业信息网的一部分，应该遵循整体设计的法则，使整体和局部很好地融为一体。

（2）把握好对比和调和的关系。对比和调和在此处指的是动画部分和整个网页的对比和调和。

（3）把握好重点和从属的关系。这主要体现在网页动画的各个画面之间的关系，每个画面应重点强调整个问题的一部分、一方面。

（4）把握好节奏和韵律的关系。节奏表现在时间的控制方面，依据时间产生节奏感。

◆ 在农业信息网中，网页布局的方法有哪几种？

（1）纸上布局法。在开始制作网站时，设计者应该从网页的尺寸选择、元素造型选择、页头设计等方面考虑，在纸上画出页面的布局草图。

（2）软件布局法。常用的软件布局工具有 Photoshop、Fireworks 等。这些工具所具有的对图像的编辑功能，用到设计网页布局上更得心应手。例如 Photoshop 可以方便地使用颜色，使用图像，利用层的功能设计出纸张无法实现的布局意境。

◆ 农业信息网的版式有哪些类型？

（1）"国"字型或"同"字型。这是一些大型网站经常采用的类型，最上面是网站的标题，接下来就是网站的主要内容并且左右分列一些内容。

（2）拐角型。上面是网站的标题，接下来左侧是一窄列链接，右列是很宽的正文，下面是一些辅助信息。

（3）标题正文型。最上面是标题，下面是正文。常见的有文章页面和注册页面。

（4）左右框架型。左右为分别两页的框架，左面是导航链接，右面是正文。大型论坛或者企业网站较喜欢采用这种类型。

（5）上下框架型。与左右框架型类似，区别在于其是一种上下分为两页的框架。

（6）综合框架型。左右框架型和上下框架型两种结构的综合，相对较复杂。

（7）封面型。表现为设计精美的平面设计结合一个小的动画，常见的是个人主页。

（8）Flash 型。这个类型与封面类型是类似的，只是采用了 Flash 技术制作。

（9）变化型。实际上是上面几种类型的结合与变化产生的类型。

◆ **农业信息网站发布要经过哪几个步骤？**

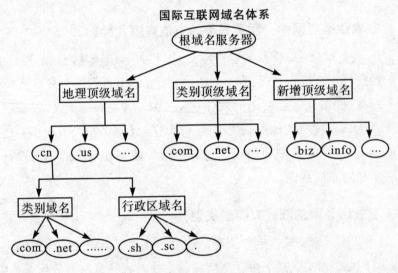

国际互联网域名体系

（1）向公安部门申请备案，向工商管理部门进行注册。按照国家有关规定，正式发布的网站需要有公安部门的备案和工商注册标志，才能作为合法网站。

（2）确定发布内容。根据前期网站规划，对内容进行信息安全和合法性检查，以确保不泄露国家和单位的机密。

（3）域名申请。

（4）宣传推广。

（5）内容与形式的维护和更新。

◈ 农业信息网站内容设计主要包括哪几方面？

（1）农业基础资源信息。介绍本区域内行政区划、经济和社会发展及自然资源状况等情况。如历年耕地面积、主要农作物产量、畜牧业生产情况、农民人均纯收入等数据。

（2）政策法规信息。发布涉农法律法规信息及农村社会保障信息、公共事件应急处理规程、政务公开信息等。

（3）农业科技信息。针对农牧业生产各环节，按照农、牧、渔以及生产、病虫害防治、日常管理等方面分门别类，提供先进实用的科学技术，介绍新产品、新技术、新品种。

（4）企业、产品信息。通过对农业龙头企业、各地特色优势农产品的宣传和推介，为广大农户和涉农企业提供一个农产品展示、交易的信息服务平台。

（5）农业工作动态信息。以报道各级农业部门工作动态为主，全面介绍各地农业工作经验，宣传新农村建设成就，展示基层农业工作者风采。

（6）农村社会公共信息。以农村社会文化建设、基层党的建设、医疗卫生服务等工作为重点，围绕新农村建设，构建和谐社会，提供农村信息公共服务。

◈ 企业产品信息包括什么内容？

（1）企业信息。为涉农企业提供网上展示，扩大企业的知名度和宣传力度。

（2）产品信息。介绍本区域优势农产品的相关信息，通过综合信息服务平台，图文并茂地宣传和推介农产品。

（3）农产品供求信息。农产品供求信息主要是为广大农户提供一个网上供求信息发布的平台，提供全国各省、市及港、澳、台地区主要农产品批发市场的价格信息及供求信息，加快农产品流通。

◈ 农业信息网站设计实现的功能有哪些？

（1）图文信息发布。这是农业信息网站最基本的功能，以文字和图片形式发布政策法规、生产技术、工作动态等信息，并能方便地提供信息内容的下载和打印。

（2）数据查询。首先要建立必要的数据库，如：农产品价格、政策法规、农业统计、农业专家等必要的数据库。根据数据库关键字段建立查询，使用户能方便地找到所需要的信息。

（3）在线视频。视频信息主要是一些农牧业生产技术示范、农村劳务培训课程、专家讲座、公共信息服务、公益视频广告等。也可以适当提供一些健康、有益的文艺类节目，丰富网站内容。

（4）其他功能。根据农业信息网站建设的不同需求，还可以设置网站信箱、投诉举报及网上调查等互动性栏目，增强网站服务功能，提升网站亲和力。但在开设这类互动栏目的同时，一定要根据国家有关互联网信息发布的要求，做好信息发布的审核工作。

◆ 农业信息网站建设中需要重视哪几个问题？

（1）重视信息资源开发，实现信息资源共享。在农业信息网站建设中，要充分发挥农业部门各专业人才的作用和信息资源优势，积极整合、采集、发布和开发利用信息。同时，加强与相关部门的沟通与协调，建立信息交换制度，开放信息交换接口，实现信息资源共享，扩大信息发布的数量，提升网站的点击率和影响力。

（2）重视信息员队伍建设，提高信息采编水平。在农业信息网站建设的同时，要在本单位和基层单位、涉农企业、农产品批发市场、种养大户和农合组织中广泛发展和培养网站信息员。这些信息员要具备一定的计算机操作能力和写作水平，能够规范地采集、传输、处理信息，也要有做好农业信息服务工作的热情，才能为网站的长远发展提供有力的保障。

（3）重视网站制度建设，完善激励机制。制定相关制度，落实各栏目维护的内容与责任，提高网站工作的规范性。加强绩效评估工作，建立完善的激励机制。逐步探索市场化机制，鼓励和引导社会力量共同建设，形成以政府为主导，社会各方力量积极参与的多元化农业信息网站建设格局。

◆ 农业信息网站平台由哪几部分构成？

（1）一个完整的农业信息网站硬件平台主要由三大块组成：网络部分、主机和存储部分、网络安全部分。这三块内容相互依存，有机地配合支撑农业信息网站的运行。除此之外，还要与已经建设的信息系统进行有机地组合，使整个系统趋于布局合理化、功能完善化、投资有效化。

（2）从网络部分来说，主要由中心路由器和中心交换机来组成基本的内部局域网络，路由器主要提供与互联网的接入和路由功能，实现内部网络与外部网络的接通。

（3）从主机和存储部分来说，主要由 WEB 服务器、数据库服务器、邮件服务器等构成，实现网站信息发布、数据管理等功能。

◆ 农业信息网的建设应该抓住哪几个关键点？

（1）明确目的，确定主题。根据网站建设的目的，首先确定平台的主题与名称。主题即所建网站的题材归属，是整个网站开发的核心。主题定位要集中，要根据自身的专长、当地的农业特色来确定，不要包罗万象，这样才能主题突出，报道精致的内容。

（2）栏目策划，制定网站规划书。在明确建站目的和网站定位以后，即开始收集相关的信息，这是前期策划中最为关键的一步。为很好实现这一目标，应制订一份网站建设计划书。计划书一般包括以下内容：栏目概述、栏目详情、相关栏目及参考网站。

（3）内容设计。主题确定后，要依据主题来确定网站的主要内容。选择的具体内容要具有代表性，并适合当地的地理、气候特点与经济发展状况。同时还要做到内容及形式让人容易接受。农业信息网站不是专门的学术研究网站，用词应尽量地通俗易懂，才能真正起到指导作用。

（4）功能模块划分。对平台进行功能模块划分，是以后在平台具体实现中版面规划与布局的基础，有利于加强平台整体布局合理化、有序化和整体化，避免同功能模块页面随处安插的杂乱现象。

（5）[平台的色彩与整体风格。因为农业信息网站是面向"三农"的，是以宣传农业科技为主的科普服务平台，为保证其权威性、严肃性，版面设计要朴素大方，主次关系要分明，避免过多的点缀装饰，使浏览者有一个流畅的视觉体验。色彩的选择和搭配上要根据网站的主题而定，以达到和谐、悦目的视觉效果。

农业信息网的页面设计分为哪几个步骤？

（1）规划和绘制布局草图。根据用户浏览网页的视觉一般是从左到右、从上至下的浏览习惯，即最重要的最先被看见，将版块按用户需求划分成几个区域，每类版块都占据一块独立并且连续的区域，不同分类的版块的信息不能混合分布在同一个区域。这样可以方便用户了解整个网站的主要内容和结构，减少用户在浏览网站时的信息干扰。

（2）网页设计与制作。首先，以绘制好的布局草图为蓝本，利用 Photoshop 或 Fireworks 软件完成网站界面的精细设计与图片切割导出。然后使用网页制作工具完成页面编辑、链接设置、广告与动态效果添加等系列工作，最终实现完整的网页效果。

农业信息网站后台的数据库的集成包括什么？

（1）信息显示模块。主要负责资源分类列表，形成层次结构，并按照排行榜或者最新更新等方式显示资源信息，从而方便用户选择。

（2）信息发布模块。用户可从下拉列表中选择一种信息类别，然后输入相关信息，信息录入完成后，单击"发布"按钮，即可发布信息。

（3）密码验证模块。主要用于管理员的登录，即设置管理员的权限，包括个人信息的录入、修改、删除管理。

（4）后台管理模块。针对类别、栏目、内容进行增删、修改，并且进行图片及附件的上传。

（5）信息搜索模块。主要负责资源信息的搜索，方便用户快速定位信息资源。该模块提供了多种搜索功能，包括按照信息资源的类别、名称或者简介的关键字等进行搜索。

◆ **农业信息网维护阶段的任务是什么？**

网站发布后，网页要根据各种情况随时进行调整变化。从发布的主体内容、信息互动反馈和站点安全等方面，及时进行维护和更新，以避免用户产生陈旧感。在网站内容不断更新的同时，还要不断吸取新技术升级网页功能，使网页的访问更为方便快捷、信息含量更加丰富、界面更加美观。

◆ **从哪些方面对农业信息网的网站设计进行评价？**

（1）导航设计。导航设计对于用户快速、灵活地浏览整个网站内容至关重要。农业信息网站直接面对生产一线，其用户群文化水平相对较低，因此导航设计必须直观、易用，各页面的导航系统应保持一致。内部链接是否丰富，所链接的资源是否保持新颖，所链接的资源是否与主题相关，网站设计是否有助于对内容的理解等都是需要评价的内容。

（2）用户界面。用户界面是否友好，结构是否清晰，页面格式化程度如何，是否有使用指南、导言等帮助信息，帮助信息是否方便查询。如果应用了声音、图像等技术，是否能增强信息资源的表现力，是否与信息内容紧密联系，能否体现网站形象。

（3）资源组织。框架是否清晰，信息组织方式单一还是多样，是否按主题、学科、形式、用户对象进行分类，信息分类是否科学、合理，各部分所含信息是否适中、平衡，有无过多或过少现象。

（4）技术应用。网站设计中应恰当地运用 ASP、PHP、JSP 等动态网页设计技术及数据库管理技术、GIF 或 Flash 动画、JAVAScript 或 VBScript 语言等。用户留言、论坛、专家坐堂等相关服务系统的设计与应用，有利于实现在线互动交流，及时解决生产、经营中的问题。另外，要考察网站是否对用户使用的计算机运行环境提出了特殊要求，对各种浏览器的兼容性如何。

三、农业信息化

◆ **为什么说农业信息化是社会信息化的一部分**？

农业信息化的三个明显特点。

首先，农业信息化是一种社会经济形态，是农业经济发展到某一特定过程的概念描述。它包括农业科技信息化、农业产品经营信息化、农业环境信息化、农业社会经济信息化、农业生产信息化、农业生产资料市场信息化、农产品市场信息化、农业管理信息化、农业耕种信息化和农村家庭生活信息化等。

其次，农业信息化又是传统农业发展到现代农业进而向信息农业演进的过程，表现为农业经济以手工操作为基础到以知识和信息为基础的转变过程。

◆ **农业信息化的三个明显特点是什么**？

（1）农业信息技术在其他技术序列中优先发展。

（2）信息资源在农业生产和农产品经营中的作用日益突出，农民更注重用信息指导生产和销售。

（3）信息产业的发展很大程度上促进乡镇企业的发展，并优化农业内部结构。

◆ 农业信息流动的主要表现形式是什么？

农业信息服务模式是农业信息流动的主要表现形式。农业信息服务模式是指农业信息服务的标准样式，合理的服务模式能够实现农业信息通过各种传播渠道从提供方到接受方的顺畅流动，能为其他地区的农业信息服务工作提供借鉴，得到当地农民认可。它是由组织模式、服务内容、传播渠道、利益分配机制和支撑保障体系等五部分通过一定的内在运作关系构成的有机统一体。

◆ 农业信息网发展有哪些有利的环境？

（1）国家正全力推进农村信息化建设。中央各部委在新农村建设中对农村信息化给予高度的重视，从政策规划、项目安排、人才培养等多个环节提供保障。

（2）政府通过有力的政策推动农业信息网的发展。①建立部际协作联合推进机制。信息产业部联合农业部等相关部委，出台推进农业和农村信息化，加快社会主义新农村建设的相关政策措施；②加强组织领导，建立健全工作机制。信息产业部成立领导小组，并建立各部门协同工作机制，形成工作合力；③加强统筹规划；④完善政策法规。研究制定向农村倾斜的相关优惠政策，积极推动出台农业和农村信息化条例等相关法律法规；⑤加大引导性资金投入。加快推动建立农业信息网络基金，积极争取设立农业和农业信息化的专项基金；⑥加强分类指导；⑦加强宣传力度。

（3）基础设施建设，为农业信息化发展提供基础。农业和农村信息化建设是一个统一的整体，具体内涵将随着经济社会的发展而出现变动。基本框架主要由作用于农村经济、政治、文化、社会等领域的信息基础设施、人才队伍和信息资源，以及与其发展相适应的规则体系、运行机制等组成。

◆ 农业信息网的基础设施包括哪几个方面？

（1）信息基础设施。这是农业和农村信息化建设的基本条件。主要包括信息网络、信息技术基本装备和信息安全设施、信息交换体系等部分。

（2）信息资源。其是农业和农村信息化建设的重要内容。从形态上分，涉农信息资源有初始信息和经过整理、分析的信息。从来源上分，有政务活动、商务活动、市场运行和其他社会活动信息。从内容上分，有科技、市场、政策法规、文教卫生等信息。

（3）人才队伍。其是农业和农村信息化建设的主要支柱。要培养一支理念先进的管理队伍，推进管理方式创新，保证信息化建设的快速、有序进行。要打造一支理念先进、善于攻关的科研队伍，为加强信息技术创新，提供强有力的技术支持。

（4）服务与应用系统。它是农业和农村信息化建设的出发点和落脚点。主要包括信息服务和信息技术推广应用两个方面。

（5）规则体系。规则体系是农业和农村信息化建设与发展的关键环节。规则体系是确保系统互联互通的技术基础，是工程项目规划设计、建设运行、绩效评估的管理规范，主要包括法规体系和标准体系。

（6）运行机制。运行机制是农业和农村信息化建设的根本保障和措施。运行机制的构建要与政府职能转变、创新政府管理服务模式紧密结合起来，形成农业和农村信息化发展与深化行政管理体制改革相互促进、共同发展的机制。

◆ 目前，我国农业信息网建设过程中出现了哪些问题？

（1）基层干部对农村信息化缺乏足够的认识。据调查，乡镇基层部分人认为，所谓的信息化就是电脑打字、计算机上网、在互联网上浏览信息，没有认识到信息服务体系建设的多样性，形成了信息服务体系建设单一化的片面认识，不利于信息的有效传递。

（2）基层的技术人员数量有限。农业信息化建设对专业人员素质的要求与其他信息行业有着明显的不同，它需要的是既懂农业又会熟练使用各种信息工具，特别是懂互联网信息技术的"复合型"人才。但在我国的基层单位，这种既懂农业又懂计算机的"复合型"人才却很少，不适应农业信息化的发展。

（3）上网成本较高。这也在一定程度上阻碍了农业信息化进程，尤其是一些偏远山村，成本相对用户来说更高。

◆ **农业信息化的发展趋势是什么**？

（1）信息内容全面、真实、及时、有效，是农业信息化发展的必然趋势。信息是信息网最重要的要素之一，也是最关键的功能。未来农业信息网将为农户提供更加有价值的信息。

（2）信息服务无偿和有偿多形式并存。从信息服务的主体角度来看，官方信息服务是财政支持，通常是免费的。而专业技术协会的信息服务，属于其成员的自助、自我服务性质，根据各组织本身的一些特点及其运营方式，有收费和免费之分。这种免费和收费相结合，才是其必然的趋势。

（3）信息的拥有量将成为组织生产的依据。农民将从广播、电视、报刊或互联网上获得更多的市场信息，从而决定生产经营的品种、项目和数量，而不是单单凭经验和主观判断。

（4）将发展起农民自身的组织，如农民协会。其性质是民间社团，主要作用是开发和组织经营农村市场，同时能更好地搭起政府与农民之间的桥梁，下情上达，反映农民呼声。

◆ **对农业信息化发展有什么建设性的意见**？

（1）加强农村信息化主体建设，充分发挥政府主导作用，充分发挥民间力量，特别是协会组织的推力作用。农业信息化建设要从主体建设抓起，既要充分发挥政府在农业信息化建设方面的主导作用，又要调动农业龙头企业、农产品批发市场、中介组织等民间力量的积极性，发挥其辐射及带动作用。

（2）提高对农业信息化建设的作用和意义的认识，改变对农业信息化建设的片面认识。结合实际，制定出宣传方案。宣传内容围绕农业信息化建设对农业增效、农民增收的作用来展开，提高我国农业企业和广大农户对农业信息化建设的认识。通过宣传，使各级政府、农业企业和广大农民认识到信息化建设的重要性和有效性。

（3）结合农民的实际需求，以最低的成本和农民愿意接受的方式传播农业信息。目前情况下，把信息网络全面铺设延伸到村、农户是不现实的。所以，目前我国要充分利用电视、电话、广播和报纸等低成本的传播渠道。

（4）农村信息服务体系建设必须统一数据处理标准、规范和应用软件，整合信息资源。同时，提高网络资源利用率，促进多种形式的信息资源共享，满足多功能、多层次、多样化服务的需要。制定和完善扶持政策，出台相关法律法规，完善农业信息服务的各个环节制度。

（5）制定农村信息化人才培养规划，构建农村信息化人才体系。加强农业信息技术和计算机应用技能的培训，提高计算机、网络的应用水平，增强其对知识和信息的接受、分析能力，进而提高信息到达农户的利用率，改善信息进村的效果。

买电脑，了解外面的信息

◆ **农业信息网站的推广方式有哪些**？

（1）传统推广方式。网站对于农户来说还是新鲜事物，相对于传统媒体来说，用户群较小。因此，在网站推广的初期，可以更多地借助传统媒体的帮助，比如电视、广播、报纸、杂志、广告板等。其缺点是针对性差。

（2）在线推销技术。网站之间相互链接、网站之间的合作是互相推广的重要方法，最简单的是交互链接、电子邮件、新闻组提交、移动通信。但是目前由于各种在线推销的滥用，引起了用户的反感，在一定程度上影响了技术效果。

（3）搜索引擎推广技术。其方法是：主动向搜索引擎登记网站、丰富完善网页中标签的内容、加强网页中的链接管理。

◆ 农业信息网站管理的核心内容是什么？

（1）配置管理。主要包括三个方面的内容：一是自动获取配置信息；二是配置功能，自动完成配置；三是对以上的配置进行一致性检验。

（2）性能管理。是通过采集网站运行的有关数据，并加以分析，以了解网站运行状况，从而为网站管理提供经济支持，对网站未来发展进行预测，为网站升级换代提供依据。

（3）故障管理。是通过检测或接受网站的各种事件，识别出其中与网站和系统相关的内容，驱动不同的报警程序，以便管理人员及时定位故障、排除故障。

（4）安全管理。主要包括用户认证、访问控制、数据传输、存储的保密性，以保障网站管理系统本身的安全。

（5）计费管理。实现对网站用户收费方面的管理。

◆ 我国农业信息技术的发展趋势是什么？

我国农业信息技术的发展趋势是：
（1）集成化。
（2）专业化。
（3）网络化。
（4）多媒体化。

◆ 为什么说集成化是我国农业信息技术的发展趋势？

现代农业十分重视与资源环境的协调发展，对农业信息资源的综合开发利用需求日益迫切，单项信息技术往往不能满足需求。随着农业信息技术的发展，各种信息技术的组合与集成，越来越受到人们的关注，如作物模型和专家系统相结合，开发智能决策系统。这些集成技术可以更有效地用于研究气候变化对农业的影响、土地利用评价以及农业环境问题。

◆ 什么是农业信息技术专业化？

针对农业生产中的某一个具体作物，或某一项具体农艺措施，建立计算机应用系统。

◆ 为什么说网络化是我国农业信息技术的发展趋势？

近两年，随着 Internet 网络的迅速发展，我国农业电子信息技术开始向电子信息网络化方向发展。国家农业部及主要事业单位的内部网已经建成，建成的中国农业信息网，推广科技教育、畜牧畜医、菜篮子、花卉、果业、包装等信息，以信息的传递和政策介绍为主。

◆ 多媒体化是怎么回事？

多媒体技术就是利用计算机技术将文字、声音、图形、图像等多种媒体综合起来，进行加工处理，形象生动地表达一个主题，它是计算技术、影像技术和通信技术高度结合的产物，是计算机技术的一个重要发展方向，它的广泛应用为计算机行业的发展提供了一个新舞台。

四、农业信息安全

◆ 农业信息安全的内涵是什么？

广义上讲，农业信息安全包括：

（1）信息的机密性。指信息不被泄露。

（2）信息的完整性。指信息内容不被修改。

（3）信息的非否认性。指网络通信交换中一方不能否认发生过交换，包括起源的否认和传递的否认。

（4）信息的可用性。指信息可在需要的时间及时到达。

（5）信息的可控性。指信息传输的可控制。

◆ 农业信息安全有什么特征？

（1）相对性。指现实中没有绝对的安全措施，理论上任何安全手段都有破解的方法。

（2）时效性。指任何信息都只在一定的时间内具有保密性。

（3）经济性。任何措施都是需要代价的，而安全又具有相对性，因此，在采取安全措施时，必须考虑经济代价。

◆ 完善的农业信息安全体系应包括哪几个方面？

（1）法律。其规范网民的网络行为，明确权利、义务与责任。

（2）技术。提供安全的手段和工具。

（3）管理。主要是对人和设备的管理。

◆ **农业信息网站运行面临的安全威胁有哪些？**

（1）计算机病毒。计算机病毒是一种计算机程序，其最大的特点是自我复制和传播，尤其通过网络传播的计算机病毒，可以在短时间内大量复制传播，还可能侵入计算机系统破坏数据。

（2）非法入侵与黑客攻击。非法入侵是指进入未经许可的计算机系统，与黑客攻击一样，对网站造成破坏，如数据的破坏、使网站陷入瘫痪等。

（3）系统漏洞。无论操作系统，还是应用服务器，都存在大量的安全漏洞，计算机病毒和黑客可以通过这些漏洞，对网站造成危害。

（4）系统故障。包括各种硬件、软件故障，可以使网站陷入瘫痪，数据丢失。

◆ **农业信息网站的安全管理包括哪几个方面？**

（1）建立健全安全管理制度。主要有：网站运行情况记录制度、机房安全运行管理制度、网站管理人员操作规范。

（2）网站安全评估测试。为确保网站安全，在网站规划设计及开发过程中，应有安全测试，还应对网站进行全面的安全评估与测试。

（3）网站安全手段。主要包括物理安全手段、信息加密技术、网络控制技术、计算机安全技术。

（4）常用网络安全设备。如防病毒产品、防火墙、漏洞扫描器等。

五、农业信息网站的服务

◆ **农业信息网站的服务器管理包括哪几个方面**?

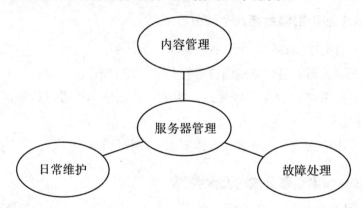

　　服务器是网站的核心,起着关键性的作用。所以,服务器是网站中性能要求最高的部分,在网站的建设规划时,应放在首要位置。其主要包括:

　　(1)服务器内容管理。网站的服务器都存储了大量的文件信息,如果组织不当,不仅会给用户带来不便,而且还会影响整个网站的性能,增加管理人员自身的负担。

　　(2)服务器日常维护。其主要包括:运行的记录与检查、服务功能裁剪、数据备份、系统打补丁与升级。

（3）服务器故障处理。在网站的运行过程中，服务器可能出现意想不到的故障。因此，管理人员应对故障进行紧急处理。一般的过程是：尽可能备份数据、检查系统、分析故障原因、排除故障、恢复数据。

◆ 农业信息网用户信息反馈的收集方法有哪些？

（1）用户信息反馈表单。由网站设计，供用户使用的信息调查表。

（2）用户留言。以留言板的方式，为用户提供发表意见的场所。

（3）电子邮件。允许用户通过电子邮件向网站发表意见。

（4）在线交流。网站管理员和用户通过在线交流，获取用户意见。

（5）网站访问计数器。比较客观地反映网站的用户访问量，从而间接获取用户对网站的评价。

（6）通过 COOKIE 收集用户数据。通过专门制作的程序，来了解用户的浏览习惯。

◆ 农业搜索引擎由哪几个部分组成？

（1）自动搜索程序。负责收集网页上的内容。

（2）索引器。将收集的内容进行分析，建立索引。

（3）搜索器。响应用户的检索请求，在数据库中进行检索匹配，并作相关性排序。

（4）用户接口。用户输入检索要求，并将结果返回用户。

◆ 农业搜索引擎分成哪几大类型？

按照搜索原理分，主要有三类：

（1）基于分类目标的搜索引擎。这类搜索引擎的优点是准确率高，缺点是全查率低，手动操作较多。用户使用时，需先了解其内容分类体系，然后逐步深入。

（2）基于查询关键词的搜索引擎。指从信息内容中抽取有代表意义的关键字，建立倒排文档。其优点是查全率高，缺点是查准率低，容易使人陷入信息海洋。

（3）元搜索引擎。它们自身不提供搜索引擎，而是调用其他独立搜索引擎。它是用户同时利用多引擎进行网络搜索的中介，是对多个独立搜索引擎的整合、调用、控制和优化利用。

◆ 我国农业信息网站的发展过程是怎样的？

（1）1983年1月1日，大约有400台计算机连在名为"APPANET网"上，这是互联网诞生的日子，也是互联网发展史上的一个重要的里程碑。

（2）1994年5月，中国作为第71个国际级网加入了Internet。同年12月在"国家经济信息化联席会议"第三次会议上提出"金农工程"计划。目标是建立信息应用系统，构建农业信息网络，造就信息服务队伍。

（3）"九五"期间，"金农工程"启动。1995年农业部建立了"中国农业信息网"，并通过DDN方式接入国际互联网。

（4）"金农工程"第二阶段（2000～2001年）建设的主要内容是扩大信息采集点的规模，完善省级农业综合信息传输和处理中心，将第一阶段的中心建设内容扩展至省级。

（5）2004年至今，启动并拨款的第二阶段一期建设，农业部农技推广中心组织并通过了"农业推广实例数据库建库方案"，将开发农技推广实例软件系统。

"金农工程"已走过了十年历程，在各方面的努力下，我国农业网站建设取得了明显进步，我国农业网站如雨后春笋，其信息服务作用日益增强。如何使农业信息网站进一步发挥作用，是一个重要而紧迫的任务。

◆ 我国农业信息网站有什么特点？

（1）政府网站发展强劲。农业信息产品具有公共产品性质，需要由政府提供。在一定时期内，政府应成为农业信息最主要的传播主体。政府信息网站具有信息权威性、服务的综合性、服务范围广的特点。在我国，也只有依靠政府，才可能建立权威性的农产品市场信息系统。

（2）网站数量相对有限。由于农业的弱势产业地位和农业网站的投资回报率较低等原因，我国农业网站数量相对较少，且大部分集中在北京、广州等少数大城市。作为一个农业大国，农业网站的建设无论其数量还是规模显然无法适应农业经济的发展。

（3）地域分布不平衡，结构不合理。经济发达省份构建的农业网站数量多、规模大，国内网站大多集中在北京、广州、杭州等少数大城市和经济发达地区，经济不发达省份网站数量较少。

（4）网站规模小，信息质量差，缺乏竞争力。国内现存农业网站规模普遍较小，大多缺乏高质量数字化的农业信息资源，内容泛泛，面孔雷同，缺乏有用的、针对性强的特色信息，无效链接多。其信息时效性差，不能保证信息的查准率，缺乏利用价值，缺乏多样性。

（5）网站功能少，服务雷同。国内农业网站提供的内容主要以市场信息、科教、政策导向、管理方略为主。从农业网站的形式和内容上看，其服务项目大多雷同，即一家有的内容多家都有，缺乏特色服务。

（6）盈利能力差，缺乏投资吸引力。由于缺乏实际可行的农业网站盈利模式，我国农业网站普遍存在盈利能力差的现象。其投资回报率低，缺乏对投资者的吸引力，发展缺乏后续资金，严重影响了我国农业信息网站的发展进程。

◆ **我国主要的农业信息网站有哪些?**

我国主要的农业信息网站主要有以下几个：

（1）中国农业网。创建于 1999 年，根植于中国农业，是集农业信息与电子商务服务于一体的行业网络平台，中国农业网以"传播农业信息，服务农业市场"为宗旨，致力于为涉农企事业单位建立首选的信息和电子商务服务基地，推进农业的产业化和信息化进程。

（2）中农网（www.ap88.com）。其是由深圳市中农网电子商务有限公司于 2000 年 9 月成立的，其依托丰富的行业优势、整合股东自愿，利用先进网络知识，建成了以有形市场为依托、无形市场与有形市场相结合的大型涉农电子商务平台，推进了我国农业信息化的发展，构建了农产品流通新战略。

（3）"三农在线"（farmer.com.cn）。其是经国务院新闻办公室批准刊载新闻的综合性网站，是中央级整合性大报——农业日报建设的大型网络信息发布平台。其在保持权威性的同时，充分发挥互联网特性，采用文字、图片、漫画、短信等多种方式发布信息。

（4）农博网（www.aweb.com.cn）。农博公司是一家服务于中国大陆及全球涉农领域的领先在线媒体、互动商务及增值资讯服务提供商，前身是成立于1999年的中国农网，2002年更名为农博网。它以服务农业、信息化农业为己任。其发展目标是做全球最大的农业信息港，志创国际互联网一流品牌。它具有供求商机、在线网店、互动商务这三大特色和内容发布、即时通讯、商机搜索、互动短信四大功能。

◈ 我国政府类农业网站包括什么内容？

基于多方面原因，当前我国政府类农业网站在网站栏目设置上有明显的趋同现象。如：

（1）"市场供求信息"栏目。它不仅是各个政府类网站中必备的栏目，而且往往也是点击率较高的栏目。主要原因在于该栏目既适应了我国农业市场经济发展的当前阶段对"市场"的强烈要求，也在一定程度上发挥出了互联网在传统经济活动中的优势。

（2）"农产品价格行情"栏目。在农业信息网站的建设过程中，人们往往把农户获取价格信息的高额成本作为质疑我国农村经济关注点之一。互联网在传播农产品价格信息方面的确功不可没，它既大大降低了农业产业从业者及时准确地获取价格信息的成本，也缩短了农业产业者生产与市场的距离。

◈ 我国政府类农业网站存在哪些问题？

一般来说，我国政府类农业网站存在以下问题：

（1）农业信息网站的后期维护的投入相对不足。农业信息网站建设和维护所需的投入就是一种带有公共物品性质的基础建设资本投入，后续投入不足问题尤其突出。

（2）政府类农业网站栏目设置雷同。尽管网站背后的各级政府有着职责权限等方面的差异，但是在当前阶段的农业网站建设方面，尤其是网站的栏目设置上存在着雷同现象，这就难以避免大大小小的政府网站在提供信息时的重复性。

（3）政府类农业网站建设的技术含量低，可模仿性强。各级政府在建设政府类农业网站有一哄而上、遍地开花的景象。这无疑是资源的浪费和低效率的利用。

（4）各方利益的不均衡。网站建设过程中的中央和地方分工，必然要涉及到各方利益的均衡。这一矛盾在我国当前农业网站建设中已经暴露无遗。

◆ 政府类农业网站的发展方向是什么？

（1）我国政府类农业网站的主要特点是以政府行政部门为主导，以公益性信息服务为基础。

（2）政府类农业网站的数量年度增长率尽管呈下降趋势，然而就数量来说，仍呈现大幅增长的特征。政府类农业网站的未来发展路向，不是去鼓励各级政府乃至乡村一级去发展更多的网站，片面地追求网站的拥有量；相反，我们更应对现有网站进行整合，关停并转那些没有特色、访问量低的农业网站，集中财力、物力和人力着重搞好现实基础较好、访问量较高的网站，并对各个网站进行清晰地定位。

◆ 什么是企业类农业网站的发展特征？

对于非政府类农业网站，由于是企业的市场行为，政府难以操控也不应操控，而只能采取引导的手段。而企业类网站的拥有者更应对网站的发展方向有清晰的定位。

目前，过半数的企业类农业网站处于半死不活的状态。

◆ 为什么目前企业类农业网站处于半死不活的状态？

这主要是因为这些网站服务对象定位不明确，网站内容缺乏特色。在农村，真正存在农产品买卖困难的是种养大户、涉农企业、各类农产品生产基地等，而且这类群体比普通农户更具有购买网络终端设备的经济实力。因此，企业类农业网站应将种养大户、涉农企业、各类基地作为重点服务对象，针对这些对象而非一般农户进行网站内容的设置，满足他们对信息的迫切需求，而不可雷同于政府类农业网站。

政府类农业网站由于有财政的支持，其面向的是广大涉农企业和农村居民，是公益性的信息网站；而企业类农业网站要明确自身的盈利模式，强化营销手段，对特定用户进行重点服务，以取得相应的经济利益，促进网站良性发展。

◆ **我国农业网站的投资主体有哪些？**

（1）各级政府中的农业部门。由于农业部门建设的网站占农业网站中的大多数，农业部初步建成了以中国农业信息网为核心的国家农业门户网站。当然，所有这些网站，层次和差别较大，规模和水平也逐步降低。

（2）教学科研机构。这些网站，总体上看比较专业，内容比较丰富，量也大，但更多地是为教学科研服务的。

（3）新闻媒体等机构。这些网站数量不多，但信息量大，内容丰富，种类齐全，功能较多。

（4）企业或者个人。这些网站数量较少，目标明确，有较准的市场定位，专业化水平较高，服务功能比较突出。但由于资金投入不足，实力不强。

◆ **我国农业网站在人、财、物管理方面有哪些不足？**

加强对人、财、物管理和使用监督，是明确权力制约和监督的主体后，对监督内容做出的方向性的规定和说明。

（1）组织结构。国家投资，国家承担责任，使属于政府的网站在人、财、物上没有自主权。

（2）人力资源。这类农业网站没有盈利目标，也没有激励机制和淘汰机制。同时网站的管理者和维护者在单位中的地位和职能较低。

（3）财务管理。缺乏有效的财务管理，缺乏健全的预算、检查和监督制度，就不能进行基本的收入、支出等活动分析。

（4）物品管理。缺乏物品管理的意识和制度，容易造成设备的损害和遗失。

◆ 什么是我国农业网站运行的必然趋势？

（1）遵循市场经济的客观规律。市场经济作为一种经济运行模式，其具有五大特征：①一切经济活动都离不开市场关系；②市场经济是一种开放经济；③企业拥有经营自主权；④有一个比较健全的法制基础；⑤政府部门不直接干预具体事务。价值规律、竞争规律、供求规律是其最主要的规律。随着我国由计划经济向市场经济体制的转变，要想做好农业网站，就要运用市场经济运行机制管理网站，才能使农业网站不断发展壮大。

（2）建立现代企业制度。现代企业制度是市场经济条件下，适应社会化大生产需要的企业制度，最重要的是找到各种所有制与市场经济结合的中坚力量。其基本特征是产权清晰、权责明确、政企分开、管理科学。政府类农业网站建立现代企业制度的典型形式是公司制。公司制网站是以法人制度为核心的网站。规范的公司组织制度为：股东大会、董事会、监事会、公司总经理。实行公司制不是简单地更换名称，也不是单纯地为了筹集资金，而是要着重于转换机制。

◆ 农业信息网站建设过程应遵循哪些规则？

农业信息网站的建设过程是整体建设思想的体现，必须要有规则指引：

（1）网站定位决定网站宏观思路。主要指网站的品牌定位、行业定位、用户定位等。

（2）网站盈利模式决定网站搭建模式。主要指会员制、流量制、渠道制。

（3）网站资源决定网站规模大小。主要指资金流、人流和物流的储备状况。

（4）网站受众群决定网站工作流程。主要指受众群的类型、特点、行为特征。

（5）网站业务决定网站内容重点。主要指业务范围、渠道和策略。

◆ 影响我国农业信息网建设的主要问题有什么？

（1）涉农信息网站内容实用性不强，质量有待提高。农业网站可粗略地分为四类：政府工程类农业网站、综合类农业网站、专业性农业网站及商业运作、自负盈亏的农业网站。由于受地域、部门、专业限制，各自为政，没有系统化管理，没有形成几家信息权威网站。致使这些网站有的信息发布不及时，有的农业技术的专业性较差，提供的信息资源实用性不强，含"金"量不高，甚至有虚假、错误的信息。

（2）农业信息采集渠道不规范，采集方法欠科学。目前我国采集的农业信息准确性差，权威性不强，主要是因为信息采集渠道不合理、不规范，致使国家和省级在农业信息应用系统开发上出现了重复建设和浪费现象。而很多发展市场经济急需的信息没有被纳入采集范围。另外，信息采集方法不科学、采集制度不健全、信息采集点不足等也影响了信息的准确性和代表性。

（3）农村的信息服务不到位。随着经济的不断发展，地方政府对农业信息重要性的认识不断提高，相关的职能部门也不断完善，但它们为农民提供的信息服务还没有到位。大部分农业信息服务设备形同虚设，根本不能提供有效服务。

（4）农民的经济能力与信息意识不强影响农业信息的普及。在传统的计划经济体制下，农民已习惯于按政府指令安排生产和经营，农业的信息意识和利用信息的自觉性较差。而且与城市和国外农村平均水平相比，我国农民收入水平不高，农民缺少必要的上网设备，大多数人还缺乏足够的财力和信息意识。在这种情况下，农业信息产业的发展有待于政府的资金投入和信息消费群体整体素质的提高。

◆ 加速我国农业信息网建设的对策措施有哪些?

（1）充分发挥政府在农业信息化建设中的主体作用。

（2）加大农业信息化基础设施的投入力度。

（3）重视农业信息网络和农业信息系统的建设。

（4）加快适应农业信息化要求的复合型人才的培养。

（5）构建省市县乡村（户）五级信息网络。

（6）加快农产品市场信息化改造。

（7）建立农业卫星服务网络。

（8）积极开辟多媒体信息资源。

◆ 怎样充分发挥政府在农业信息化建设中的主体作用?

政府应在农业信息产业发展中起主导作用。这种主导作用主要是通过制定相关的信息产业政策，对发展农业信息产业的意义、目标、发展重点等做出明确规定来实现，发挥政府信息服务机构的龙头作用。政府部门本身就是最大的信息投资者、生产者和使用者，能够集中大量的财力和高水准的人力处理信息。政府部门的信息服务机构，则是政府投资的执行者和最主要的信息集散地，它既为政府宏观决策服务，又为农民生产经营服务。

如何加大农业信息化基础设施的投入力度?

现阶段改变农民增收缓慢的现状，必须依靠农业生产效率和农业科技贡献率的提高，实现从传统农业向现代农业的过渡，因此农业和农民中计算机应用的水平必须要向更高的层次发展。计算机应用水平的提高，很大程度上取决于农业信息化基础设施的投入力度。农业信息化基础设施建设，应考虑到地区经济发展不均衡的现实，确保农业信息化进程的同时，不增加农民的经济负担，即政府要积极支持，加大对农业信息化的财政支持力度。

◈ 重视农业信息网络和信息系统建设的方针是什么？

由于农业信息网络的建设需要大量的投资，而我国经济发展又存在着地区间不均衡，因此在农业信息网络的建设过程中，一定要遵循因地制宜、循序渐进的方针，建立和完善适合当地经济水平的信息网络。有了完善的农业信息网络，就能提高农业信息的时效性，增强获取和发布农业信息的能力。

◈ 为什么要加快适应农业信息化要求的复合型人才的培养？

在实施农业信息化的过程中，农业信息人才是至关重要的因素。而我国目前农业信息人才相对缺乏，直接制约了现阶段农业信息化的发展。因此，在积极发展农业信息化促进农民增收的过程中培养复合型人才是最为关键的。随着知识经济的到来，对农村劳动力总体素质的要求也越来越高。

◈ 怎样构建省市县乡村（户）五级信息网络？

根据我国的实际情况，坚持"统一规划，统一开发，统一提供空间，统一技术维护，自主信息管理，共享资源成果"的原则，制定切实可行的建设规划，大力推进信息网络延伸。采取各级政府投入和农民自主建设相结合，根据不同信息需求确定相应建设水平，尽快完成各省、市区内信息网络基础硬件建设。

◈ 如何加快农产品市场信息化改造？

以信息化改造传统农产品批发市场，统一开发大型计算机管理系统，将市场运营全过程统一纳入计算机网络管理，建立农产品流通动态信息数据库系统，实现农产品流通信息的采集、加工、传输、反馈、发布的现代化运作，实现电子交易和农业信息的网上实时发布。

◈ 为何建立农业卫星信道服务网络？

在宽带普及率较低的现实情况下，卫星信道已成为基层农村信息服务的有效形式。卫星信息传输将带来字、图、声、像等多样化信息服务，有助于农民接受和理解。卫星网与互联网互为补充，有机结合，将会给农业和农村信息服务带来深刻变革。

◆ 积极开辟多媒体信息资源的措施是什么？

农业多媒体数据资源大量存在于各种媒体、介质中的非结构化数据中，如图形、图像和声音等。通过开发多媒体数据资源，经过转换和加工制作，以多媒体教学课件、多媒体视频、多媒体Flash、多媒体光盘等形式，将声音、图形、图像、文字、视频、动画等信息元素有效组合，为农户提供生产、生活、教育等领域内的信息服务，使信息服务直观形象、生动活泼，便于不同教育水平、不同接受能力的农民所认知和理解。

◆ 农业信息网建设的重要作用表现在哪几个方面？

利用现代信息技术和网络开展有效的信息服务，可以使农产品顺利进入市场，进而实现农业增产、农民增收。用现代信息技术全面改造和装备农业，对农业生产的各种要素进行数字化设计、智能化控制、精准化运行、科学化管理，能够降低生产成本，提高产业效益。利用信息技术汇集、处理动态经济信息，为宏观决策和管理提供支持，可以促进政府职能转变和业务职责优化重组，以现代经营管理理念，实现管理与运行机制的现代化。

从农业生产方面看，现代信息技术可以指导生产者、经营者、管理者提高生产效益，通过运用信息技术，可以使有限的农业资源得以优化配置，有助于推动传统农业的升级改造，提高劳动生产率。从农民生活方面看，借助多种信息传播媒体可以提高农民生活水平。

◆ 加快农业信息网站建设的方法有哪些？

（1）提高农民文化水平，增强农民信息意识。

（2）加强基础设施建设与资源开发。

（3）发展综合服务，完善保障机制。

◆ 怎样提高农民文化水平，增强农民信息意识？

提高农民文化水平，增强农民信息意识的关键有：

（1）加快发展农村教育事业，着力普及和巩固农村九年制义务教育，建立农村义务教育经费保障机制，改善农村办学条件。

（2）建立和完善多形式、多层次的农民培训体系，全面加强对农民的培训。

（3）建立文化图书馆，把报刊、杂志等送到农民手中，使农民的知识有鲜明的时代感，知识与时代同步，符合时代的要求。

◆ 如何加强基础设施建设与资源开发？

加强农村信息网络建设，积极建设技术先进、功能完备的农业信息化基础设施，是顺利实现农业信息化的重要条件。农业信息化基础设施包括农作物种子工程设施、农作物病虫害防治设施、卫星遥感通讯设施、基础信息资源的开发和网络设施建设。由于农村经济条件有限，基础设施建设应遵循边建设、边应用、边服务的原则。

◆ 怎样发展综合服务，完善保障机制？

综合服务包括宏观信息服务和微观信息服务。在开展宏观信息服务方面，资源提供者应尽力为各级政府和有关部门提供权威、及时、准确的信息参考；在开展微观服务过程中，资源开发者必须深入调查研究不同主体的信息需求，使农业信息服务有的放矢。信息服务方式，除电视、电话、电脑"三电合一"模式外，还有农民上网工程、信息进村、电波入户等方式。

◆ 什么是增强农民信息意识的关键？

（1）必须让农民认识到网络与他们的生产、生活息息相关。可以通过一些成功运用网络的例子进行说明，例如：南方很多种植花卉的农民通过互联网销售花卉，足不出户就能收到大订单。

（2）促使农民由被动接受信息到主动收集信息。有

真爽！不出家门，全世界的致富信息尽收眼底。

关部门应该主动送信息上门，农民通过掌握信息增产增收后就会自觉的收集信息。

（3）信息收集方式由原始向现代化转变。原始收集就是互相打听，四处奔走。现代化收集就是利用报纸、广播和互联网等现代设施收集。

◆ **开发信息资源的重点指的是什么？**

开发信息资源重点在于加强农业科技、教育和经济信息网络中心的建设，完善农业信息服务系统，完善农业信息资源数据库，建设农村公共信息网络体系，免费为农业生产经营者提供公共信息服务。重点整合并传播农业技术、市场供求、价格、气象、病虫害防治等各种农业信息资源，增强农业生产经营的预见性。

目前，发达国家无不投入巨大财力来加强农业信息网络建设。美国以政府为主体构建了庞大和完整的农业信息网络，收集、分析和发布农业信息，美国国家自然科学基金会投资 5300 万美元建设了一个大型涉农网络项目。欧盟委员会 2004 年投资 5200 万欧元推进 25 个成员国之间的网络技术的研发与应用，英国也投资 2～4 亿英镑支持网络研究项目。同时，还应发挥市场的引导机制积极利用民间投资，允许和鼓励企业、科研机构、社会组织、个人、农村专业合作经济组织、农民信息协会和农户等投资信息化建设。

◆ **在新农村信息化发展过程中，什么是信息化发展的新趋势？**

（1）信息化成农民增收新手段。

（2）多部门联合共建信息平台。

（3）信息化促进农村教育跨越式发展。

◆ **为什么说信息化成农民增收新手段是信息化发展的新趋势？**

随着农业信息化工程的推进，信息化正在成为农民增收的有效新手段。例如，仅 2006 年，全国农业信息化建设的"领头羊"——中国农业网，促进国内农产品实现销售和招商引资总额就多达 8～2 亿元。

与传统媒体合作传播农经网信息。在做好网络传播信息服务的同时，中国农业网积极通过各种传统媒体建立起切合实际、覆盖面广、应用广泛的农经网信息传播渠道，弥补了目前农业网络传播信息仅达乡镇的局限，更好地满足了"三农"对农经网信息的需求。如与报刊杂志等媒体联办"农业信息"专栏（版），各级农业信息网机构定期编办"农经信息简报"等。

◇ **为什么说多部门联合共建信息平台是信息化发展的新趋势**？

"十五"期间，在政府主导下，农办、农业综合开发办、扶贫办、发改委、经贸委、农业厅、信息产业厅、财政厅、科技厅、林业厅、水利厅、通信管理局等成为农经网联席会议成员单位，按照国家"统筹规划、国家主导、统一标准、联合建设、互联互通、资源共享"的信息化建设指导方针，齐心协力共同建设农经网，切实提高了农经网为"三农"服务的质量和效果。

◇ **为什么说信息化促进农村教育跨越式发展是信息化发展的新趋势**？

农村教育远远落后于全国平均水平，再加上农村山高谷深、校点分散、交通不便、信息闭塞，农村不但存在教师数量不足、学科结合不合理的问题，而且存在教师的教育理念、教学方法落后以及教学能力、教学水平偏低的问题，严重影响了农村教育质量。我国在加快农业信息化发展的同时，紧紧依托农业信息化网络，有效带动了农村教育实现跨越式发展。

◇ **农业信息网盈利的主要方式有哪些**？

商业性农业网站投资经营的关键，是寻找到正确的盈利模式。主要有以下几种盈利模式：①广告；②电子商务；③信息内容收费；④会员收费；⑤服务功能收费；⑥手机短信收费。

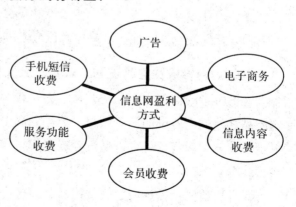

◆ 农业信息网站后勤管理包括哪些内容？

（1）市场和销售工作。市场和销售工作引导市场的需求，并为企业获得相关产品和服务的订单，没有销售发生，企业就没有存在的意义。

（2）生产工作。生产工作就是生产相关成品或提供服务，执行并完成订单。

（3）财务和会计工作。财务和会计工作是根据网站销售和生产的状况，支付账单，回收资金，报告企业经营的成绩。

◆ 广告这种盈利方式是怎么回事？

从发展潜力来说，广告经营是我国商业网站，特别是农业网站的主要维生机制。商业网站在保持内容的基础上，应注重广告经营。产品满足最大多数网民的信息需求，确定一个长期的品牌定位，建立网站在目标市场的核心竞争力。品牌竞争不仅要求商家提供一种高品质的产品，更让消费者从产品的消费中获得情感和自我表达的满足。

在这方面，我们从以下几个方面着手：知己知彼，进行深入的市场调查分析；加强自身的广告资源整合；加大广告推广力度；充实内容，提高广告竞争力；扬长避短，寻求差异化竞争。

◆ 电子商务这种盈利方式指的是什么？

所谓电子商务，它是由交易主体、电子市场、交易事务和信息流、资金流、物资流等基本要素构成。企业建立电子商务网站是适应网络时代商务特点、商业模式变化以及营销组合变化的必然趋势。通过网络进行电子商务具有互动性、即时性、全球性和低成本的特点。

◆ 信息内容收费这种盈利方式是怎么回事？

这里所指的信息内容收费，是除去在线购买的书籍、衣服、光盘等实物产品之外的内容类的消费项目，典型的网上内容消费包括报刊电子版、电子书、电子版音乐等可以通过互联网直接传输到用户个人电脑、无线设备等终端上的产品。

综合目前网站信息内容收费模式，大体有三种：新闻和信息内容打包向其他网站或媒体销售；用户付费方式浏览网站；用户付费进行数据库查询。内容收费的成功涉及信息质量要高，内容独特性要高，付款机制方便完善，消费者消费观念健全，上网速度要快，明确的市场区隔，内容不易被仿冒及复制等因素。

◆ 会员收费这种盈利方式指的是什么？

在网站上设置会员专区，使会员拥有比普通受众更多的权限，享受特殊服务。例如，可以每天发布供应、合作、求购等商业信息，可以不受限制浏览所在行业新闻、技术文章、资料教程，享受网站免费电子技术期刊的订阅，可以了解更多更广的专业知识，可以定期参加网站组织的交流活动。

网站最重要的资源和优势就是网站的会员，所以管理一个网站，最重要的管理内容就是管理自己的会员，吸引会员参与网站活动。网站必须管理好自己的会员，充分调动网站会员的积极性，吸引新会员，留住老会员，让会员觉得网站有新鲜感，每天都有不一样的东西。

◆ 服务功能收费这种盈利方式是怎么回事？

互联网拥有强大的多种服务功能。对于具有巨大公信力、影响力的网站，社会经济文化等各个领域的企业、机构都会想到利用其传播平台。因此，收费服务的前景是十分广阔的。显然，这样下来，网站的信息在带动消费并产生价值链后，才更能体现出自身的价值并带来经济效益。随着数字化进程，诸如数字摄影在线扩充、电子相册等新的消费领域及价值链势必形成。

◆ 手机短信收费这种盈利方式指的是什么？

目前，我国手机短信业务大幅增长。在这一新兴领域和市场中，除了移动电信运营商外，最大的受益者就是各类内容的提供商。如今手机短信息收入已成为网络媒体营收的一个重要来源。手机不仅是双向语音沟通的通信工具，而且成为大众化的信息传播工具。手机短信息营收给我们的最大启发是要对新技术、新市场有及时、准确的判断。

◆ **农业信息网站宣传推广包括什么内容**？

网络推广是网络营销的组成部分，制定网站推广计划本身也是一种网站推广策略。与完整的网络营销计划相比，网络推广计划比较简单，更为具体。一般包括以下的内容：

（1）确定网站推广的阶段目标。如在发布后一年内实现每天独立访问用户数量、与竞争者相比的相对排名、在主要搜索引擎的表现、网站被链接的数量、注册用户数量等。

（2）在网站发布运用的不同阶段所采取的网站推广方法。如果可能，最好详细列出各个阶段的具体网站推广方法，如登录搜索引擎的名称、网络广告的主要形式和媒体选择、需要投入的费用。

（3）网站推广策略的控制和效果评价。如阶段推广目标的控制、推广效果评价指标等。对网站推广计划的控制和评价是为了及时发现网络营销过程中的问题，保证网络营销活动的顺利进行。

◆ **常用的农业信息网站的推广手段有哪些**？

目前，网站通过网络来推广自己，有快捷、便宜的特点，主要有以下几种形式：①登录搜索引擎；②电子邮件推广；③网络广告；④交换链接。

◆ **登录搜索引擎指什么**？

搜索引擎的出现，极大地方便了我们查找信息，同时也给我们推广自己的产品和服务创造了绝佳的机会。据统计，除电子邮件外，信息搜索已成为第二大互联网应用。并且随着技术进步，搜索效率不断提高，用户在查询资料时不仅越来越依赖于搜索引擎，而且对搜索引擎的信任度也日渐提高。有了用户的基础，我们利用搜索引擎宣传企业形象和产品服务当然就能获得极好的效果。所以对于信息提供者，尤其是商业网站来说，目前很大程度上也都是依靠搜索引擎来扩大自己的知名度。

◆ **什么是电子邮件推广**？

电子邮件推广是利用邮件地址列表，将信息通过 Email 发送到对方邮箱，以期达到宣传推广的目的。电子邮件是目前使用最广泛的互联网应用。它方便快捷，成本低廉，不失为一种有效的联络工具。电子邮件推销类似传统的直销方式，属于主动发布信息，带有一定的强制性。

◆ 网络广告指什么？

网络广告是指在其他网站上刊登企业的视觉宣传信息。它的一般形式是各种图形广告，网络广告本质上还是属于传统宣传模式，只不过载体不同而已。

◆ 网络广告收费形式主要有哪些？

（1）按千次广告播映率收取一定的费用（CPM）。国内收费标准为人民币 120 ~ 320 元 / CPM 不等。CPM 是英文 CostPerThousandImpression 的缩写，就是说广告在所有客户浏览页面中显示累计超过 1000 次，你就得支付 120 ~ 320 元。注意这里的关键是"显示"，不管用户看不看广告，或点不点击你的广告，只要它显示在用户的浏览器上就会产生费用，但是高显示率并不等于高回报率。所以从单位成本角度看，这种方式比较适合有实力的企业进行网上形象宣传。

（2）按千次广告点击率收取相应的费用（CPC）。该方式收费基准是 CPC，即以广告图形被点击并连接到相关网址或详细内容页面 1000 次作为计费单位。从性价比上看，CPC 比 CPM 要好一些，广告主往往更倾向选择这种付费方式，但其单位费用标准却比 CPM 要高得多。

◆ 我国怎样完善农业信息采集、分析、发布制度？

（1）信息收集。为确保农业信息采集的广泛性、原始性、基层性、高效性和准确性，我们在收集信息的过程中，要注意收集的渠道。

（2）信息分析。农业信息化以提供有价值的信息服务为根本目的。信息专家要密切结合本地实情，通过历史资料分析、市场调研，发布权威性高、准确性高、实用性强、经济性强的指导意见，为政府正确决策提供科学依据，真正帮助农民解决问题。农业信息中心要充分利用自己的信息优势，加强市场分析研究，积极开展农产品网上贸易、中介服务等工作。

（3）信息发布。农业信息中心以发布有用农业信息，并将其准确及时地传递到用户手中为己任。由于农业信息用户层次不同，经济条件差异，我们必须因人因地而异，采用各种传递方式。

◆ **农业信息收集的方式有哪些？**

为确保农业信息采集的广泛性、原始性、基层性、高效性和准确性，采用以下几种方式收集农业信息：

（1）县（市）农业工作站利用县、乡、村已形成的信息报送体系获取本地农业动态、农业结构调整、农业产品产销信息报送市农业信息中心。

（2）积极发展农业单位、农业企业、农业杂志、产销大户和农产品批发交易市场在农业信息网上安家落户，为他们免费或优惠制作主页，提供虚拟空间和二级子域名。

（3）结合本地实际，从报刊和互联网上搜集有价值的农业信息。

（4）抓住农业时节，深入基层、农贸市场、农业企业实地调查采访，获取第一手的文字、音像资料。

（5）网上用户通过"供求信息"和"农业论坛"免费发布信息，通过农业电话咨询热线传递信息。

◆ **农业信息发布的主要方式包括哪几种？**

（1）在互联网上发布农业信息。农业信息网每天由专人及时更新农业新闻、农业气象、农产品价格、农产品行情，不断充实农业种养新品种、新技术等内容。

（2）与电视台联合开办农业专栏节目，内容包括农业快讯、新技术、看市场、致富经、农闲事等版块，该套电视节目涉及农民关心的各个领域的问题。

（3）与省级农业刊物联动。农业信息网上开通农业电子版杂志，各地权威报刊和杂志自由转载农业信息网内容。

（4）在乡村一级使用公告牌、板报发布农业信息和交流农业技术。公告牌上的信息由农业信息网站和县、乡各级工作站精心筛选，通过计算机网络、电话、传真和信件向下传输，同时各点及时反馈基层农业农产品动态，这样能有效减少信息使用的盲目性。

六、我国农业信息化状况

◆ 什么是信息化？

信息化是指社会发展到一定阶段以计算机为核心的信息技术围绕着信息的开发和利用，在国民经济各部门和社会各领域广泛应用，并改变人们的生产、生活及工作方式，推动信息技术的进步，从而带动信息产业的发展，促使人类社会的产业结构发生深刻变革，进而引发信息革命的过程。

◆ 我国农业信息化的内涵包括哪几个方面？

（1）农业生产管理信息化。包括农田基本建设、农作物栽培管理、农作物病虫害防治、畜禽饲养管理等。目的是及时收集信息，帮助农户解决生产管理问题。

（2）农业经营管理信息化。及时准确向广大农民提供与农业经营有关的经济形势、固定资产投资、物价变动、资金流向等各种信息，指导他们的生产经营活动。

（3）农业科学技术信息化。收集并传递与农业生产、加工等领域有关的技术进步信息，包括农业栽培技术、畜禽养殖技术、农副产品加工技术以及农业科研动态。

（4）农业市场流通信息化。提供农业生产资料供求信息和农副产品流通、收益成本等方面的信息。

（5）农业资源环境信息化。发布与农业生产经营有关的资源和环境信息。如耕地、水资源和生态环境、气象环境等信息。

（6）农民生活消费信息化。向广大农民提供生活消费方面的信息服务，介绍主要消费品的性能、价格和供求趋势等。

◆ 农业信息化这一概念的内涵和外延是什么？

其基本涵义不外乎是指信息及知识越来越成为农业生产活动的基本资源和发展动力，信息和技术咨询服务业越来越成为整个农业结构的基础产业之一，以及信息和智力活动对农业的增长的贡献越来越加大的过程。

总之，农业信息化的概念应该是，不仅包括计算机技术，还应包括微电子技术、通信技术、光电技术、遥感技术等多项信息技术在农业上普遍而系统应用的过程。从另外意义理解，农业信息化是指培育和发展以智能化工具为代表的新的生产力并使之促进农业发展，造福于社会的历史过程。

◆ 我国目前农业信息化的建设状况如何？

（1）信息网络初步形成。农业信息网络建设是农业信息化发展的前提，通过大力宣传和发动，我国各级政府十分重视信息网络建设，纷纷加大农业信息网络的硬件投入。基本建成了区有中心、乡有服务站、村有信息员的农业信息网络，同时，区乡两级农业信息化服务的相关规章制度也正在逐步建立健全。

（2）信息服务形式多样。农业信息化建设的根本任务是为农业生产经营服务，必须下大力气解决农业信息进村入户，将信息传递到农民手中的"最后一公里问题"，为此我们应采取传统信息工作手段和现代网络技术相结合的方式，利用广播、电视、电脑网络和人工等多种形式进行信息的采集、整理和发布，为农民提供全方位的信息服务。

（3）信息工作成效显著。在信息的利用上，各乡镇尝到了甜头，农民更是看到了它的价值，认识到了农业信息服务的重要性：①通过信息网络及时发布农产品价格及供求形势，引导农民根据市场需求调整农业结构，促进了农业产业结构战略性调整；②通过农网发布销售信息，并将互联网上搜集的全国各地主要农产品购销信息及时提供给农户和企业，拓宽了农产品销售渠道，促进了农产品流通；③通过农业技术信息的搜集、整理和发布，促进了农业科技知识的普及和运用；④通过网上招商，促进了农业项目的招商引资。

◆ **我国农业信息化发展瓶颈有哪些？**

农业信息化建设，大大提高了农民的生产经营管理水平，使农民受益匪浅，但目前，我国要加快农业信息化进程，还有许多"瓶颈"亟待突破：

（1）许多基层干部对农村信息化缺乏足够的认识。在文化素质相对较低的农村，既通晓一定的计算机知识，又具备农业技术的基层服务人员太少。

（2）上网成本较高也在一定程度上阻碍了农业信息化进程。

◆ **我国信息化存在哪些问题？**

（1）信息采集面窄，缺乏规范化和标准化。我国农业信息的开发和应用还存在着农民信息知识水平低，信息开发采集点少，信息应用覆盖面窄，信息交流渠道少，信息利用效率低等信息"软件"上的不足。

（2）基础设施建设投入严重不足。农村信息设施落后，存在龙头企业和农民投入硬件资金和意识缺乏等"硬件"上的不足。

（3）涉农部门缺乏有效的信息资源共享机制。涉农信息由不同部门归口管理，缺乏统一协调的信息服务管理机制，各部门和各单位分别依靠各自独立、相对薄弱、不尽规范的信息系统进行信息采集和资源开发，标准不够统一，体系建设存在交叉重复，信息资源尚不能得到充分共享。

（4）农业信息体系整体服务水平不高。现有的信息服务人员素质参差不齐，技术人才不足，培训工作滞后，影响了信息服务质量，传统媒体与信息网络之间缺乏有效合作，使信息服务难以形成整体优势。

◆ **我国农业信息化发展对策是什么？**

（1）要强化政府的信息化意识，为农业信息化提供有力的政策支持。

（2）要重视农业信息网络人才的培养和利用，充实农业信息网络的内容，提高农业信息网络的建设水平。

（3）要提高农民素质，增强农民利用农业信息的能力。

（4）千方百计利用信息化的成果，发展适应我国国情的广义农业信息化。

◆ **为什么要强化政府的信息化意识？**

农业是国民经济的基础产业，农业的发展关系国计民生，农业又是经营风险高、经营收益相对较低且需要政府支持和保护的产业。农业信息化的发展离不开政府的支持与扶助，各级各部门应提高对农业信息化建设意义的认识，加大对农业信息化的资金和人力投入，以政府有关部门为主积极建立农业信息网络并不断充实和更新网络的内容，为农业生产和经营的发展提供必要的、系统化的农业信息支持。

◆ **重视农业信息网络人才的培养和利用的原因是什么？**

要集中掌握网络技术、农业技术、农业经营等各方面的人才，不断充实网络的内容，建立系统化的农业生产经营技术信息，完善网络的交互利用功能，使农业信息的使用者能够在农业信息网络上随时查找到所需的相关信息，能够通过农业信息网络向有关方面的专家学者咨询农业生产经营中的疑难问题。

◆ **怎样提高农民素质，增强农民利用农业信息的能力？**

应该充分重视农村的基础教育和农民的技术培训，从文化程度和农业生产经营技能上切实提高农民的素质，提高农民的信息意识和利用农业信息网络的能力，使信息真正转化为现实的生产力。

◆ 为什么千方百计利用信息化的成果?

农业信息化的发展在目前我国农村发展现状下,确实有相当多的困难,但农业信息化的建设和利用不能都等到时机成熟,要想方设法尽可能快、尽可能多地利用信息化的发展成果。在目前的情况下,发展适应我国国情的广义信息化具有很大的发展空间和发展潜力,应当充分利用电视、广播、报纸、现场指导等多种形式,千方百计把农业信息化的现代成果传递给农民,促进农村经济结构的不断优化和农民增收,加快农村的小康建设进程。

◆ 农业信息化建设内涵包括哪几个方面?

农业信息化就是农业全过程的信息化,即在农业领域全面地发展和应用现代信息技术,使之渗透到农业生产、消费以及农村社会、经济、技术等各个具体环节,加速传统农业改造,大幅度地提高农业生产效率和农业生产力水平,促进农业持续、稳定、高效发展的过程。其基本内容包括:农业资源和环境信息化,农业生产和农业管理信息化,农业生产资料及农产品市场信息化,农业科技教育信息化,农业政策法规信息化以及农村社会、经济信息化。扎实推进农业信息化建设对于我国的新农村建设具有非常重要的作用。

◆ 农业信息化建设对社会主义新农村建设的推动作用有哪些?

农业信息化建设对社会主义新农村建设的推动作用主要表现在以下几个方面:

(1)农业信息化将推进农业生产结构的调整,加快发展现代农业。

(2)农业信息化将为政府制定农村公共政策提供依据。

(3)农业信息化能降低交易成本,增加农民收入。

为什么说农业信息化将加快发展现代农业?

推进农业结构战略性调整,是新阶段农业和农村工作的中心任务,也是建设现代农业的主要内容。过去传统的以高耗、低效型为主要特征的生产结构方式将逐渐被以低耗、高效为主要特征的新兴的生产结构方式所代替。农业粗放式的生产模式将被高度集约式的生产模式所代替,农业生产结构因此而得到优化；同时在农业领域，高新技术的应用，使农业生产步入了现代化的生产阶段。生物工程大大促进了新品种的培育与品种的改良，能源与新材料等方面的应用则改进了农业生产的技术手段并提供了规模化生产的可能性，而电子、通信、计算机以及信息技术，则不同程度地渗透到了农业生产的各个方面，极大地提高了农业的现代化生产水平。

◆ 为什么说农业信息化将为政府制定农村公共政策提供依据？

政府的农村政策一直把农业信息化作为建设社会主义新农村的重要内容，而农业生产、经营、管理、决策的复杂性决定了有效的政府农村公共政策的制定需要多种信息和多种学科的综合利用。作为农业信息技术的典型代表，农业决策支持系统、专家系统、作物模型系统等的相互结合将最大限度地保证宏观决策的合理化、经营管理的现代化和生产过程的科学化，为生产者和管理者做出科学有效的决策提供支持。

◆ 为什么说农业信息化能降低交易成本，增加农民收入？

对于分散的农户而言，运用传统的手段获取具有较强的分散性、复杂性和综合性的农业信息将非常困难，且获取信息的成本极高。而信息技术的应用，则可以通过因特网，及时、准确、全面地搜集所需要的信息，降低交易成本，提高经济效益，增加农民收入。同时，在市场经济条件下，农产品市场信息瞬息万变，农民生产行为又往往带有较大的盲目性和滞后性，而信息技术的应用则可以使市场交易双方直接联系，在很大程度上能减少流通环节，简化交易程序，节约交易费用，降低市场风险。

◆ 什么是农业信息化的研发基地技术支持？

高校科研机构是农业信息化的研发基地技术支持。高校科研机构既担负着科技创新的重任，更担负着人才培养的重任。高校和研究机构在社会主义新农村建设中主要担负着为农业发展、农村繁荣、农民增收、农业教育提供高级创新研究型人才与应用型人才的重任。在农业信息化的推广过程中，高校还发挥生力军的作用，积极参与到新型农业科技创新体系改革和建设中。

◆ **农业信息化的主要参与者和受益者是谁？**

农民是农业信息化的主要参与者和受益者。在农业信息化"企业＋农户"、"村社集体组织＋协会＋农户"、"政府农技推广部门＋协会＋农户"等各种模式中，农户都是其中的参与者，并且都是信息化过程中的终端执行者和受益者。

◆ **国外加快农业信息化的有效措施是什么？**

国外加快农业信息化的措施主要有：

（1）增强全民的信息意识。

（2）加强政府部门宏观调控。

（3）建立农业信息化人才培养机制。

（4）重视农业信息资源深度开发利用。

（5）健全农业信息化规划、协调机制。

（6）农业信息化要因地制宜、走低成本之路。

◆ 国外农业信息化有什么特点？

发达国家的农业信息化已经进入了新的阶段，形成了从农业信息的采集、加工处理到发布的健全的、完善的农业信息体系。农业信息化不仅使发达国家农业原有的优势得到了越来越充分的发挥，而且使其劣势逐步改善和消失。其在农业信息化的进程中也形成了自己的特点。

（1）信息主体的多元化。主体很多，但不同主体在服务内容上侧重点各有不同。如国家农业部负责向社会定期不定期地发布政策信息；农业商会主要是传播高新技术信息；各行业组织和专业技术协会都尽量收集本组织有用的信息；民间组织也是重要的农业信息主体之一；各种农产品生产合作社与互助社广泛收集对组织有用的信息。

（2）农业信息服务形式多样化。主要是指宣传方式、传播媒介的多样化。同时收费和不收费的农业信息网站相结合。

◆ 怎样增强全民的信息意识？

我们要通过各种手段，宣传普及农业信息知识，提高全民的信息意识和自觉利用信息、依靠信息的积极性，将稀缺的信息资源转化为现实的农业生产力。增强农民信息意识的关键是：

（1）必须让农民认识到网络与他们的生产生活息息相关，可以通过一些成功运用网络的例子进行说明。

（2）促使农民由被动接受信息到主动收集信息。有关部门应该主动送信息上门，农民通过掌握信息增产增收后就会自觉地收集信息。

（3）信息收集方式由原始向现代化转变。原始收集就是互相打听，四处奔走。现代化收集就是利用报纸、广播和互联网等现代设施收集。

◆ 如何加强政府部门宏观调控？

在市场经济条件下，市场失灵的领域一般是政府发挥作用或履行职责的领域。农业信息化建设是一项投资额较大、建设周期长、受益面广的工程。其提供的信息都具有公共物品或准公共物品的性质。这就决定了政府必须要积极参与农业信息化建设，并充分发挥支持和引导作用。具体包括：

加大农业信息化建设的投入力度，健全农业信息基础设施；加快重点数据库建设，进一步加强信息发布工作。

◆ 怎样建立农业信息化人才培养机制？

农业信息化建设关键在人，而农业信息化人才培养乃重中之重。

（1）充分利用大中专院校加强农业信息化专业人才培养。

（2）要切实加强农村信息员队伍建设。由于我国一些农业信息开发经营人员缺少相关的专业知识，导致农业信息产品的质量不高，服务水平低而收费高，严重挫伤了农民利用信息资源的积极性，制约了农业信息化的健康发展。

◆ 为什么要重视农业信息资源深度开发利用？

政府、科研机构和商业性农业信息服务机构，为农业生产、农产品流通、管理决策等环节提供的信息化服务，都是建立在全面、可靠、及时的信息内容基础之上的。为此，政府及相关机构在加强农业信息资源开发利用方面应采取有效措施。

（1）加强对关键技术的研究。

（2）加强政府对农业信息的搜集。

（3）利用信息技术开发农业。

（4）利用信息资源进行预测。

（5）利用信息资源为农业决策服务。

◆ 如何健全农业信息化规划、协调机制？

农业信息化要能真正实现离不开合理的规划和有效的协调机制，否则将流于形式，成为一句空话。

（1）应提高对农业信息化建设的认识，将其纳入长期发展规划，加大资金和人力投入。

（2）强化信息化建设协调机制，因地制宜地有步骤、有重点地推进农业信息化建设工作，制定公共标准、搭建公共平台，确保业务衔接，避免重复建设和资源浪费。

（3）加强农业信息化发展政策和法律建设。

◆ 为什么说农业信息化要因地制宜、走低成本之路？

我国还有相当一部分人口没有解决温饱问题，因此农业信息化必须走低成本之路，不能照搬国外经验走发达国家大投入、高成本建设信息网络的道路。

所以，简易实用、贴近我国农村实际是必须坚持的基本原则。必须结合农民的实际需求，以最低的成本和农民愿意接受的方式传播农业信息。农业信息化的关键问题不在于花钱购买高级设备，而在于有没有信息化意识和具体措施，是否根据本地农村实际，使用切实可行的多种手段整合信息资源，让更多农民及时获得所需信息。只有最大限度地汇集整合各层次信息资源，采用农民愿意接受的方式，多手段、多层次传递给农民，才能有效地推进农业信息化。

◆ 我们国家农业信息化应如何发展？

我们要抓两头带中间。原则是从效益出发，最基本的问题是找到信息化为当地发展提供的机遇。

◆ 什么是两头？

一头是经济社会发展比较好、比较快，有条件采用先进信息技术的地方。另一头是经济社会欠发达，信息化发展受制约比较大的地区。经济社会条件比较好的地区要尽量往前走，要利用先进的信息技术武装和发展现代农业，尽快向先进国家看齐。我们发展农业信息化，两个眼睛，并不是始终盯在落后的不发达的农村，我们也要争取先进的地区赶上发达国家的水平。在这些地方大力建设示范基地、推广信息技术非常重要。另外是欠发达地区，我们要看到信息化并不嫌贫爱富，穷有穷的搞法、富有富的搞法。

◆ 我国农业信息化建设有哪些重要意义？

（1）优化资源配置，提高农业经济效益。现代化的农村是市场化的农村，同时也是信息化的农村，农业信息化促进了农业科学技术及其成果的推广与普及，完善的农业信息服务体系，可为农民提供准确、及时的信息服务，用信息引导农民自觉地进行经济结构调整，从而提高农业经济效益。

（2）降低市场交易风险，提高农业市场流通效率。农业市场风险在很大程度上是由于农业信息不充分、生产与经营的盲目性和滞后性而引起的。农民可获得的信息越充分，投资与生产决策越准确，市场风险就越小。

（3）加快农业技术的传播与推广和农业科技人才的培养。农业信息技术的优越性之一是信息的快速传播，信息技术通过网络和多媒体技术把农民急需的专业生产技术和最新的应用经验快速地传播到各地，打破了时间和空间的限制。而发展和应用科技的关键是人才，通过这些科技人才，进一步推广、普及农业科技和科普知识，提高农民的整体科技素质。

（4）提高农产品的国际竞争力。在经济全球化的背景下，一国农业发展的关键在于能否从根本上提高农业的国际竞争力，农业信息化有利于提高农业的国际竞争力。

◆ 为什么说农业信息化有利于提高农业的国际竞争力？

（1）农业信息化有利于提高农产品的价格竞争力。因为农业信息系统所提供的农业投入品价格、农产品市场行情和国内外农业政策导向的信息更有利于农民确定自己的比较优势，按比较优势配置资源有利于提高农产品的价格竞争力。

（2）农业信息化有利于提高农产品的质量竞争力。国内外农产品的质量标准及其变化的信息是农业信息系统的基本内容。当农业生产者从网络上便捷地得到有关农产品的质量标准信息，并以质量标准来规划农业生产时，农产品的质量竞争力无疑将得到大幅度提高。

（3）农业信息化有利于推动农业高新技术产业化。从最终来源来看，农产品的价格竞争力和质量竞争力离不开高新技术产业化的支撑，农民渴望高新技术，但对于经营规模小、收入水平不高的小农户而言，农业高新技术产业化中的风险又往往令他们望而却步，而农业高新技术的最新进展、应用前景、获取途径、技术咨询均是农业科技信息系统的重要内容。

因此，农业信息化有利于缩小农业高新技术供给者与需求者，特别是与广大农户之间的距离，进而有利于降低农业高新技术产业化中的风险，推动农业高新技术产业化进程，提高农产品的质量竞争力和价格竞争力。

◆ 当前我国农业信息化建设中有哪些突出问题？

（1）重视不够，投入不足。

（2）农业信息发布渠道不畅，传输滞后且实用性差导致农业信息的滞后。

（3）农业信息化体系不够完善，服务水平不高。

（4）农业信息网络人才匮乏，农民科学文化素质不高。

◆ 为什么说重视不够，投入不足是突出问题？

农业信息化是农业现代化的标志，是新世纪我国农业发展的出路，但地方各级政府对农业信息仍不够重视，认识不到位，对信息化的认识仍然很粗浅，对信息化内涵了解甚少，明显存在着等待、观望的思想，投入也存在严重的问题。

◆ 为什么说农业信息发布渠道不畅是突出问题？

农村基层主要是靠开会、发资料、有线广播、电视等方式传播农业信息，这显然跟不上市场变化的要求。同时，农民被动地接受农村基层干部和农业信息机构的信息传播，对信息资源的利用缺乏积极性，造成农业信息的传播效率不高，农业信息传播方式的落后必然造成农业信息的滞后。

◆ 为什么说农业信息化体系不够完善是突出问题？

从总体上看，农业信息化体系统一性与规范化水平低，农业信息服务市场、农产品设计市场、农业资金市场、农产品加工市场、农产品存储及包装市场等尚未形成，农业信息化体系尚不完善。

◆ 为什么说农业信息网络人才匮乏是突出问题？

农业信息建设需要一大批既精通计算机技术、网络技术，又熟悉农业经济运行规律的专业人才，由于各级政府对信息网络人才培养不够重视，投入经费少，加上培训机制不够完善，目前我国农业信息网络人才相当匮乏，使得农业信息专业库的建设和更新速度缓慢。农业信息化能否获得最终成功关键取决于广大农民的科学文化素质。目前，我国农民的科学文化素质还远远不能适应农业信息化的要求。

◆ 加快农业信息化的对策有哪些？

（1）强化政府在农业信息化建设中的作用，加大投入力度。各级政府应牢固树立信息观念，充分认识到信息就是资源，信息就是财富。

（2）宣传农业信息技术，满足农民对信息的需求，增强信息的实用性。农业作为周期长、风险大的弱质产业，面临的竞争更加激烈，应把农民真正需要的政策、科技、市场等信息有效及时地传输给广大农民，使其真正发挥信息资源的巨大价值，指导农民做出正确的生产与销售决策，从而获得较好的效益。

（3）加快农业信息网络建设，提高服务水平。

◆ 我国应如何抓紧农业信息化建设？

（1）切实加强对信息化工作的领导，基层农委确定一名分管主任具体抓农业信息工作，并专门设立科教信息室，负责农业信息的收集、整理、发布，并制定具体的信息发表奖励办法。

（2）对农口各局办（农业、水务、林业、农机、农经、气象等）、委属各二级机构、乡镇（场）农业综合服务站，每单位明确一名专职人员负责信息工作。

（3）积极办好农委送阅材料，每年印发送阅相关部门，送阅范围包括省市农业主管部门、县领导、各乡镇、有关兄弟县（市）。

（4）积极建设好农业信息网，充分发挥网络功能，为广大农户提供及时有效的信息服务。

（5）积极拓宽信息服务范围，根据当地实际，在信息服务范围上积极向种植大户、养殖大户、农业产业化龙头企业、农民专业合作社等扩展。

◆ 我国推进农业信息化进程中存在哪些突出问题？

（1）农民的信息意识亟待加强。当前广大农民的信息意识较为低下，信息资源作为一种战略资源的重要性还没有被人们普遍认识。

（2）农业信息化投入不足。农业信息化建设需要投入较高，农民要拿出较多的资金进行信息化建设，特别是基础设施建设，目前还有很大的困难。

（3）组织协调力度严重不足。信息部门间相互保密，相互扯皮，缺乏统一调度和管理，信息资源的合理开发利用不足。必须要加强对信息部门的领导，促进信息机构的健康、有序发展和信息部门的协调统一，避免人、财、物的浪费。

（4）农业统计数据公布存在一定的困难。农业部门调查得到的有关数据往往与统计部门存在一定的差距，而对社会公布数据则必须要以统计部门为主。

◆ 发展农业信息化的现实意义有哪些？

（1）发展农业信息化可有效减少农户生产经营的盲目性，有效地降低市场风险。现在多数农产品供过于求，出现买方市场。在这种情况下，究竟如何发展生产，农民茫然不知所措。通过发展"合同农业"、"订单农业"，调整农业经营方式，把农产品与市场衔接起来，可大大激发农民生产积极性。

（2）发展农业信息化可进一步加快农业产业结构调整步伐。当前，部分农产品出现结构性过剩、卖难的状况。其关键就在于忽视了市场需求的变化，加快农业信息化建设则可以为农民提供市场、价格等方面的具体服务。

（3）发展农业信息化可促进农业适用技术的推广应用。未来农产品市场的竞争，不仅是生产领域的竞争，而且是加工技术领域的竞争。因此，目前农民对科技特别是适用技术的渴望比以往更加强烈，科技应用步伐明显加快。

（4）发展农业信息化是实现农业稳定增效、农民稳定增收的有效途径。发展农业信息化可将以追求农产品总量增长为主的农业发展模式转变为以提高效益为中心，以农产品的优质化和多样化来满足不断变化的市场需求。

（5）发展农业信息化有利于实现工农业的紧密结合，加快城乡经济一体化进程。把产销连接起来，使农民生产出来的农产品能够顺利地销售出去，并获得较好的经济效益。同时，可以使政府的工作更好地面向农业、面向农民，增强政府的服务意识，从而树立起良好的政府形象。

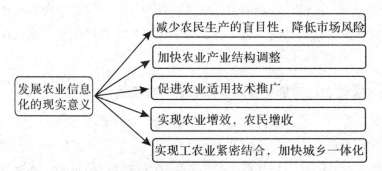

◆ 加强农业信息化建设的对策有哪些？

（1）注重研究不同主体的信息需求。随着农业农村经济的不断发展，不同主体的信息需求日益多样化。各级农业部门要加深研究，根据不同主体的需求，对信息内容进行扩充、优化，最大限度地满足个性化需求。

（2）加强信息资源采集与开发利用。信息资源建设是信息化建设的关键和基础。要在现有的基础上，进一步拓宽采集渠道，丰富信息来源；优化信息采集手段，提高信息采集的网络化水平。

（3）加快重点数据库建设。数据库建设是信息资源开发利用的重要内容。要加大力度，对各级农业部门现有数据库资源扩充完善，同时进一步加快重点数据库的建设。

（4）进一步加强信息发布工作。要按照"以公开为原则，不公开为例外"的要求，做好信息发布工作。各级农业部门要建立健全信息发布制度，使信息发布工作尽快制度化、规范化。

（5）积极倡导"智能型农业"发展模式。所谓"智能型农业"是综合运用系统理论、现代市场理论、信息技术及现代农业理论和知识而提出的一种新型的农业发展模式。这种新型农业模式以现代计算机网络信息技术为支撑，以市场的需求为目标，使农业副产品从生产到最终消费的全过程最优化，从而提高农业部门总体和综合的效率与效益。

◆ 为什么说运营商的参与让农村信息化有了新发展？

信息产业部可以组织运营商参与农村的信息化建设，一些跨国公司比如英特尔、微软都是这个时候进来的。运营商参与发展可对农业信息化有显著的推进作用，使整个农业的信息资源在农业信息网，整个农业科技的信息资源在农业科技信息网。近年来，网站的发展非常迅速，规模也在不断扩大，对于农业信息化建设有支持作用。

◆ 为什么说农村信息化要用低成本的实现模式？

中国是发展中国家，农村信息化要选择低成本的信息化模式。中国的农业信息化建设最重要的是政府搭台，企业运作，社会各方面参与，形成一种多途径运作。农业信息化要想给农民提供良好的信息服务，既要理解基层人民的需求，也要利用政府、科研院校的资源，通过和移动运营商结合的方式，对信息资源进行整合加工，实现资源和需求的良好对接。

◆ 为什么要针对专门用户纵深发展？

比如在专门为农民工的就业服务方面，对农劳动服务平台需要摸清双方的需求，需求和供给结合起来，有针对性地提供有效信息。找到人力需求所在，弄清劳动力的结构，把对农劳动服务平台打造成连通需求的桥梁，实现对接。这样既可以促进农民工的就业，更为我们国家的经济发展，在保增长、调结构、拉动内需上出份力。

◆ 我国在农业信息化发展方面给我们哪些启示？

（1）组织化、规模化是信息化发展的根本方向。在市场经济条件下，自我发展、松散经营早晚会被淘汰。只有走组织化、规模化的发展道路，以规模出效益，以效益促发展，才能提高抗风险能力，使其逐步做大做强。

（2）利益驱动是产业发展的动力。发展信息产业是为了挣钱，为了致富，通过信息网谋到利益是党和政府的心愿，更是农民的迫切愿望。因此，许多农户切切实实转变了观念，并落实到实际行动中。

（3）加强管理、优化服务是产业发展的根本保障。农业网在短短的时间里发展到现在的规模，规范化的管理和优质化的服务起到了至关重要的作用。

◆ 针对农业信息化进程的调研包括哪些内容？

（1）对用户认知度进行调查。了解农业信息网被用户认识知晓的程度和使用情况。调查要素包括广度和深度两个维度：广度是指知道网站的人数；深度则体现为其对网站的了解程度。

（2）对用户满意度进行调查。了解用户对网站功能和服务的实际感受与期望值的差异程度。调查要素包括各栏目各板块的信息量和适用性、使用的方便性、舒适性和有效性、与用户的互动性和反馈性等评价。

（3）对用户黏性度进行调查。了解用户对农业信息网的忠诚度和使用习惯。用户黏性度表示用户因网站能提供满足自己需求的服务而经常地访问。调查要素包括用户访问该网站的频次、平均访问时间、访问的具体栏目和原因。网络已经进入用户黏性的阶段，从国内外互联网的发展趋势看，增加用户黏性是决胜互联网的一大关键。

（4）对调查对象的信息资源素质进行调查。调查要素包括其信息工具和设施、运用信息工具的能力、检索信息的能力、集成信息的能力、利用信息进行自主学习的能力等。对于涉农网站，用户的信息资源素质是网站用户认知度、满意度和黏性度的关键影响因素。

根据调查结果，比照分析各省市农业信息网用户认知度、满意度和黏性度的状况以及各网站现有的功能和服务，提出对具体改善的方向、对策和具体途径的建议。

◆ 农业信息网站评价体系有什么作用？

农业网站评价是指根据一定的评价指标和评价方法对农业网站运行状况和服务质量进行评估。作为农业信息化发展和完善的重要推动力量，农业信息网站评价能够使网站得到快速发展，并且通过评价体系可以促进我国农业网站整体水平和质量的提高，可以监督和促进农业网站经营规范和完善，从而推动农业信息化的发展，加快农业现代化的进程。

评价指标的选取和设计是构建农业信息网站评价指标体系的关键。因此，在指标选取和设计时应遵循明确的全面性、科学性、实用性与针对性原则。针对农业网站建设的特点与目前我国农业网站中存在的主要问题，将农业信息网站确定为评价的总体目标，分别从信息内容、操作使用、网站设计和技术支持4个方面进行考察。

◆ 对农业信息网的信息内容从哪几个方面进行评价？

内容评价是网站评价的核心，农业信息网站涵盖的内容是否全面、实用是决定网站是否有利用价值最关键的因素。可以从下面6个方面进行考察。

（1）全面性。网站收录的农业类信息范围是否全面、广泛，涵盖哪些农业学科或主题，是否涉及相关的所有领域；农业行业所需信息资源种类是否齐全；信息资源的类型是否多样化，是原始信息还是信息线索。

（2）实用性。指信息的实际使用价值，即网站内容的选择是否符合"三农"需要，是否适合它所服务的特定用户群，有哪些适合"三农"的信息。提供的信息要有实用价值，相关技术要贴近实际，要有一定的应用价值和指导意义。

（3）准确性。信息是否正确、严格符合事实标准或真实情况；信息是由网站权威人士自己撰写还是转引自其他权威性机构、组织或个人；信息是否带广告宣传色彩；农业技术管理、操作规程是否合理、规范、适应农时；有无语法、行业专用名词术语、词语上的错误；引用内容是否有标识清楚的出处等。

（4）权威性。信息是否可靠、可信，著者可否清晰识别；作者或信息提供者在本专业领域是否具有声望或权威；信息是否被其他权威站点摘引、

链接与推荐过；信息可否核查，是否是权威机构的正式站点。

（5）特色性。该信息是否独一无二，是否符合该网站的特色，能否从其他信息源如网站 Gopher、印刷品、光盘等中获取，该资源是否是另一资源的补充。

（6）时效性。信息是否能始终保持最新状态，是否定期更新，更新周期如何。网络信息资源的特征是传播速度快、更新及时、时效性强。农业网站应该对最新会议、报告、新技术、农业市场信息以及周期性季节生产等各类动态信息进行及时报道，以增强网站的活力。

◆ 对农业信息网的操作使用从哪几个方面进行考察？

对农业信息网的操作使用主要从以下方面进行考察：

（1）检索功能。是否有站内搜索引擎，搜索方式是否多样化，能否进行分类查找，网站各部分是否能很方便地链接互通。检索方式单一还是多样，搜索工具的性能是否全面，是否具有高级检索或模糊查找功能。对浏览次数较多的热点、焦点信息是否按点击次数发布，是否既可分类浏览查找又可直接输入检索词查找。

（2）交互性。指用户对网站的参与程度。是否提供多种交互界面以便进行数据库查询，解答用户咨询、了解用户意见、建议及浏览检索情况等；是否提供入口、接受用户提问或请求；是否设有接受用户意见或评论的版块，如电子论坛等；帮助信息是否全面、易于理解；信息资源的取用方便程度如何。

（3）连通性能。浏览页面的响应速度、资源的下载速度直接影响网站的使用。链接有效性指页面链接有无空链、死链现象。无效链接会直接影响用户对网站本身的信任度。信息能否可靠地查找，是否经常有超载或脱机现象，等待或响应速度是否需要很长时间，是否可从不同站点查阅。

（4）公益性。指网站是否免费提供信息服务。虽然网上信息资源大多是免费使用的，但成本问题仍然存在，提供服务的收费与否，也会直接影响到该农业网站的受欢迎程度。

（5）安全性。如网站自身的安全性，网站中信息的安全性，对著作权人权利的保护，对用户权益的保护等。

◆ 如何对农业信息网的技术支持进行评估？

（1）后台支持。网站是否提供能够保证高效的资源更新和网站正常运行的管理后台，是否有专人维护。

（2）稳定性。稳定性是保证用户随时进行信息资源利用的关键因素，不能因为软件升级、数据库维护等因素造成网站无法登陆。资源提供是否持续稳定，网址是否经常变化，网站打开速度是否稳定，信息能否可靠地查找，网站是否提供全天候的服务。

◆ 农业信息网站的评价等级和标准是什么？

在实际评价时，对指标体系中各项指标的赋分采用四级分等、二级定标的方法，即将各指标评价结果划分为 A、B、C、D 四个等级，对 A、C 两个评价等级规定具体评价标准，A 为优，C 为中，A 级与 C 级之间为 B 级（良），C 级以下为 D 级（差）。在具体评价时评价者按 A、B、C、D 4 个等级进行赋分，使评价过程操作性强、评价结果更客观、准确。

计算时将各项指标的评价结果量化，按照 A（95 分）、B（85 分）、C（75 分）、D（45 分）等 4 个标准进行统计，即均取其中值计算平均分，赋分值乘以相应权重系数即为评价指标项目得分。将各评价指标项目得分累加，即可得出被评价网站的总得分。最后，根据总得分的分数段（90～100 分为优秀，80～89 分为良好，70～79 分为中等，69 分以下为差），确定网站的最终评价等级。

◆ 农业信息网应该满足哪些条件？

农业网站是指以农业产业为主要内容或服务对象的网站，以及主要内容或服务涉及农业产业的网站。站点至少满足以下三个条件之一：

（1）拥有独立域名和主机的站点。

（2）没有独立域名，使用虚拟主机的独立站点。

（3）没有独立域名和主机，使用虚拟目录并有独立完整的信息体系的站点。

七、我国农业信息网站的建设状况

◆ 我国农业信息网站建设存在哪些问题？

（1）网站总体规模小，分布不均衡。我国农业网站尽管基本覆盖农业和农村经济的各个方面，但占全国网站总数的比例偏小。站点主要集中在大中城市和东部经济发达地区，而且关联性较差，形成一个个网站孤岛。质量比较好的站点不多，整体上与其他行业差距明显，东西部差距明显，城乡差距明显。经济发达省份构建的农业网站数量多、规模大，经济不发达省份的网站规模小、数量少。

（2）信息重复多，实用性不强。我国的农业网站在内容建设上存在一定程度的重复。一种是由于缺乏统一规划造成的重复建设问题，许多网站都设有"政策法规"栏目，其内容一般都包括中国农业法、种子法等重复信息内容；一种是由于网络信息的易复制性，许多网站将其他农业网站的信息复制并进行发布。

（3）农业信息标准不统一，资源难以共享。我国农业信息资源分布在不同的领域和部门，由于缺乏农业信息标准和规范，各管理主体都是根据自身工作需要确定信息源、信息采集方式和表示方式。不同来源的农业信息由于缺乏规范，失去了交流和共享的基础。

（4）页面设计单调，形式不丰富。我国农业网站静态的页面多，动态的少，缺乏网外网站导航；站点板块不生动，缺乏灵性、个性和专业特色。信息规范化、标准化程度差，站点不够生动，缺乏个性和专业特色。数据库多为文本型的，涉及的领域也比较狭窄，多媒体信息和全文数据库更少，信息开放性和共享程度低，数据库的利用率没有得到充分发挥。

（5）资金投入少，盈利能力差。我国农业网站在建设之初本着"免费为农服务"的原则，着重于社会效益的取得和扩大。资金投入以扶持为主。目前，各地农业网站建设投入，尚没有正式的渠道，大都采取临时措施，从其他支农资金中筹集，不仅总量不足，而且难以得到保证。

（6）农民信息意识薄弱，网站利用率不高。农民的文化素质低，特别是专门的信息人才短缺，且研究力量较为分散，农民对信息的利用能力低，成为信息农业实施的一大障碍。

◆ 加强农业网站建设的对策有哪些？

（1）政府统筹规划，宏观领导，通过创造良好的政策环境推动其快速发展。加强宏观领导，在政府的协调下，整合农、林、水、牧业、国土、农机、农资、供销、农企、气象、科研院校以及电信通讯等多部门的资源，实现资源共享，以提高农业信息、资源的全面性、时效性、科学性及可用性。同时，发挥政府财政的主渠道作用，加大投入力度，加快建设政府主导的农业信息网络体系。

（2）开发产品，调整服务对象，正确进行网站定位。在农村，真正存在农产品买卖困难的是种养大户、涉农企业、各类农产品生产基地等。由于这类群体对信息的迫切需求，同时更由于其比普通农户更具有购买网络终端设备的经济实力，因此将种养大户、涉农企业、各类基地作为中国农业网站的重点服务对象，改"广播式"服务为特定对象的"重点"服务，可起到"以点带面"的效果：既可以提高农业网站的整体效益，又可产生大户对普遍农户的带动作用，实现农业网站在广大农村的广泛使用。

（3）提高质量，优化功能，加强网站的竞争力。农业网站必须建立科学的信息采集网络系统，强化网站的信息采集工作。为了解决国内农业网站之间信息相对孤立的问题,应以数据共享模式增大国内农业网站的信息量,并建立功能强大的在线搜索引擎,提高访问者的信息使用效率。同时,加强网站之间的合作,对网站的信息采集模式进行调整,充分保证网站信息质量。

(4)制定农业信息标准,规范农业信息,实现信息资源的交流共享。农业信息标准编制应遵循信息标准的编制原则,并优先贯彻执行国家标准,等同或等效采用国际标准和国外先进标准,研究与制定适合于我国信息农业发展的农业信息标准化准则。

(5)强化营销手段,探索现实的盈利模式。网站必须赢利才有发展空间。除了政府开办的公益性信息网站外,农业网站要强化网站营销手段,探索现实可行的赢利模式,保证网站的正常资金投入并实现良性循环发展。

(6)加快信息人才的培养,提高农民整体素质。农业信息服务队伍的建设一方面要加强农村信息队伍建设与培训,政府部门的有关领导、农业科技人员和广大农民要充分利用现有的农业信息基础设施和农业信息资源,学习和消化先进的农业信息技术,也可以通过短期培训班、专业技能培训等多种形式,提高他们的信息技术水平和应用能力;另一方面要培养和造就一批农业信息专业技术人才,要加快建立人尽其才,才尽其用的激励机制和竞争机制,通过各种优惠政策,吸引一批素质好,能力强的青年从事农业信息工作,并为他们创造良好的发展环境,培养造就一批高素质的信息专家队伍。

◆ 我国农业信息网站拥有量对访问量有什么影响?

对于我国农业信息网站发展的现状、问题和对策,学界讨论良多。确实,影响我国农业信息网站效能发挥的原因很多,如我国农民的信息资源素质差,使用信息资源的能力非常有限是主要的原因之一。但网站自身的建设也是影响访问量的重要原因。

我国农业网站的发展近年呈现数量大幅增长的态势。截至2005年9月底,我国农业网站总数已达15 964个,拥有量可谓全球之冠。然而,或者正是这个高拥有量分散了我国农业网站的访问量。在网民数量一定的情况下,农业网站数量越多,各网站的平均访问量自然越少。纵观我国农业网站,其内容板块大致相同，一般包括农业政策法规、农业新闻、农业科技、市场信息、分析预测、农村实用技术、农业气象信息、招商引资、供求信息等。

就是说，我国的农业网站在内容建设上存在一定程度地重复，这主要是因为网络信息的易复制性，许多网站往往只是将其他农业网站的信息复制到自己的网站发布。正是由于这种"复制性重复"，大多农业网站的内容与当地农业直接相关的信息比较少，对当地涉农企业和农村居民的参考价值自然是大打折扣。

◆ 我国农业信息技术发展的制约因素有哪些？

（1）思想认识上存在对农业信息技术的片面认识，过高或过低估计农业信息技术。一方面有人认为农业信息技术是高科技产品，可以不需要输入数据，不需要进行科学实验，就可以预测作物的生长情况；另一方面有人认为农业信息技术现在在生产上推广应用还太早，开展农业信息技术的研究没有必要。

（2）缺乏对农业信息技术的支持研究。

（3）信息的共享渠道不畅，包括数据的搜集、传递与利用效率较低。

（4）应用研究缺乏生机和创新，大面积推广应用的研究成果少。

◆ 我国农业信息数据库的发展现状是什么？

信息是一种特殊的资源和财富，在农业领域，信息量大、面广而分散，建立相应的数据库是开发利用信息资源的重要手段。我国农业数据库建设发展较快，目前已建数据库200多个，内容包括种质资源、家禽品种、农产品价格行情、农村经济等数据库，设有检索、查询、分析对比等功能。

◆ 我国城镇农业信息网站建设的发展战略有哪些？

发展战略主要包括四个方面：①更新思想认识；②加强支持研究；③深化技术措施；④创新推广机制。

◆ 为什么要更新思想认识？

农业信息技术是促进农业发展的一种工具和手段，它一出现就表现了强大的生命力，吸引了广大的农业科学工作者，研制了许多有价值的产品。但由于产品采用的是一种软件的形式，技术缺乏一定的透明度，对判断农业信息技术产品的科学性存在一定的困难，因此需要统一和更新人们的思想认识。

◆ 为什么要加强支持研究？

支持研究是建设农业信息技术大厦的基石。在设计一个软件以前，所研究对象的机理在一定的研究水平上都必须是相当清楚的，否则都不宜马上开始设计软件，而应该首先进行有关的支持研究。

◆ 为什么要深化技术措施？

发展农业信息库，增强数据的交流与共享，首先要制订建立农业信息数据库的制度；其次要加强农业标准化建设，建立一系列行业标准，有标准可依，这样可统一建立数据库的指标，便于各行业交流；最后要加强数据获取工具的研制，数据获取工具直接决定了数据的质量。

◆ 为什么要创新推广机制？

农业科研成果或产品价值的实现最终还是决定于能否将其转化成生产力，这在很大程度上决定于推广度（范围），推广机制是决定推广度的一个重要因素。由于农业信息技术产品与一般农用物资不同，有其独特的存在形式和更新方法，客观上要求探讨其独特的研究、发展和推广机制。

◆ 农业信息科学应遵循什么基本原则？

（1）实践性。实践是检验真理的唯一标准。农业信息技术产品定位如何，关键在于能不能在生产中发挥作用，能不能指导农业生产，解决农业生产实际问题。具有实用性是检验产品具有生命力的关键。

（2）科学性。农业信息技术产品以多门农业科学为基础，如作物生理学、作物生态学、作物栽培学、农业气象学、土壤学等，没有农业科的发展，就不可能有农业信息技术的进步。因此，农业信息技术产品的决策必须与其他学科的基础理论相一致，有一定的超前性、预测性，但必须合理。

（3）友好性。农业信息技术产品必须操作方便，容易使用和学习，结果输出直观、形象、容易理解，这是产品能否为大家接受的一个重要因素。用这些原则来客观判断农业信息技术产品，可以准确定位一个农业信息技术产品的价值，避免片面评价信息技术产品。

◆ **我国数据库的发展历程是怎样的**？

我国数据库的发展历程，可用如下图表示：

80年代早期	80年代后期	90年代早期	90年代后期	2000
早期关系型	客户、服务器方式的关系型	企业级关系型	扩展的关系型	Internet数据库
简单的SOL操作	客户、服务器方式的OLTP	数据仓库和大规模的OLTP	Web方式的应用	集中数据的应用平台　Internet商务平台

◆ **我国产品推广方式存在什么弊端**？

（1）产品受经费的限制和项目的要求，学术研究含量高，应用性相对比较欠缺。

（2）推广部门或者产品开发部门与产品用户关系不直接、不紧密，这样一来不一定能解决生产上的实际问题，导致产品的开发者与产品的使用者之间缺少交流和沟通，开发者觉得产品在生产上有多大应用、能否被用户接受不重要，完成了项目就行。在另一方面又导致用户对产品、培训缺乏兴趣，降低了推广活动质量。

◆ **在研究产品推广机制上要注意哪些方面**？

（1）研究经费上，在国家项目经费的基础上，鼓励多种形式的集资渠道，特别是面向市场开发的公司参与。

（2）在发展手段上，参考共享软件的一些原则，鼓励发展共享软件，提倡源代码共享和二次开发，这是繁荣我国农业信息技术的一个重要手段。

（3）在推广应用上，在以培训推广的基础上，采用网络技术、多媒体光盘和典型示范、直接参与应用等多种方式推广；在以科研院校推广的基础上，鼓励推广技术单位、公司企业参与。

（4）在应用类型上，在传统稻麦棉基础上，发展多种特经作物的信息技术产品；在种植业基础上，发展养殖业、加工业等多种行业信息技术产品。

◈ 为什么说信息技术是农业新技术的高度浓缩与传播载体？

我国农业的发展，最终必须依靠科技。因此，如何使科学技术在广大农业区得以迅速推广，关系到农业的长远发展。而我国目前还缺少一种合适的途径，来实现农业科技的快速传播和推广。技术传播过程分为技术需求、革新、确认、销售、应用和评价六个阶段，每个阶段都有频繁的信息交流，都有可能因为信息不畅而延缓下一阶段的到来，从而减慢技术传播进程。信息技术在这里可以发挥很大的作用，比如将一些科技成果、高产经验总结归纳形成软件，制作成光盘，推广和普及，既生动、形象，具有趣味性，保证了推广的质量，又能根据不同条件灵活运用而产生不同的决策结果。

◈ 我国农业信息网站需要实现几种功能？

（1）图文信息发布。这是农业信息网站最基本的功能，以文字和图片形式发布政策法规、生产技术、工作动态等信息，并能方便的提供信息内容的下载和打印。

（2）数据查询。首先要建立必要的数据库，如：农产品价格、政策法规、农业统计、农业专家等必要的数据库。根据数据库关键字段建立查询，使用户能方便的找到所需要的信息。

（3）在线视频。视频信息主要是一些农牧业生产技术示范、农村劳务培训课程、专家讲座、公共信息服务、公益视频广告等。也可以适当提供一些健康、有益的文艺类节目，丰富网站内容。

（4）其他功能。根据农业信息网站建设的不同需求，还可以设置网站信箱、投诉举报及网上调查等互动性栏目，增强网站服务功能，提升网站亲和力。但在开设这类互动栏目的同时，一定要根据国家有关互联网信息发布的要求，做好信息发布的审核工作。

◆ **我国农业信息网站建设中需要重视的问题有哪些**？

（1）重视信息资源开发，实现信息资源共享。
（2）重视信息员队伍建设，提高信息采编水平。
（3）重视网站制度建设，完善激励机制。

◆ **为什么要重视信息资源开发**？

在农业信息网站建设中，要充分发挥农业部门各专业人才的作用和信息资源优势，积极整合、采集、发布和开发利用信息。同时，加强与相关部门的沟通与协调，建立信息交换制度，开放信息交换接口，实现信息资源共享，扩大信息发布的数量，提升网站的点击率和影响力。

◆ **为什么要重视信息员队伍建设**？

在农业信息网站建设的同时，要在本单位和基层单位、涉农企业、农产品批发市场、种养大户和农合组织中广泛发展和培养网站信息员。这些信息员要具备一定的计算机操作能力和写作水平，能够规范地采集、传输、处理信息，也要有做好农业信息服务工作的热情，这样才能为网站的长远发展提供有力的保障。

◆ **为什么要重视网站制度建设**？

制定相关制度，落实各栏目维护的内容与责任，提高网站工作的规范性。加强绩效评估工作，建立完善的激励机制。逐步探索市场化机制，鼓励和引导社会力量共同建设，形成以政府为主导，社会各方力量积极参与的多元化农业信息网站建设格局。

◆ **怎样保证农业信息网站进村入户**？

（1）调查研究，形成"含增模式"。所谓"含增模式"，我们概括为"一线多点"，就是坚持"镇信息中心—村信息服务站—社信息服务点"这条主线，努力扩展"规模化农业发展机构、农业科技服务机构、农产品采购销售机构"等多个服务点，通过"例会制度"等组织措施将信息传到千家万户，经过推广运用，证明在当前形势下效果较好。

（2）与联通、移动等通信公司合作，开展手机短信服务。积极探索利用手机、传呼机开展信息服务的路子，每天利用手机、寻呼机向用户发布蔬菜、水果市场信息和科技信息。

（3）与通信公司合作，开展电话语音信息服务。电信部门既发展了客户，又提高了资源利用率；农业部门能较好地利用电信资源，解决农业信息的"进村入户"工作；农户也可通过信息查询，及时准确地了解和把握市场，促进经济发展，达到"优势互补、互联、互动、多赢"的效果。

◆ **怎样开展农业信息的开发应用工作**？

（1）利用网络信息，指导农业生产。特别是在农业产业结构调整方面，在解决农民"种什么"问题上应用较多。农业信息网站应认真分析市场变化，引导农民大力发展特色农产品。

（2）利用网络解决生产中遇到的问题。针对某种现象或者疾病，农业信息中心利用网络进行搜索、查询，并把预防、控制、治疗的办法和措施资料整理出来，发放到千家万户。

（3）利用农业信息网站发布和查询供求信息。实践证明：全国农产品供求信息网上联播，是当前最有效的农产品信息交流渠道。

（4）利用"网上展厅"帮扶企业搞好对外宣传、树立良好形象、拓宽销售渠道。通过发布有效信息，极大提高销售量，增加农民的收益。

◆ **我国农业信息网站建设有哪些明显的特点**？

（1）农业信息技术在其他技术序列中优先发展。

（2）信息资源在农业生产和农产品经营中的作用日益突出。

（3）农民更注重用信息指导生产和销售。

（4）信息产业的发展很大程度上促进乡镇企业的发展，并优化农业内部结构。

◆ 什么是农业信息流动的表现形式?

农业信息服务模式是信息流动的表现形式。农业信息服务模式是指农业信息服务的标准样式，合理的服务模式能够实现农业信息通过各种传播渠道从提供方到接受方的顺畅流动，能为其他地区的农业信息服务工作提供借鉴，得到当地农民认可。它是由组织模式、服务内容、传播渠道、利益分配机制和支撑保障体系等五部分通过一定的内在运作关系构成的有机统一体。选择适合当地农村发展的信息服务模式，是信息服务体系建设的第一步。

◆ 农业信息的供体有哪些?

农业信息的供体主要包括农业龙头企业和信息企业两大类，信息的受体依然是广大农民。目前，我国农业信息的商品化、市场化还处于初级阶段，农业信息市场还没有完全形成，企业与农民之间的信息交易还不能完全遵循商品价值规律，企业从事的有偿信息服务仍然具有很大的风险性。长远来看，我国农业信息服务工作的开展必须广泛引入市场机制，才能实现信息服务的可持续开展。

◆ 农业信息工作者应如何改进工作?

党和政府高度重视农业农村信息化，信息工作者深感责任重大。因此，深刻领会与落实十七大精神，应该是当前作为信息工作者义不容辞的责任。作为一名信息管理者，要以十七大报告思想为指导，进一步明确农网发展的目标和任务，改进工作方法和思路，切实将十七大精神与单位工作结合起来，爱岗敬业，率先垂范，使农网事业更上新台阶。

◆ 农业信息网络发展的良机指什么?

十七大的召开是农业信息网络发展的良机。中央各部委全力推进农村信息化建设。中央各部委在新农村建设中对农村信息化建设给予高度重视，从政策规划、项目安排、资金支持、人才培养等多个环节提供保障。

◆ **如何推动农村信息化快速发展**？

（1）政府推动农村信息化快速发展。

（2）建立部际协作联合推进机制。信息产业部拟联合国信办、农业部等相关部委，尽快出台推进和加快农业和农村信息化的相关政策措施。

（3）加强组织领导，建立健全工作机制。各村成立领导小组，并建立村与村之间协同工作机制，形成工作合力。

（4）加强统筹规划。

（5）完善政策法规。研究制定农业经费向农村倾斜的相关优惠政策，积极推动出台农业和农村信息化条例等相关法律法规。

（6）加大引导性资金投入。加快推动建立农业信息部门普遍服务基金，积极争取设立农业和农村信息化的专项基金。

（7）加强分类指导，抓好试点示范。

◆ **什么为农业信息化发展提供基础**？

基础设施建设，为农业信息化发展提供基础。农业和农村信息化建设是一个统一的整体，具体内涵将随着经济社会的发展而出现变动。基本框架主要由作用于农村经济、政治、文化、社会等领域的信息基础设施、信息资源、人才队伍、服务与应用系统，以及与之发展相适应的规则体系、运行机制等构成。

◆ **农业信息化建设的基本条件是什么**？

信息基础设施是农业和农村信息化建设的基本条件。主要包括信息网络、信息技术基本装备和信息安全设施、信息交换体系等部分。信息网络主要有计算机网络、通信网络和广播电视、报刊杂志、宣传栏等信息传播网络。信息技术基本装备主要指信息技术研发储备和推广应用所必需的设施设备。信息安全设施指为保障网络运行安全的设施设备和系统。信息交换体系指为满足各层级实时信息汇集、传递、交换与共享、服务的体系。

◆ 农业信息化建设包括哪几部分内容？

信息资源是农业和农村信息化建设的重要内容。从形态上分，涉农信息资源有初始信息和经过整理、分析的信息。从来源上分，有政务活动、商务活动、市场运行和其他社会活动信息。从内容上分，有科技、市场、政策法规、文教卫生等信息。

◆ 什么是农业信息化建设的主要支柱？

人才队伍是农业和农村信息化建设的主要支柱。要培养一支理念先进的管理队伍，推进管理方式创新，保证信息化建设的快速、有序进展。要打造一支理念先进、善于攻关的科研队伍，加强信息技术创新，提供强有力的技术支持。更要建设一支实用高效的服务队伍，加强信息服务模式创新并不断引进新的技术、新的理念，提高面向农村信息服务的适用性、有效性和科学性。

◆ 什么是农业信息化建设的出发点和落脚点？

服务与应用系统是农业和农村信息化建设的出发点和落脚点。主要包括信息服务和信息技术推广应用两个方面。信息服务必须要与农村经济、社会发展的实际相结合，与发展现代农业的要求相结合，与现有的信息化基础条件相结合，与农业产业化和农村合作经济、社团组织的需要相结合。应用系统必须做好顶层梳理和统筹规划，防止重复开发建设，讲求科学、实用，注重贴近基层、贴近农民的需求。

◆ 农业信息网站建设与发展的关键环节指什么？

规则体系是农业和农村信息化建设与发展的关键环节。规则体系是确保系统互联互通的技术基础，是工程项目规划设计、建设运行、绩效评估的管理规范，主要包括法规体系和标准体系。法规体系应涵盖涉农信息资源开发共享、网络（站）建设管理、网络运营管理、网络信息服务、网络信息技术开发应用、网络安全防护、网络投入保障等内容；标准体系主要由总体标准、应用标准、安全标准、基础设施一体化建设标准、管理服务标准等组成。

◆ 什么是农业信息网站建设的根本保障和措施？

运行机制是农业和农村信息化建设的根本保障和措施。运行机制的构建要与政府职能转变、创新政府管理服务模式紧密结合起来，形成农业和农村信息化发展与深化行政管理体制改革相互促进、共同发展的机制。要与信息化建设发展模式紧密结合起来，逐步形成以政府主导、市场及其他社会力量合力参与的多元化投入机制。要与"三农"问题的解决和走中国特色的农业现代化道路紧密结合起来，形成农业和农村信息化的可持续发展机制。

◆ 为什么说许多基层干部对农村信息化缺乏足够的认识？

目前，不少乡镇政府的微机尽管与农业信息网实现了链接，但农业信息服务并未很好地开展起来。乡镇基层部分人认为，所谓的信息化就是电脑打字、计算机上网、在互联网浏览信息，没有认识到信息服务体系建设的多样性，形成了信息服务体系建设单一化的片面认识，不利于信息的有效传递；对网络功能，也普遍只停留在利用网络进行收发信息，还没有达到利用网络信息改善经营和开拓市场的程度；有些人对网络的作用和效果有怀疑，认为网络作用不大，效果不明显。绝大多数农户也没意识到网络信息化的作用，认为有无网络信息都一个样，甚至连互联网是什么都不知道。

◈ 为什么说基层服务人员太少？

在文化素质相对较低的农村，既通晓一定的计算机知识，又具备农业技术的基层服务人员太少。农业信息化建设对专业人员素质的要求与其他信息行业有着明显的不同，它需要的是既懂农业又会熟练使用各种信息工具，特别是懂互联网信息技术的"复合型"人才。我国县、乡两级农业部门懂计算机的技术人员有一些，但既懂农业又懂计算机的"复合型"人才却很少，适应不了新时期农业信息化工作的发展需要。因此，业务人员技术素质的低下阻碍了农业信息化建设。

◈ 上网成本较高阻碍农业信息化进程的原因是什么？

上网成本较高也在一定程度上阻碍了农业信息化进程。一台电脑的费用相当于一个家庭成员一年的收入，一般农户轻易购置不起。要加快实现农业信息化，这些问题必须解决。

◈ 什么是农业信息网站发展趋势？

信息内容全面、客观、真实、收集及时有效、信息深层次开发，是农业信息化发展的必然趋势。农业信息服务不仅包括宏观政策、统计信息、技术信息，还包括微观市场信息；不仅包含国内农业信息，还负责收集和提供世界各地的农业信息。大量调查直接来自农业生产者，或者通过电话访问、实际观察等方式，部分信息来源于卫星和遥感信息系统。

◈ 什么是农村信息服务运行机制的发展趋势？

信息服务无偿和有偿多形式并存是农村信息服务运行机制发展的趋势。

在发达国家，从信息服务的主体角度来看，官方信息服务由财政支持，通常是免费的，主要提供政策（法规）、统计数据、市场动态信息等方面的内容；各类农产品的行业组织、专业技术协会的信息服务，属于其成员的自助、自我服务性质，根据各组织本身的一些特点及其运营方式，有收费和免费之分，收费的行业组织或协会一般只收取成本费，通常不以盈利为目的；农业院校和科研单位主要进行农业技术应用研究和开发，科研成果的推广、培训和信息咨询等，根据其提供内容的不同，也有收费与免费之分，如出版书籍等就是有偿的，一些基于公益性、非盈利性的国家农业信息中心网站、图书资料等就是无偿的；大部分提供信息服务的私人公司都是以盈利为目的的，他们通过一些信息媒体提供相关的信息和技术支持，通常是在生产者价格和社会平均利润的范围内收费。

◈ 为什么说 21 世纪农业发展必然依赖于信息服务？

现代化的农业建立在生物学、土壤学、病理学、遗传工程学、气象学，乃至经济学、经营学等基础之上，是研究开发型的、技术进步速度很高的产业（如战后美国的技术进步率，农业方面为年 2%，工业方面为年 1%）。十五届三中全会精神进一步强调了坚持把农业放在经济工作首位，积极发展农业产业化经营，形成生产、加工、销售有机结合和相互促进机制，推进农业向商品化、市场化、现代化转变。我国 21 世纪的农业必将成为知识密集型产业，信息服务必将成为农业发展的强大动力。

◈ 什么将成为组织生产的依据？

未来农业将随着社会发展自然信息化，信息的拥有量将成为组织生产的依据，农民将从广播、电视、报刊或互联网上获得市场信息，从而决定生产经营的品种、项目和数量。例如菜农能从手机或网络上查询到市场上各品种蔬菜的销量、价格及积压库存情况，从而合理地安排次日上市品种。粮农也能根据全国各大粮油交易市场的需求信息制定正确的经营决策。

◈ 什么将成为农村市场新的组织形式？

农户作为农村市场的主体将有新的自身组织——农民协会。其性质是民间社团，主要作用是开发和组织经营农村市场，同时能更好地搭起政府与农民之间的桥梁,下情上达,反映农民呼声。政府依托农民协会加强农村市场自我管理,协助推广农技,接收传递信息,增强农村精神文明建设。农民协会有农村市场管理、农技推广和情报服务功能。完善的农村市场和自我管理的农民协会是信息化农业的又一条件,它将成为农村市场新的组织形式。

农业信息网站发展对策有哪些?

加强农村信息化主体建设,充分发挥政府主导作用,充分发挥民间力量,特别是协会组织的推力作用。农业信息化建设要从主体建设抓起,既要充分发挥政府在农业信息化建设方面的主导作用,又要调动农业龙头企业、农产品批发市场、中介组织、农民经纪人、种养大户以及农业信息企业等民间力量的积极性,发挥其辐射及带动作用,更要通过增加农民收入、提高农民文化素质等措施,大力启动广大农民的信息需求,从源头上促进农业信息化的发展。

推进我国农业信息网站建设的关键是什么?

要推进我国农业信息化建设,关键要提高对农业信息化建设的作用和意义的认识,改变对农业信息化建设的片面认识。结合实际,制定出宣传方案。宣传内容围绕农业信息化建设对农业增效、农民增收的作用来展开,提高我国农业企业和广大农户对农业信息化建设的认识。通过宣传,使各级政府、农业企业和广大农民认识到信息化建设的重要性和有效性。

农村信息网站建设的重点是什么?

农村信息化建设要把重点放在服务内容实用、准确、可靠和主客体间的互动性上,并在此基础上优化服务模式的其他主要影响因素。

为什么把重点放在服务内容实用和主客体间的互动性上?

我国是农业大国,农民是一个庞大的群体,我国农业财政部门短期内担负不起这么庞大的财政支出,我们不能照搬发达国家大投入、高成本的做法,实际情况告诉我们必须结合农民的实际需求,以最低的成本和农民愿意接受的方式传播农业信息，目前情况下，把信息网络铺设延伸到村、农户是不现实的。所以，充分利用电视、电话、广播、报纸、农业培训等各种低成本的传播渠道将是基层农业信息服务的必由之路。

农村信息服务体系建设必须统一数据处理标准、规范和应用软件，整合信息资源。同时，提高网络资源利用率，促进多种形式的信息资源共享，满足多功能、多层次、多样化服务的需要。营造良好的农村信息化政策法制环境，实现农村信息化工作的法制化、规范化。制定和完善扶持政策，出台相关法律法规，建立和完善农业信息服务各个环节的管理制度，抑制信息垄断、信息封锁，打击坑农、骗农的虚假信息。

◈ 如何制定农村信息化人才培养规划？

制定农村信息化人才培养规划，构建农村信息化人才体系。提高农业信息部门组织开展工作的能力和自身的服务水平；帮助信息员更新观念，加强农业信息技术和计算机应用技能的培训，提高计算机、网络的应用水平，增强其对知识和信息的接受、分析能力，进而提高信息到达农户的利用率，改善信息进村的效果。加强对信息员队伍的培训，建立健全一支思想素质好、业务水平高，掌握并善于运用现代信息技术的人才队伍。

◈ 从国内经济形势角度分析，为什么说农业发展需要信息化？

从国内经济形势看，我国是在农业基础还不稳固、工业化尚处于中期阶段时拉开信息化序幕的。信息化需要大量资金投入，尤其是初始投入，靠农业自身是难以满足的。国家大规模信息基础设施建设为各个产业创造了二次开发的机会。中国农业应当紧紧抓住国家经济信息化起步的机遇，以实现历史性飞跃。

◈ 从技术的内在特征角度分析，为什么说农业发展需要信息化？

从技术的内在特征看，信息技术改变了人们对时间、空间和知识的认识。在信息技术面前，传统的比较优势如资源、人力等作用将大大削弱，这为传统意义上的弱者提供了更为广阔的空间和多种多样新的可能性。信息技术的突出特点是公共产品性和开放性，如果后来者或低起点者能够有效利用，无疑可以发挥后发优势，实现后来居上。

◆ 从信息产业的发展规律分析，为什么说农业发展需要信息化？

从信息产业的发展规律看，信息技术的进步是从技术开发延伸到信息资源开发，信息化管理也是从信息技术管理过渡到信息资源管理。信息基础设施初步建成之后，资源建设就是方向。如果能不失时机地抓好农业信息资源建设，便有希望在信息基础设施利用方面先走一步，抓住今后发展的契机。

◆ 为什么说加快并发展农业信息化势在必行？

随着经济全球化的日益加快，我国社会主义新农村建设的稳步推进，农民的腰包开始鼓了，思想开始活了，对信息的渴望强烈了。同时我国信息基础建设也取得了迅猛发展，农村固定电话普及率已达到90%以上；全国4～6亿部移动电话中一半在农村，且增长迅速；全国很多县、乡镇、村都开始接入宽带，使用互联网。种种迹象表明，农业信息化势在必行。

◆ 为什么说农业现代化是运用最新的科技成果和设备武装农业生产各个方面的过程？

农业现代化是运用最新的科技成果和设备武装农业生产各个方面的过程。信息技术是当今世界发展最快、渗透力最强、具有高科技含量的技术。因此，信息技术在农业上的普遍应用，不仅是农业现代化发展的必然趋势，而且是保证农业科学技术快速武装到农业各个领域的必然途径。农业信息化必将促使农业生产方式发生根本性转变，促进农业实用技术的全面普及和推广，促进农民文化素质的提高和科技意识的增强，促进农业科技化和产业化，从而加快农业现代化的发展。

◆ **为什么说农业生产和经营管理也要实行市场化?**

在市场经济条件下，要求农业生产和经营管理也要实行市场化，遵循市场经济规律，运用市场机制调节农业产前、产中与产后各环节，使其实现有效衔接；要求运用市场机制调节农业生产、分配与消费的动态关系，从而使农业供求关系在市场中不断获得新的平衡。而要实现这一目标，必须要有准确、及时、可靠的信息传递及信息处理作保证。

◆ **到 2012 年，我国农业信息化的目标是什么?**

到 2012 年，要实现农村"村村通电话，乡乡能上网"。采用多种接入手段，以农民普遍能够承受的价格，提高农村网络普及率。整合涉农信息资源，完善农村信息化综合信息服务体系，为农民提供市场、科技、教育、卫生保健、劳动就业等信息服务。加强信息技术在"三农"方面的应用，逐步缩小城乡"数字鸿沟"。结合农村现代远程教育工程的实施，促进教育资源共享，提高农村教育水平。

◆ **中国农业信息化现状是什么?**

中国实施智能化农业信息技术应用示范工程项目，经历了研究探索

（1990 ～ 1996）、试验示范（1996 ～ 1998）和应用推广（1998 ～ 2004）三个历史阶段，累计投入项目资金近亿元，各级地方政府和农业企业投入资金近 8 亿元。开发了 5 个 863 品牌农业专家系统开发平台，200 多个本地化、农民可直接使用的农业专家系统，建立了包括 10 万多条知识规则的知识库、3000 多万个数据的数据库、600 多个区域性的知识模型。覆盖全国 800 多个县，累计示范面积 5000 多万亩，增加产量 24 ～ 8 亿千克，新增产值 22 亿元，节约成本 6 亿元，增收节支总额 28 亿元，700 多万农户受益。

◆ 应用先进的信息采集手段来快速地获取数据的依据是什么？

中国农业信息化现状首先要求尽可能应用先进的信息采集手段来快速、实时、较低成本地获取农田作物产量、品质等差异性信息和影响作物生产的各种客观数据，从大量数据中提取有助于制定农作管理科学决策的信息，能有效地运用农业管理的科学知识分析客观信息，制定农业生产的科学管理决策。最后通过各种农作机械或人工控制等措施来达到作物生产预期的技术经济目标。

我国尚处于"精准农业"实践的起步阶段。实现精准农业，必须学习和吸收国际上已取得的比较成熟的先进技术和经验，注意选择适合中国农业信息化现状、具有较高增值效益的农业产业，围绕系统管理决策的整体优化目标，实施基于投入 / 产出效益评估的空间变量管理尺度。

◆ 国外农业信息化大致经历了哪三个发展阶段？

20 世纪 50 ～ 60 年代，主要利用计算机进行科学计算；70 年代，工作重心是农业数据和农业数据库开发；到了 80 年代以后，特别是 90 年代初以来研究重点转向知识的处理、自动控制的开发以及网络技术的应用。

◆ 我国引进"农业信息化"概念是什么时候？

我国引进"农业信息化"的概念是在 20 世纪 80 年代，国家把农业信息化有关项目的研究列入 863 计划，并开展了智能化农业信息技术应用示范工程。

八、城镇农业信息化

◆ 我国的欠发达地区，农业信息化应怎样发展？

面对欠发达地区的农业信息化问题，我们要拥抱变革，农业化、工业化、信息化给人类发展带来了重大变革。我们要勇于创新，在中国当前农村的经济社会条件之下，推动我国农村信息化，应该是一项伟大的社会事件，这个事件具有极大的开拓性，很多国际会议讨论边远地区怎么利用信息化带来发展，并没有很好地解决。中国农村信息化的成功将为人类文明发展提供借鉴。另外，我们要怀有宽容之心，允许失败，而不是指责或者刁难。具体对策有：

（1）发展本地农业，信息化一定对当地农业有好处。

（2）发展农村经济，发展当地的经济对其信息化有促进作用。

（3）促进农副产品流通。

（4）帮助农民工走出去，这在近期已见成效。

（5）发展农村信息基础设施。

（6）提高农村信息教育水平，让每个孩子接收到信息化教育，这是很重要的。

（7）开展农村干部信息化培训，如果干部对这个问题没有深刻认识，那这个事情是做不好的。

（8）切实推进农村电子政务，更好地保护农民利益、权益。

◈ 我国城镇农业信息化现状的劣势是什么？

我国农业信息化虽然取得了一定的成效，但由于农业仍是弱势产业，广大农村地区经济社会发展不平衡，农民收入水平总体较低，农业信息技术应用尚处于起步阶段，应用的深度和广度不够，在部分落后地区更是空白，广大农民对网络的应用，还处于极低的水平。我国目前的农业和农村，在计算机应用方面，仅相当于发达国家20世纪70年代中后期的水平。

◈ 影响我国城镇农业信息化发展的主要问题有哪些？

我国农业信息化已具备了一定的基础，但还存在许多问题，如资金投入不足、信息结构不合理、信息标准不统一、人才培养落后、高新技术开发不利、成果推广力度不够等。具体表示为：

（1）涉农信息网站内容实用性不强，质量有待提高。

（2）农业信息采集渠道不规范，采集方法欠科学。

（3）农村的信息服务不到位。

（4）农民的经济能力与信息意识不强影响农业信息的普及。

◈ 为什么说网站内容实用性不强？

随着我国信息产业的迅速发展，全国现有各类网站数量达6万多家，从事与农业有关的网站也已有3100多家，这些有利条件都为我国农业的网络化、信息化发展打下了良好的基础。农业网站可粗略地分为四类：政府工程类农业网站、综合类农业网站、专业性农业网站及商业运作、自负盈亏的农业网站。由于受地域、部门、专业限制，各自为政，没有系统化管理，没有形成几家信息权威网站。致使这些网站有的信息发布不及时，有的农业技术的专业性较差，提供的信息资源实用性不强，含"金"量不高。甚至有虚假、错误的信息。

◈ 为什么说采集渠道不规范影响农业信息化发展？

目前，我国采集的农业信息准确性差，权威性不强，主要是因为信息采集渠道不合理、不规范。如在数据库建设中指标设计不统一，致使国家和省级在农业信息应用系统开发上出现了重复建设和浪费现象。而很多发展市场经济急需的信息没有被纳入采集范围。另外，信息采集方法不科学、采集制度不健全、信息采集点不足等也影响了信息的准确性和代表性。

◈ 为什么说农村的信息服务不到位影响我国城镇农业信息化发展？

随着经济的不断发展，地方政府对农业信息重要性的认识不断提高，相关的职能部门也不断完善，但它们为农民提供的信息服务还没有到位。在许多乡镇政府甚至村委会，虽然都挂有"农协"、"科技学校"或"村阅览室"的牌子，但大都形同虚设，根本不能提供有效服务。直接服务于农业第一线的植保站、农技站等服务部门，人员素质低，资金实力弱，服务功能不健全，有的植保站、农技站只是销售农药的"小卖部"，根本不能为农民提供有效的农业技术咨询和服务。还有许多偏远农村，农民由于得不到科技信息的指导，"跟风跑"的意识较浓，看到今天谁的致富项目好，就拼命跟着上，一哄而上，结果造成产品积压，又被迫一哄而下，从而形成农业生产的恶性循环局面。

◈ 为什么说农民的经济能力与信息意识不强影响农业信息的普及？

在传统的计划经济体制下，农民已习惯于按政府指令安排生产和经营，农民的信息意识和利用信息的自觉性较差。入世后，开放的国际大市场强迫他们必须掌握各方面的信息，根据市场需求决定自己的生产和经营。但与城市和国外农村平均水平相比，农民收入水平不高，农民缺少必要的上网设备，如农村的电话装机率、微机装备率、计算机基本知识普及率、联网率、受大学教育人数等都很低，大多数人还缺乏足够的财力和信息意识。在这种情况下，农业信息产业的发展有待于政府的资金投入和信息消费群体整体素质的提高。

◆ 我国城镇农业生产管理信息化包含哪些内容？

农业生产管理信息化包括农田基本建设、农作物栽培管理、农作物病虫害防治、畜禽饲养管理等。目的是及时收集信息，帮助农户解决生产管理问题。

◆ 我国城镇农业经营管理信息化指的是什么？

农业经营管理信息化，是指及时准确向广大农民提供与农业经营有关的经济形势、固定资产投资、物价变动、资金流向等各种信息，指导他们的生产经营活动。

◆ 我国城镇农业科学技术信息化是怎么回事？

农业科学技术信息化，是指收集并传递与农业生产、加工等领域有关的技术进步信息，包括农业栽培技术、畜禽养殖技术、农副产品加工技术以及农业科研动态。

◆ 农村信息化发展速度缓慢的原因是什么？

（1）农民文化水平比较低。

（2）农业信息比较匮乏。

（3）电信运营商不注重农村市场。

◆ 为什么一些农民还未认识到信息化的重要性？

农民不投资信息产品的主要的原因是不会使用电脑，不会上网，也就是文化水平低。据调查，经济较发达地区 40 岁以下在农村务农或打工的农民，具有初中学历的达到 60%，具有高中学历的不到 20%。文化水平低还导致农民信息意识薄弱。农民缺乏从网络获取、利用信息的能力，对学电脑、学上网有神秘感和畏惧心理。

◆ 为什么农业信息比较匮乏？

在网络上搜索有关于农业生产生活方面的信息，结果找到的条目不少，但是具体信息重复率较高，而且很多信息没有什么实际使用价值。出现这种现象的原因主要是农业生产信息网站的建设落后，点击率太低、经济效益差导致网站建设落后；其次是信息收集困难，农村人口分散、资源共享意识薄弱导致农业网络资源不足。

◆ 为什么说运营商不注重农村市场？

现在城镇安装宽带有很多优惠政策，价格越来越低，而在农村安装宽带价格很高，一般都在每年 1000 元左右。农民并不知道这 1000 元创造的经济价值会是多少，很多人认为是奢侈、是浪费。并且，电信运营商对农村信息网络的维护也不到位。根据规定，电话线出现故障 24 小时之内必须要有维护人员到达现场。可是在农村，尤其是夏季和冬季，往往两三天都没有维修人员出现在故障现场。

◆ 农业市场流通信息化指的是什么？

农业市场流通信息化，指的是提供农业生产资料供求信息和农副产品流通、收益成本等方面的信息。

◆ 农业资源环境信息化指的是什么？

农业资源环境信息化，是指发布与农业生产经营有关的资源和环境信息。如耕地、水资源和生态环境、气象环境等信息。

◆ 农业现代化是怎么回事？

农业现代化是从传统农业向现代化农业转变的过程，是农业生产和现代科学技术发展的产物。农业现代化是我国农业发展的基本方向，因为只有不断推进农业现代化的进程，才能保证农业稳定、持续、健康的发展，提高农民收入。在农业发展新阶段的战略转型中，要把逐步推进农业现代化作为重要任务。

◆ 农业现代化主要有哪些内容？

农业现代化主要内容可用下图表示：

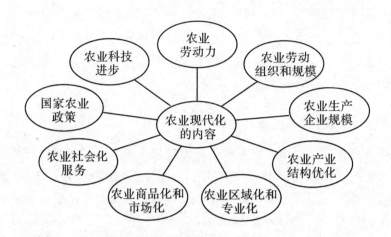

◆ 农用土地制度指的是什么?

土地作为基本的农业生产资料,既是农业的基本劳动对象也是重要的农用劳动资料。不管是土地公有还是土地私有的国家,随着人口的增加和国家工业化的实现及其进一步发展,非农用土地有增无减,结果是有的国家人均耕地日趋减少,农业生态环境恶化。面对这一严峻局面,当今世界各国均不同程度地采取了调控农场规模,加强控制和管理农用土地的政策措施,对农业土地加强管理和调控的趋势呈现出日趋增强的态势。

◆ 农业劳动力的变化趋势是什么?

与农业生产力和社会经济发展水平相适应,农业劳动力的量与质的总的变化趋势是,农业劳动力的数量从相对减少到绝对减少,劳动者素质不断提高。无论是发达国家,还是准工业化国家,无论是发达现代化国家,还是后现代化国家,其共同特点都一致地表现为农业劳动力绝对数量的下降,在劳动力就业结构中表现为比例相对下降,这种农业劳动力绝对量和相对量的下降趋势,正是农业现代化的一个重要标志。

◆ 农业劳动组织和规模是怎么回事?

农业劳动组织分为狭义农业劳动组织和广义农业劳动组织。狭义农业劳动组织指农业生产本身（产中）的、具有独立经济实体（法人）地位的劳动组织。而广义的农业劳动组织是社会性的农业劳动组织，包括农业产前、产中和产后在内的，从农用生产资料的生产到农产品的最终消费的社会全过程的农业劳动组织，这两种农业劳动组织的变化大不相同。

随着包括农业在内的社会生产力的发展，狭义农业劳动组织规模呈现出不断缩小的趋势。而广义农业劳动组织规模的变化趋势则正好相反，随着农业社会化程度不断提高，广义农业劳动组织规模迅速扩大。

◈ 农业生产企业规模指的是什么？

农业生产企业规模指农业生产中企业的生产经营规模，可以通过产量、产值和盈利等经济指标表示，也可以用拥有土地面积和其他生产资料及资产等指标来考察。

考察人类社会的农业发展过程，农业生产规模经历了从大到小再由小到大的变化过程。

从原始农业到农业机械化之前，农业生产经营规模是逐渐缩小的，即由大到小的。而随着机械化的实现，农业企业的普遍发展，农业生产经营规模又不断扩大，即经历着由小到大的过程。可见，以农业机械化前后为界，农业生产经营规模经历着由大到小和由小到大的发展过程。

◈ 农业产业结构优化包含哪些内容？

农业产业结构实质上是农业内部各行业、各品种生产的比例关系，最基本的包括两个层次上的产业结构：

（1）农业生产中农业内部种植业、林业、畜牧业和渔业产业之间的关系。

（2）各产业内部不同类型和品种等的内部生产结构间的关系。随着农业生产力和社会生
产力的发展以及在此基础上社会对各种农产品需求的变化，必然导致农业内部比例关系的相应变化。

◆ 什么是农业区域化和专业化？

农业生产区域化和专业化二者之间既有联系又有区别。

农业生产区域化是指根据该地区条件和特点，主要生产某一种或少数几种农产品以便发挥其优势和长处，从而形成各类不同区域、不同特色的农产品生产布局结构。

而农业生产专业化则通常指在农业生产过程中，农业生产活动纵向发展（发展深度），将其生产活动从原有生产过程中分离出来，分离越细、越多，说明农业专业化程度越高，这种反映农业生产过程中农业细化的过程称为农业专业化发展。农业专业化发展使某一农业经济单位专门从事一种及与之相关品种的生产经营活动。

农业生产的区域化和专业化布局，总是与农业现代化发展方向保持一致，即农业现代化水平越高，区域化程度也越高，农业专业化程度也越高。

◆ 什么是农业商品化和市场化？

农业商品化有狭义、广义和最广义之分。狭义农业商品化指农产品商品化，广义农业商品化除农产品商品化外，还包括农用生产资料的商品化，而最广义农业商品化包括农业产前、产后和相当一部分农业产中活动在内的全过程社会化服务体系的商品化，这三种商品化反映了农业商品化的历史发展过程。农业商品化提高了农业市场化程度，但农业市场的发育和扩大却不像第二和第三产业市场化发育那么齐全，发展也没有那么迅速，影响力也没有那么大，这是因为农产品市场存在着一系列先天性弱点和特点。

◆ 农业社会化服务的内涵是什么？

农业社会化服务通常是指为农业产前、产中和产后全过程、全方位的服务，如为农业发展提供生产资料、农产品运输、加工、保存和销售，以及在农业生产过程中各种社会性的产品和劳动服务活动。自手工业和商业从农业中分离出来以后，农业社会服务就开始出现了。农业机械化实现后，农业社会化服务才真正产生并迅速增长，发达国家农业社会服务的产值和就业人数均比农业生产中多得多。农业社会化服务是社会生产力和社会分工发展到一定程度的必然产物，而它的真正产生与发展，又反过来促进了农业生产及其社会化的进一步发展。

◈ 国家农业政策现代化是怎么回事？

国家农业政策的现代化也是农业现代化的重要标志之一，这表现为从索取农业逐步变为补偿、保护和扶植农业的经济政策的重大变化或根本转变。西方国家原先所谓"自由放任"、"自由竞争"的政策，实质上是让竞争能力强的工业"自由"去掠夺因先天不足而竞争力低的农业，并相应地让城市"自由"去掠夺农村。而在农业经济现代化的进程中，则转而通过国家对经济的干预和调节，不同程度地对农业加以必要的补偿、保护和扶植，以实现农业和农村经济的现代化。尽管各国在时间、措施、做法等方面有所不同，但农业经济政策转变的实质内容则是基本一致的。

◈ 农业机械化包含什么内容？

从世界范围来看，由现代技术逐步代替传统农业技术，是农业现代化最重要的基础。如果没有或很少有现代技术在农业领域的应用，就没有农业现代化。农业生产力现代化或现代农业的主流是农业机械化，农业机械化是农业生产力现代化的重要标志，主要包括：

（1）良种化。包括良种研究、筛选和推广，在其他条件未作大的改变的情况下，仅选用优良作物的种子和禽畜幼种就可大幅度提高单位产量和禽畜产品率。

（2）化学化。主要指在种植业中施用化学肥料、杀虫剂、除草剂等，在畜牧业中使用各种化学药物、催生激素等，也能大幅度提高生产率。另外还有生物工程科学技术、生态农业科学技术等。

◈ 为什么说农业生产管理呼唤信息技术？

（1）作物栽培技术是发展农业信息技术的基础。

（2）信息技术提供新的研究手段。

（3）发展市场农业和调整农业结构需要信息技术。

（4）信息技术是农业新技术的高度浓缩与传播载体。

为什么说作物栽培技术是发展农业信息技术的基础？

新中国成立以来，作物栽培技术发展较快。20 世纪 50 年代注重研究影响作物生育的各种环境因子及其变化规律、形成经验、示范和推广。60年代至 70 年代初，主要研究作物的外部形态指标，重点研究作物的株高、分蘖、叶面积等数量性状同栽培措施的关系，探讨群体的合理结构，全国出现了研究作物群体结构热。70 年代至 80 年代末，研究作物生长发育规律、指标化栽培、高产数学模型以及模式化栽培。90 年代以高产群体质量指标体系及其优化调控理论研究为主，突出质量型栽培，使研究工作的深度和广度都得到明显提高。

这些理论和技术基本明确了各种环境因子对作物生育的影响；明确了作物某些基本生理过程及其相互影响，如光合作用、呼吸作用、蒸腾作用之间的关系；定性描述了一些农艺措施，如施肥、灌溉等对作物生育的影响；制订了一系列定量或定性描述作物系统行为的指标。这些成果为建立数据库、专家系统和作物生长模型提供了重要的数据和依据。

◆ **信息技术提供新的研究手段的原因有哪些**？

农业生产系统是一个复杂的多因子系统，受气象、土壤、作物及栽培管理技术等多种因素的影响，在综合考虑这些多因子的互相作用、预测和分析作物生长趋势等方面，信息技术有其他工具不可替代的优势。数据库能储存多年、多种作物的生产和生育资料，便于查询；专家系统能模仿专家的思维，解决生产问题；作物模拟模型能快速决策农艺措施的效应和进行目前在大田无法实施的试验研究，如大气二氧化碳浓度增加对农作物生产的影响等。

◆ **发展市场农业和调整农业结构需要信息技术的依据是什么**？

在市场经济条件下，农业生产必须以市场为导向，瞄准国内外市场需求及发展趋势，灵活组织和安排农业生产，不断调整经营方向，生产适销对路的农副产品。因此，要保证决策的科学性、准确性和高效性，必须要有充分、准确、及时、可靠的信息以及信息处理技术。

合理的农业产业结构是农业现代化水平的重要标志，农业产业结构主要依据国家政策、经济发展目标、社会需求和当地资源优势加以调整，调整农民种植作物的种类，生产丰富的农产品，满足市场的各个层次的需求，从而提高农业生产的效益。作物种类的增多，迫切需要相关的栽培、加工、储藏等新技术和营销新信息，农业信息技术将推进市场农业的发展，也有助于农业结构的调整。

◈ 什么是农业信息技术？

农业信息技术是收集、存贮、传递、处理、分析和利用与农业有关的信息的技术，运用农业信息技术可建成农业信息数据库、农业生产管理系统、专家决策系统，可进行不同方式的模拟和预测。

◈ 我国城镇农业信息化发展存在哪些制约因素？

（1）思想认识上存在对农业信息技术的片面认识，过高或过低估计农业信息技术。

（2）缺乏对农业信息技术的支持研究，包括一些作物生理过程、农艺措施对作物生育的影响的定量分析，特别是一些新的调控措施如生化制剂、除草剂对作物生育的影响等。

（3）信息的共享渠道不畅，包括数据的搜集、传递与利用效率较低。

（4）应用研究缺乏生机和创新，大面积推广应用的研究成果少。

◈ 思想认识的片面性表现在哪些方面？

（1）有人认为农业信息技术是高科技产品，可以不需要输入数据，不需要进行科学实验，就可以预测作物的生长情况。

（2）有人认为农业信息技术现在在生产上推广应用还太早，开展农业信息技术的研究没有必要。

◈ 我国城镇农业信息化的发展战略是什么？

发展我国城镇的农业信息技术要根据我国的国情，吸收国外的研究成果，以科学、创新、实用为目标，着重解决好以下几个问题：①更新思想认识；②加强支持研究；③深化技术措施；④创新推广机制。

◆ 更新思想包含什么内容?

农业信息技术是研究作物生产的一种工具和手段,它一出现就表现了强大的生命力,吸引了广大的农业科学工作者,研制了许多有价值的产品,但由于产品采用的是一种软件的形式,技术缺乏一定的透明度,对判断农业信息技术产品的科学性存在一定的困难,导致现在标榜的"高新信息技术产品"随处可见,但"高"在何处?"新"在哪里?在生产中却表现不出来。

◆ 加强支持研究是怎么回事?

支持研究是建设农业信息技术大厦的基石。在设计一个软件以前,所研究对象的机理在一定的研究水平上都必须是相当清楚的,否则都不宜马上开始设计软件,而应该首先进行有关的支持研究。

◆ 深化技术措施包含什么内容?

目前,农业信息数据库、专家系统、作物生长模型和一些集成系统等技术在应用农业生产上应用比较多。

◆ 如何在农业结构调整中加强新出现的作物研究?

(1)充分利用已有的研究成果,总结、归纳和深化。我国作物生理学、作物栽培学、作物生态学等学科开展的研究比较早,积累了丰富的理论和实验资料,可根据研究的目的进一步进行挖掘,明确各因素之间的关系,满足发展信息技术的需要。

(2)充分利用国外的研究成果,适当地进行完善和补充。国外农业信息技术的支持研究比较早,研究设备比较先进,研究的成果比较多,特别是美国和荷兰等国基础研究较多,在他们研究的基础上,结合我国农业的实际情况,开展支持研究。

(3)充分利用常规作物的生理生态关系,适当地推广到其他特种作物上,加快特种作物的支持研究。因为特种作物的许多生理生态过程和农艺措施的影响与常规作物相类似,可以相互借鉴。

◆ **我国城镇农业信息数据库存在的主要问题是什么**？

（1）数据的来源不广。国内的数据信息仅仅靠一些信息部门采集，很难保证信息的量和质。

（2）数据交流不便。各部门使用数据的单位、格式、指标不统一，数据保存格式不一致。同时缺乏信息资料费标准，国家没有指导价格，靠各部门间协商，限制了数据的流通与共享。

（3）建立数据的制度不健全。一个单位可能有会计负责财务，有馆员负责档案，但很少有制度规定信息数据库应该由哪一些人负责。

◆ **我国城镇应怎样完善农业信息库的建设**？

（1）制订建立农业信息数据库的制度，每一个职工要把它同自己的业务工作结合起来，将其作为一个职工工作业务的一个年终考核指标。每一个单位可以把它同档案工作结合起来，将每一个职工的数据库归总、存档，同时纳入档案检查内容。因为每一位职工熟悉自己所从事的业务，建立的数据库比信息部门的准确性高。

（2）要加强农业标准化建设，建立一系列行业标准，使各行业有标准可查，有标准可依，这样可统一建立数据库的指标，便于各行业交流。

（3）加强数据获取工具的研制，数据获取工具直接决定了数据的质量，也是目前建立数据库的瓶颈，特别是一些简单、实用、价格便宜的工具，在我国农业上非常缺乏。

◆ 城镇农业信息技术产品推广应采用何种方式？

目前，开发我国农业信息技术产品主要还是依靠国家项目经费的资助，开发出来的产品在局部地区尝试着进行演示和推广，主要通过举办培训班、赠送软件等方式进行普及。

◆ 城镇农业信息技术产品推广方式存在哪些弊端？

（1）产品受经费的限制和项目的要求，学术研究含量高，应用性相对比较欠缺。

（2）推广部门或者产品开发部门与产品用户关系不直接、不紧密，他们完成好项目，对项目负责，可能产品在学术上有了开拓性的进展，但不一定能解决生产上的实际问题。这样导致产品的开发者与产品的使用者之间缺少交流和沟通，开发者觉得产品在生产上有多大应用、能否被用户接受不重要，完成了项目就行。在另一方面又导致用户对产品、培训缺乏兴趣，降低了推广活动质量。

◆ 为什么说加快农业信息化建设就可以消除农村与主流社会的差距？

互联网从出现到现在亦有几十年的历史了，它给我们带来了全新的世界。从1994年中国用户接入互联网，到现在也有十几年的时间。这十几年里，互联网在中国获得了奇迹般的发展，为中国社会创造了很多网络神话。然而农业，这个在中国有几千年历史的产业，由于基础设施不健全等原因还没有得到规模发展，农民也没有享受到现代化和信息化带给农业的便利。俗话说"信息通，百事通"，穷人不是穷在土地和资源上面，而是穷在信息闭塞和教育程度低下造成的劳动力素质的落后上。因此，要消除农村与主流社会的差距必须加快农业信息化建设。

◆ 怎样加快城镇农业信息化建设？

①增强全民的信息意识；②加强政府部门宏观调控。

◆ **为什么要加快农业信息化建设就要增强全民的信息意识?**

信息技术在当今世界农业中已相当普及,农民靠信息引导进入市场,组织生产;政府靠信息进行宏观调控,制定农业政策,信息技术的发展已成为实现农业现代化的必要条件。但目前,我国广大农民、基层科技人员和政府部门的有关领导信息意识仍较淡薄。使本来就稀缺的信息资源得不到利用,这对我国农业现代化的进程极为不利。因此,要通过各种手段,宣传普及农业信息知识,提高全民的信息意识和自觉利用信息、依靠信息的积极性,将稀缺的信息资源转化为现实的农业生产力。

◆ **为什么要加快农业信息化建设就要加强政府部门宏观调控?**

在市场经济条件下,市场失灵的领域一般是政府发挥作用或履行职责的领域。农业信息化建设是一项投资额较大、建设周期长、受益面广的工程。其提供的信息都具有公共物品或准公共物品的性质。这就决定了政府必须要积极参与农业信息化建设,并充分发挥支持和引导作用。

◆ **如何加强政府部门宏观调控?**

(1)加大农业信息化建设的投入力度,健全农业信息基础设施。农业信息体系建设作为一项公益性、基础性事业,它的发展离不开政府的支持,各级政府应从建设社会主义新农村的战略高度出发,深刻认识农业信息化的重要性,切实加大对农业信息化建设的投入力度。

(2)加快重点数据库建设,进一步加强信息发布工作。数据库建设是信息资源开发利用的重要内容。要加大对各级农业部门现有数据库资源扩充完善的力度。

(3)建立农业信息化人才培养机制。农业信息化建设关键在人,而农业信息化人才培养乃重中之重。

(4)健全农业信息化规划、协调机制。农业信息化要能真正实现离不开合理的规划和有效的协调机制,否则将流于形式,成为一句空话。

(5)农业信息化要因地制宜、走低成本之路。我国还有相当一部分人口没有解决温饱问题，因此农业信息化必须走低成本之路，不能照搬国外经验走发达国家大投入、高成本建设信息网络的道路。我国农村要达到国外农村网络水平，至少还需要 10 ~ 15 年时间，贫困地区恐怕会更长。

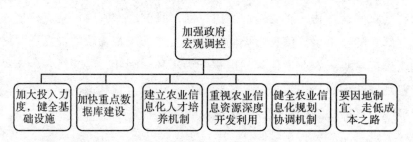

◈ 怎样加大投入力度，健全基础设施？

各级政府特别是县级以上政府应承担起农业信息化建设投资主渠道的职责，着力加强农业基础设施的信息化和农业信息资源设施建设。农业基础设施的信息化，包括农田灌溉设施、农业耕作与收获机械、农产品加工与贮藏设施、畜禽工厂化饲养设施、卫星遥感通讯设施、全球定位系统设施等。农业信息资源设施建设，包括基础信息资源的开发和信息传输网络等，其中信息资源开发利用是信息化的核心内容。要大力加强农村信息通信基础设施的建设，如铺设光缆等，以建立发达的通信网络。为了进一步提高农村的社会信息化程度，要大力普及因特网；向农村提供农业科研机构的研究开发成果等有用信息；促进电子商务的发展；向消费者提供充分的农产品信息；提高农村地区的通信便利程度；提高农业资源的管理水平等。

◈ 怎样加快重点数据库建设，进一步加强信息发布工作？

建立涉及政策法规、农村经济、宏观经济、农产品价格、世界农产品、农产品进出口、新优农牧品种等数据库，并及时更新数据库，同时进一步加快重点数据库的建设。建立的数据库要联网运行、资源共享，最大限度地发挥数据库的资源效益。按照"以公开为原则，不公开为例外"的要求，做好信息发布工作。

要建立健全信息发布制度，使信息发布工作尽快制度化、规范化。要根据本地区实际，研究制定信息发布制度，开辟发布窗口，拓宽信息发布渠道，加快信息化进程。

通过应用电子政务推动政府职能转变，增加国家引导性投入，打造信息化支撑平台，构建与时俱进的农业信息体系。结合"金农"工程、"三电合一"工程和农村信息化示范工程的实施，进一步加大农业信息发布工作力度，更好地服务亿万农民。

◈ 怎样建立农业信息化人才培养机制？

（1）充分利用大中专院校加强农业信息化专业人才培养。以集中培训、以会代训等形式加强对现有农业信息化从业人员的培训，制定实施"农村教师、农村干部、中小学生和农民工"信息技能培训计划，并在现有专业人员中培养和选拔学术带头人，吸引国外农业信息科技人才，充实农业信息化人才队伍。

（2）要切实加强农村信息员队伍建设。由于我国一些农业信息开发经营人员缺少相关的专业知识，导致农业信息产品的质量不高，服务水平低而收费高，严重挫伤了农民利用信息资源的积极性，制约了农业信息化的健康发展。

（3）要抓住社会主义新农村建设的机遇，加大培训力度，提高农村信息员的整体素质。要重点加强对农业产业化龙头企业、农民专业合作经济组织、中介组织的信息服务人员和农业生产经营大户、农村经纪人的培训。通过培训要达到会收集、会分析、会传播信息的"三会"要求。

（4）要注重提高农业信息管理人员的业务素质和工作技能，努力建设一支责任心强、素质高、知识结构合理的工作队伍。各级农业行政主管部门要结合农技推广体系、事业单位改革，加强信息管理和服务的职能机构建设，为农业信息化提供组织保障。

◈ 在加强农业信息资源开发利用方面应采取哪些措施？

（1）加强对关键技术的研究。大力推进信息自动采集与发布技术、农业信息分类与检索技术、智能多媒体技术、网络数据库技术等关键技术的开发研究，充分应用现代信息技术进行农业信息资源的深度开发和利用，尽快提高我国农业信息网站以及农业信息资源的建设水平。目前，国内的中文搜索引擎站点多数属于综合型，专业性搜索引擎寥寥无几，农业专业搜索引擎更是空白，急需加紧开发。

（2）加强政府对农业信息的搜集。可以在全国的大中农场、综合交易市场派出农业信息调查人员，从事各类专业信息调查活动，多角度搜集基础农业信息。

（3）利用信息技术开发农业。利用航空、航天手段对地面的情况进行遥感监测。将卫星观测的光谱信息进行数字转换，通过地理信息系统，可以大范围、全天候、实时采集地面信息。将从卫星上获取的数据与各年份农业的历史数据比较，经过长期的基础数据积累，建立更为精确的农业信息统计与预测系统，用于土地利用状况监测、作物测产、土壤调查和气象预报等。

（4）利用信息资源进行预测。利用农业基础信息资源，结合与农业相关的各种经济与社会因素，建立农业商品、农业经济动态、土地使用、渔业生产等各种用于农业决策服务的数学模型，为农业发展提供更为可靠的预测服务。

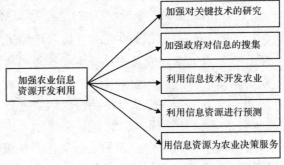

（5）利用信息资源为农业决策服务。利用丰富、全面、准确和长期积累的数据，可以定期通过各种公众媒体发布对农业各种产品的产量动态、市场动态的预测报告。当市场上出现一些与农业生产关系密切、会受到从业者广泛关注的突发因素时，信息服务机构及时利用丰富的资料数据积累，对关键问题做出专题分析报告。

◆ 怎样健全我国城镇农业信息化规划、协调机制？

（1）提高对农业信息化建设的认识，将其纳入长期发展规划，加大资金和人力投入。要设立农业信息化领导部门，统筹规划、协调指导，研究和制定具有较强统筹性、前瞻性、渗透性的农业信息化建设中长期总体规划以及阶段目标。加快制定信息采集、处理标准和信息服务规范，构建农业信息化标准体系。

（2）强化信息化建设协调机制，因地制宜地有步骤、有重点地推进农业信息化建设工作，制定公共标准、搭建公共平台，确保业务衔接，避免重复建设和资源浪费。

（3）加强农业信息化发展政策和法律建设。制定信息机构管理、信息资金投入、信息资源开发利用、人才培养教育与合作等方面的政策。加强信息产权、信息安全和信息市场等方面法律建设，从根本上解决农业信息化在人、财、物等基本条件和管理机制上存在的问题，切实保障农业信息化参与各方的权益，减少信息活动的侵权、犯罪行为和各种纠纷，为农业信息化建设和发展创造良好的外部条件。

◆ 什么是城镇农业信息化必须坚持的基本原则？

简易实用、贴近我国农村实际是必须坚持的基本原则。

◆ 如何因地制宜、走低成本之路？

（1）必须结合农民的实际需求，以最低的成本和农民愿意接受的方式传播农业信息。在现实情况下，农业信息化完全依靠信息网络铺设延伸到村、到户是不现实的。

（2）农业信息化的关键问题不在于花钱购买高级设备，而在于有没有信息化意识和具体措施，是否根据本地农村实际，使用切实可行的多种手段整合信息资源，让更多农民及时获得所需信息。

◆ 要实现五级网络服务农业应该怎么做？

①加快基础建设；②建立信息服务体系；③培植现代农企特色；④覆盖五级的服务网络。

◆ 怎样加快基础建设？

做好农村信息化基础设施建设至关重要，要做好如电视网、广播网和计算机互联网"三网合一"工程、远程教育卫星网络和"村村通"工程等等。这些工程能够解决农村"最后一公里"接入问题，实现城乡之间的信息传递互动，使城乡居民共享各种科技知识和市场信息。不仅如此，还能够有效缩小"数字鸿沟"，引导农民改变传统的生产生活方式，与城市居民共享现代社会文明的成果，促进农村市场开拓和城乡协调发展。

我国要继续推进乡村宽带网络建设，扩大互联网业务服务范围。抓好农业信息网络建设，扩大农业信息网络服务范围，逐步形成覆盖县、乡镇、村、农业龙头企业、合作经济组织、批发市场、生产经营大户的农业信息服务体系。大力实施农村中小学现代远程教育工程和"校校通"工程，进一步完善远程教育网络，建立保障农村教育信息化设施应用与维护的长效运行机制。利用农村党员远程教育网络，为农村党员干部教育、农业实用技术培训和农村文化建设服务。

◆ 建立信息服务体系的作用是什么？

建立面向各级政府和广大农民的信息服务体系。这套服务体系发挥的作用是：①能够更好地为农民提供及时有效的政策、科技、市场就业等方面的信息，帮助农民科学决策、提高生产经营水平，拓宽市场渠道，实现增产增收；②引进先进的生产技术和管理经验，增加农民收入。

◆ 什么是推进农业信息化建设的关键？

推进农业信息化建设的关键之一是培养农业和农村信息化人才。要根据农业发展的实际需求，有针对性地抓好不同层次的人员培训，突出抓好农村信息员队伍和农业信息技术应用人才队伍的培训，通过多种渠道培养信息技术高级人才和信息化复合型人才。引导鼓励涉农信息技术企业和社会培训机构开展面向农村的信息技术培训。制定吸引高层次农业和农村信息化专业人才的优惠政策，建立人才培养和激励机制。

◈ 为什么要培植现代农企特色？

在我国，目前农业生产还是以一家一户为主要经营方式，普遍存在着农业经营规模小而分散，农业生产成本高且质量难以有效控制的问题。在这种情况下，就必须利用现代信息技术手段对农业生产的全过程进行有效控制，实行标准化生产、精准化投入、科学化筛选贮藏和加工，降低农业生产成本，提高农产品质量，培植起具有特色的现代农业，提高农产品在国内与国际市场的竞争力。

◈ 怎样培植现代农企特色？

在发展现代农业方面，我们要注重对涉农企业和农业种养大户进行信息技术改造，坚持以信息化带动产业化的发展方向，培植具有特色的现代农业。农产品深加工龙头企业的发展直接关系到广大农户种养殖的规模和水平，搞好这些企业的信息化建设，将会带动广大农民学习和应用农业信息技术进行科学生产和管理。

◈ 开展建设示范工程的依据是什么？

（1）引导农户科学种植，预防农作物病虫害和传染性疾病的发生，保证农民能够生产出符合质量标准的产品，实现增产增收。

（2）农户大量的种植信息与企业的管理信息系统相连接，将有利于企业正确决策和科学管理，并使企业与农户、市场这两端连接起来，提高企业的市场竞争力。

所以，要积极引导和支持农业龙头企业的信息化，发展农业规模化经营，进而对农业信息化建设起到带动作用。

◈ 城镇大力推进农业信息化建设的原因是什么？

作为发展现代农业的一项重要内容，农业信息化建设是新时期农业和农村发展的一项重要任务。在经济全球化进程加快和科学技术迅猛发展的形势下，我国已经进入工业反哺农业、城市支持农村的历史发展新阶段。加快农业信息化建设，对于推进新阶段农业和农村经济发展，促进农业增效、农民增收和农产品竞争力增强，统筹城乡经济社会发展，实现全面建设小康社会的目标具有重要意义。

农业信息化是国民经济信息化的重要基础，也是促进农业和农村和谐发展的重要手段。大力推进农业信息化，不仅有助于加快建设现代农业，提高农业市场竞争力，也有助于解决当前城乡经济存在的"二元结构"问题。加快农业信息化建设，通过利用农村信息化工程提高农民素质，引导农民调整生产结构，打造农业生产活动中产、供、销环节良好的信息沟通平台，利于拓展农产品市场，帮助供需双方有效交流，推动城乡经济社会良性互动协调发展。

◈ 城镇农业信息化建设取得了哪些成绩？

①网络逐步延伸，服务体系日趋完善；②服务手段日益提高，服务功能不断增强；③技术推广步伐加快，服务水平进一步提高；④农民信息意识、科技意识逐步增强。

◈ 怎样下大力气推进农业信息化建设？

（1）进一步加强农业信息化建设，必须正确把握农业信息化建设的发展趋势。

（2）积极开展农村公共信息服务，推动农村综合信息服务体系的建立和完善。

（3）加强信息技术在农业、农村中的应用。

（4）积极培养农业信息服务组织和农业信息人员，同时，努力提高农民信息运用能力。

◈ 城镇农业信息化的趋势有哪些？

（1）需求复杂化趋势。不同部门、不同行业、各类企业、合作组织、农户等主体有不同的信息需求，新品种、新技术、供求、价格、预测等信息成为需求的热点。

（2）渠道多样化趋势。各地经济实力和信息化整体水平的差别，造成农业信息化推进方式各不相同，信息服务呈现出多渠道、多模式、多手段综合应用的态势。

（3）工作交织化趋势。信息技术在农业领域广泛应用，信息化渗透到农业生产、加工、流通、科研教育、技术推广、消费等各个方面，工作外延扩大、内涵更加丰富，与农业各产业结合更加紧密，工作交织推进。应该看到，农业信息化建设是一项系统工程，是一个长期任务，它既包括计算机网络化建设，又包含电视、广播、电话、报纸、杂志、图书、信息专栏等信息化建设内容；既是信息硬件建设问题又是软件建设问题。各地区各部门要高度重视，把农业信息化工作当作服务"三农"的一件大事来抓，着力建立、发展和完善农业信息体系。

◈ 如何积极开展农村公共信息服务？

在信息资源开发方面，要形成贴近农民需要的农副产品和生产资料市场信息、种养植等方面的科技信息、技能培训信息以及政策法规、气象服务、灾害预防、劳务需求、村务公开信息。

在信息传输方面，要充分利用各种公共通信网络和其他专网、适用信息技术和信息终端，将信息及时发布到农民手中。有关部门应大力支持有条件的地区建设农村信息化公共服务平台，同时，积极鼓励国内外软件供应商、设备制造商和信息服务商参与平台建设，以先进适用的信息技术手段，提升农村综合信息服务体系的技术水平和服务能力。

◈ 怎样加强信息技术在农业、农村中的应用？

要引导和鼓励电子信息企业积极研发和推广适应农村特点、方便农民使用的各类信息产品和信息系统。

积极推动计算机自动控制技术、滴灌自动化控制等信息技术在农田基本建设、农作物栽培管理、病虫害防治、畜禽饲养管理等方面的应用，发展优质高效农业，提高农业生产过程的信息化水平。

大力推进信息技术在农产品加工、包装、贮藏、运输、销售等环节中的应用，促进农村现代流通体系建设。

加强信息技术在农村文化事业领域的应用，促进农村文化生活手段的创新，推动文化信息资源的共享，用健康向上、形式多样的数字产品，满足农民群众多层次、多方面的精神文化需求。

进一步推进农村管理和社会服务信息化，积极开发农村村务管理、农村公共事件应急处理、农村劳动力转移及社会保障服务等管理软件和应用系统，为加快发展农村社会事业服务。

◆ 怎样积极培养农业信息服务组织和农业信息人员？

积极培养农业信息服务组织和农业信息人员，不断提高农业信息的质量，同时，有针对性地对农民进行培训，努力提高农民信息运用能力。加强农民信息素质培训是各级政府的重要职责，也是各级农业信息服务组织的一项首要任务。有关部门应结合当地实际，针对农民特点，开展农民信息运用能力培训工作。比如，与劳务输出相结合，收集有关农村劳动力培训、劳动力转移和就业等相关信息，有效地为农村劳动力转移提供信息服务；与农业结构调整相结合，广泛收集农产品市场价格行情和需求信息，为农户及时提供农产品价格行情和需求服务，促进农户自觉地根据市场需求进行种养植生产结构调整。

◆ 城镇农业信息化建设的时代背景是什么？

21世纪是知识和信息的时代，信息的采集与整理，生产与传输，正逐渐成为经济发展中的决定性因素。现代信息技术也正在向农业渗透，农业经济的发展，已不再是仅仅取决于传统农业资源投入的多少，而关键取决于信息技术的运用程度和信息获取与利用的程度。农业信息化是当代农业现代化的标志，它主导一个时期农业发展的方向，成为实现农业高速、健康、可持续发展的强大推动力，它对促进农民增收、农业增效，优化农村经济结构，降低农业市场交易风险，提高农产品的国际竞争力，促进农业经济的全面发展发挥着重要的作用。

◆ **城镇农业信息化建设有什么意义**？

（1）优化资源配置，提高农业经济效益。

（2）降低市场交易风险，提高农业市场流通效率。

（3）加快农业技术的传播与推广和农业科技人才的培养。

（4）提高农产品的国际竞争力。

◆ **为何城镇农业信息化建设可以优化资源配置**？

现代化的农村是市场化的农村，同时也是信息化的农村，农业信息化促进了农业科学技术及其成果的推广与普及，完善的农业信息服务体系，可为农民提供准确、及时的信息服务，用信息引导农民自觉地进行经济结构调整，从而提高农业经济效益。

在计划经济体制下，农业资源配置以上级指令为依据，对农业生产者来说，农业信息的作用不大。在农产品需求结构相对稳定，农产品以农民自我消费为主的年代，农业信息的作用亦不明显。但在比较优势战略逐渐成为我国农业发展的基本战略，国内外农产品市场已成为我国农业发展平台的大背景下，再简单地根据上期的市场价格来确定下期的生产规模的蛛网模型假设去理解农民在资源配置中的信息需求已不合适宜。

在经济全球化的背景下，不仅国内外的市场销售信息、科技信息，而且有关国内外农业政策及其变化的信息，对农业生产者优化资源配置都有着重要的作用。

◆ **为何城镇农业信息化建设可以降低市场交易风险**？

农业市场风险在很大程度上是由于农业信息不充分而引起的生产与经营的盲目性和滞后性而带来的。农民获得的信息越充分，投资与生产决策越准确，市场风险就越小。农业信息化为实现农业产前、产中和产后的有机衔接，处理好农业生产、分配与消费的动态关系，实现农业供求关系的平衡，提供了强大的物质技术基础。农业信息化在农产品市场运行和农业生产安排方面发挥着重要的作用，它可以使市场交易双方直接联系，这在很大程度上减少了流通环节，简化了交易程序，节约了交易成本。有了准确、及时的交易信息，能够减少农民生产的盲目性和滞后性，降低市场风险，提高农业市场流通效率。

◆ **加快农业技术的传播与科技人才的培养有什么意义**？

农业信息技术的优越性之一是信息的快速传播，信息技术通过网络和多媒体技术把农民急需的专业生产技术和最新的应用经验快速地传播到各地，打破了时间和空间的限制。农业经济的发展必须依靠科技，而发展和应用科技的关键是人才，通过网络发展，可以广泛、快速地传播农业技术、科普知识，更快、更好地培养农业科技人才。通过这些科技人才，进一步推广、普及农业科技和科普知识，提高农民的整体科技素质。

◆ **我国城镇发展农业信息化的现实意义是什么**？

（1）发展农业信息化可有效减少农户生产经营的盲目性，有效地降低市场风险。过去农产品供不应求，处于卖方市场，农业基本上是以产定销，农民生产什么就卖什么，生产多少就卖多少。现在多数农产品供过于求，出现买方市场。在这种情况下，究竟如何发展生产，农民茫然不知所措。即便是收成很好，却往往由于缺乏对市场的了解，导致农产品滞销。通过发展"合同农业"、"订单农业"，调整农业经营方式，把农产品与市场衔接起来，产销直挂，以销定产，大大激发农民生产积极性。农户按订单安排生产，使市场风险由农户一家承担变为订单签约双方承担，实现了小生产与大市场的有效衔接。

（2）发展农业信息化可进一步加快农业产业结构调整步伐。当前，部分农产品出现结构性过剩、难卖的状况。其关键就在于忽视了市场需求的变化。实施"订单农业"可使广大农民有目的地选择作物品种，改变结构，积极投入到改善农产品种植结构中去。而加快农业信息化建设则可以为农民提供市场、价格等方面的具体服务。

（3）发展农业信息化可促进农业适用技术的推广应用。未来农产品市场的竞争，不仅是生产领域的竞争，而且是加工技术领域的竞争。因此，目前农民对科技特别是适用技术的渴望比以往更加强烈，科技应用步伐明显加快。

（4）发展农业信息化是实现农业稳定增效、农民稳定增收的有效途径。在确保粮食安全的前提下，发展农业信息化可将以追求农产品总量增长为主的农业发展模式转变为以提高效益为中心，以农产品的优质化和多样化来满足不断变化的市场需求。

（5）发展农业信息化有利于实现工农业的紧密结合，加快城乡经济一体化进程。把产销连接起来，使农民生产出来的农产品能够顺利地销售出去，并获得较好的经济效益，订单成为联系农业和工商业的纽带，使工农商各方面共同受益，形成风险共担、利益均沾的利益共同体。同时，可以使政府的工作更好地面向农业、面向农民，增强政府的服务意识，从而树立起良好的政府形象。

◈ 发展县级农业信息化建设的对策有哪些？

（1）注重研究不同主体的信息需求。随着农业农村经济的不断发展，不同主体的信息需求日益多样化。各级农业部门要加强研究，根据不同主体的需求，对信息内容进行扩充、优化，最大限度地满足个性化需求。

（2）加强信息资源采集与开发利用。信息资源建设是信息化建设的关键和基础。

（3）加快重点数据库建设。数据库建设是信息资源开发利用的重要内容。要加大力度对农业部门现有数据库资源扩充完善，进一步加快重点数据库的建设。各级农业部门建立的数据库要联网运行、资源共享，最大限度地发挥数据库资源效益。

（4）进一步加强信息发布工作。要按照"以公开为原则，不公开为例外"的要求，做好信息发布工作。各级农业部门要建立健全信息发布制度，使信息发布工作尽快制度化、规范化。农业部要根据"经济信息发布日历"的安排，及时发布信息，各级农业部门要根据本地区实际，研究制定信息发布制度，开辟发布窗口，拓宽信息发布渠道。

（5）积极倡导"智能型农业"发展模式。

◆ 怎样加强信息资源采集与开发利用？

（1）要在现有的基础上，进一步拓宽采集渠道，丰富信息来源。

（2）优化信息采集手段，提高信息采集的网络化水平。要围绕构建和谐社会和社会主义新农村建设的需要，联合各涉农部门，重点做好涉农政策法规、农业科技、动植物疫病、农产品价格、农业资源环境、农产品农资质量监管、农垦信息以及农村劳务、文教卫生等方面的信息资源开发与利用。

（3）应加强农产品市场信息资源的开发分析工作，提高农产品监测预警水平，努力为决策提供依据。

◆ 为什么说信息化成农民增收新手段？

农业信息化是以现代科学技术为基础的现代农业的必要组成部分。农业信息化可以优化资源的配置，提高资源配置的效率，实现资源高效配置。通过农村与城市、国内与国外的互联互通，扩大农产品市场。农村富余劳动力可以根据各地的需求信息实现顺畅有序的流动，从而加速城镇化进程。

农业信息化是提高农业生产经营效益的有效措施。利用计算机网络技术，可以以最快捷、低成本的方式把农业生产技术、农业新品种信息、农业新技术信息、农业人才信息、农产品供求信息和农村经济政策等传递给农业生产者、经营者和消费者，降低农业生产的投入，提高农产品的生产数量和质量，减轻自然灾害的影响，加速农产品的流通，引导农产品的生产和消费。

九、农业信息网站的使用

◆ **农业信息网站的内容分为哪几大部分**？

①政务公开；②资讯信息；③服务社区；④公众互动；⑤在线办事。

◆ **在农业类信息网政务公开区域主要包括哪些内容**？

（1）公开指南。简要介绍农业部信息公开内容和使用方法。

（2）机构职能。农业部领导成员，农业部及其内设机构的主要职能和处室设置。

（3）人事管理农业。部机关司局级干部、部属单位主要负责人（部管干部）、中国农业科学院副院长任免，公务员录用的条例和规章。

（4）政策法规。农业及涉农法律、法规、政策性文件及重要政策文件解读。

（5）征求意见。农业农村经济发展规划、政策措施、规章草案、重大投资项目等重大决策事项出台前的意见征求。

（6）行政审批。农业行政审批的设定、调整和取消，及其办事指南、申报指南和审批结果。

（7）规划计划。农业农村经济发展战略、发展建设规划、年度计划及实施情况。

（8）项目管理。重点农业基本建设投资项目、农业财政性专项资金和其他有关农业项目的组织申报、立项、实施、监督检查及招标采购情况。

（9）农业标准。农业部发布的农业强制性标准和推荐性标准等。

（10）行政执法。执法方案、执法活动及监督抽检结果等。

（11）统计信息。农业农村经济年度综合统计信息、市场价格、行业统计信息和行业生产动态管理信息等。

（12）应急管理。农业突发重大公共事件的应急预案、预警信息及应对情况。

（13）国际交流。农业对外交流与合作相关信息等。

（14）部令公告。中华人民共和国农业部公告和中华人民共和国农业部令具体内容。

（15）行政通知。农业部各部门制定的非涉密工作通知。

（16）经济信息。农产品市场监测动态信息及市场运行情况分析报告。

（17）价格指数。农业部全国农产品批发价格指数。

（18）机关党建。农业部机关党委工作动态、重要文件和党建交流学习等信息。

（19）廉政建设。农业部纪检工作动态、经验交流、政策法规等廉政建设信息。

（20）农资监管。全国农资监管的组织结构、相关政策法规、行政通知和工作动态等。

（21）公报。农业部公报和兽医公报。

（22）政务视频。农业部领导活动、农业行政、三农人物、农经动态等视频。

（23）专业合作社。"中国农民专业合作社网"有效链接。

（24）工作动态。工作部署、重要会议、重大活动、行政通知等时效性较强的信息。

◈ 在农业类信息网资讯信息区域主要包括哪些内容？

（1）今日三农。"政务动态"以外的、所有其他媒体发布的、与我国农业、农村和农民相关的重要涉农新闻报道，属于农业部系统以外产生的信息。

（2）信息联播。报道全国各地最新农业资讯专栏，全名为"全国农业信息联播"栏目。

（3）国际动态。国际农产品市场动态和国际农业动态信息。

（4）经济评述。涉及农业社会和农村经济的相关评述。

（5）分析预测。农产品和农资市场行情。

（6）价格行情。全国各地农产品价格行情及农产品价格监测日报。

（7）农业科技。农业科技动态、实用技术、新优品种和会讯书讯资讯。

（8）劳力转移。全国各地农民工技术培训、劳动力供给需求等信息。

（9）农业信息化。重要农业信息化相关会议、活动以及全国各地农业信息技术的推广、应用经验等资讯。

（10）品牌农业。"中国品牌农业"网站有效链接。

（11）九亿信息通。"九亿网"网站有效链接。

（12）名优特产。"中华名优特产网"网站有效链接。

（13）工作规范。农业部行政审批事项工作程序、工作依据和相关说明。

◈ 农业类信息网服务社区主要包括哪些内容？

（1）农业概况。介绍中国农业自然资源、农业发展的现状概况信息。

（2）批发市场。农产品批发市场价格日报、市场动态、价格指数和分析报告。

（3）供求发布。全国各地农产品求购信息、供求信息和预供求信息。

（4）网上展厅。"中国农业网上展厅"网站有效链接。

（5）消费指南。"消费指南"网站有效链接。

（6）农技推广。"中国农技推广网"网站有效链接。

（7）乡镇企业。"中国乡镇企业信息网"网站有效链接。

（8）优质产品。"农业部优质农产品信息网"网站有效链接。

（9）产品加工。"中国国家农产品加工信息网"网站有效链接。

（10）新农村。"中国新农村建设信息网"网站有效链接。

（11）推介服务。宣传农业部表彰的新农村建设先进单位、优秀企业，突出推介合格农资产品、优质农产品。

（12）农业网站。提供农业网站查询、网站注册和站点修改等服务。

农业类信息网公众互动区域主要包括哪些内容？

（1）领导信箱。与农业部领导交流互动的平台。

（2）网上信访。向农业部纪检部门反映问题的渠道。

（3）法规意见。面向社会公众征求有关法律法规的建议和意见。

（4）网上直播。通过文字或图片向公众直播农业部重大活动、新闻发布会。

（5）在线访谈。定期与农业部门相关领导、专家就网民关心的热点问题与网民互动交谈。

（6）农业热线。公布农业部监督举报电话。

（7）视频点播。向公众提供 CCTV-7 有关视频浏览。

（8）农业部。介绍农业部领导、主要职责、机关司局、直属单位和主管社团信息及网站链接。

（9）博览会。在网络上办农业博览会，降低宣传广告的成本，增加宣传范围。

◆ 农业类信息网在线办事区域主要包括哪些内容？

（1）办事指南。农业部行政审批事项名称、项目类型、审批内容、法律依据、办事条件、办事程序、承诺时限和收费标准。

（2）办事咨询。网上行政审批办事流程图、常见问题解答和留言板。

（3）网上申请。提供农业部可以实现网上申报的项目名称，并提供有效链接。

（4）表格下载。农业部行政审批申请表格。

（5）状态查询。向申报者提供审批状态的查询功能。

（6）结果公开。公布通过审批单位名单。

（7）财政专项。农业部财政专项管理办法、专项申报通知和专项资金分配详细信息。

（8）项目管理。"中国农业建设信息网"网站有效链接。

（9）采购填报。为农业部系统工作人员提供政府采购计划网上填报系统。

（10）无公害认证。提供"中国农产品质量安全网"有效链接。

（11）信息员认证。提供农村信息服务点认定申报、农村信息员资格认证登记、管理部门认定／认证审批及审批结果查询。

◆ 在农业信息网页上，有哪些重要的链接？

（1）办事大厅。为公众提供网上申请、办事指南、表格下载、状态查询和结果公开等服务。

（2）专业网站。提供农业部各行业专业网站有效链接。

（3）全国省（区、市）农业网站。提供全国省（区、市）农业网站的有效链接。

（4）相关链接。提供中国政府网、国务院各部门和主要新闻媒体网站的有效链接。

农业信息网可办的事真是太多了。

（5）热点专栏。有关农业热点、焦点问题的专门报道。

（6）专题回顾。以往热点专题。

（7）关于我们。简要介绍些农业信息网基本情况。

（8）网站声明。农业信息网免责及权利声明。

（9）网站地图。农业信息网各频道、栏目的有效链接。

（10）访问分析。农业信息网公众访问情况统计分析。

（11）联系我们。农业信息网的通讯地址、电话联系方式和电子邮箱。

（12）网站帮助。介绍农业信息网各频道、栏目的主要内容。

◈ 如何记住"中国农业信息网"的网址？

"中国农业信息网"的网址是：http：∥www.ny3721.com。ny是"农业"拼音字母的缩写。

◈ 如何记住地方政府农业信息网的网址？

如"浙江农业信息网"的网址是www.zjagri.gov.cn。zjagri解析：zj是"浙江"拼音字母的简称；agri是英文字母"agriculture（农业）"的前四个字母；gov解析：gov是英文字母"government（政府）"的前三个字母，是中国政府网站的统一域名。因此，地方政府农业信息网的网址是www.省份拼音字母的简称+agri.gov.cn。

◈ 地方政府农业信息网的主要功能有哪些？

地方政府农业信息网是各省农业厅面向全省农民、农村和农业企事业单位的窗口，它以准确、快速、及时为宗旨，以服务于基层、服务于农民为己任，是提供农业经济信息的窗口，架设农民致富的桥梁。主要功能包括：

（1）信息发布功能。提供政务信息发布服务，提供省厅办事服务和信息发布服务。

（2）办事服务功能。将省厅的所有办事服务事项，按照服务对象进行分类，提供相关信息浏览、查询服务和网上办事服务。

（3）资料下载功能。在网上提供多种类型的办事相关资料下载，方便企业和个人办事。

◈ 浏览网页时怎样调整字号的大小？

IE5.0/6.0中，可以在菜单中选"查看（View）"中的"文字大小（TextFonts）"来选定需要的字体大小。Netscape4.5X：在菜单中选"View"中的"CharacterSet"，然后选"SimplifiedChineseGB2312"。

◈ 网站内容显示不全的原因是什么？

这是由于如下两个原因：

（1）浏览器版本问题。网站发布内容最适合的是 IE6.0。如果计算机系统所使用的浏览器系统的版本低于 6.0，建议下载安装 IE6.0 系统，安装完成后即可正常显示。

（2）浏览器拦截保护设置问题。如果系统中安装了网页拦截保护系统，需要在拦截保护功能中关闭拦截 Flash 广告功能。

◈ 网页为什么打不开？

（1）如果通过局域网上网时，由于局域网通往外部的出口带宽限制，连接网站时发生超时错误都会发生连接不上的问题。

（2）如果通过电话线拨号上网，由于连接带宽的原因，会发生连接不上的问题。

一旦遇到这种问题不要奇怪，有时您只需刷新就行，有时需要换个时间再上。

◈ 看网页遇到乱码怎么办？

在浏览网页时如出现乱码，可用如下办法解决：

IE5.X/6.X：在菜单中选"查看（View）"中的"编码（Encoding）"，然后选"简体中文（SimplifiedChinese）GB2312"。Netscape4.5X：在菜单中选"View"中的"CharacterSet"，然后选"SimplifiedChineseGB2312"。

◈ 什么是"网站地图"？

点击页面下方的"网站地图"按钮进入。网站是我们整个站点的一个脉络结构。在这里您可以了解我们整个站点的内容框架，快速找出想要的内容，并直接点击访问。

◈ 如何使电脑获得最佳效果？

建议使用以下配置：

（1）电脑类型：pentium733+ 内存 64M 以上。

（2）操作系统：MicrosoftWindows2000orXP 简体中文版。

（3）屏幕分辨率：1024*768。

（4）颜色数：增强色（16位）。

（5）浏览器版本：MicrosoftInternetExplorer5.0 以上。

◆ 如何浏览地区农业信息网？

在浏览器中输入域名，www.shzny.gov.cn，www.shzny.cn，www.shz12582.com，www.shzny.com 中的其中一个，敲击回车键，即可访问地区农业信息网。中间是地区的简称。

◆ 如何查看具体文章内容？

一般农业信息网首页是各个栏目文章标题的聚合。当鼠标移动到活动链接上时会呈现小手图标，点击左键即可查看相关标题的文章内容。

◆ 如何查看一个栏目中更多的文章？

在首页上有栏目链接，在内容聚合上有更多按钮链接，点击它们即可查看栏目的更多文章。

◆ 如何快速找到自己感兴趣的文章或求职用工信息、供求信息？

可以用两种方法：

①在相关栏目列表页中寻找相关信息；②使用本站的搜索功能。

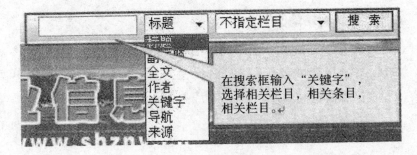

◆ 如何查看发布求购与供应信息？

在首页查看求购与供应信息（如下图）。

供应信息 求购信息		发布供应信息 >> 发布求购信息 >>		
产品名称	供应数量	有效期	产地	发布时间
小麦、大麦、玉米				2009-8-4
蕃茄皮				2009-8-3
打瓜子	200亩	三个月		2009-7-24
时风农用车		个月		2009-7-24
日本红蜜南瓜		个月	石河子下野地134团	2009-6-30
退耕还林地		一个月	精河	2009-6-20

点击可打开"农产品供应"信息页面。
点击可打开"农产品求购"信息页面。
点击可打开相关产品信息页面。

◆ 如何在农业信息网上发布个人求职信息？

在首页点击"发布求职信息"按钮，进入（如下图）发布求职信息页面。填写相关信息，提交即可。

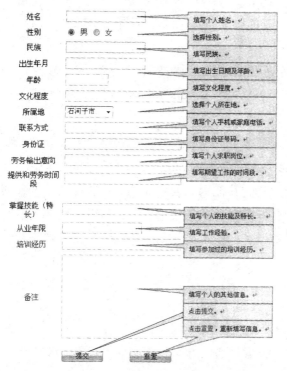

姓名		填写个人姓名。
性别	◉男 ◎女	选择性别。
民族		填写民族。
出生年月		填写出生日期及年龄。
年龄		
文化程度		填写文化程度。
所属地	石河子市	选择个人所在地。
联系方式		填写个人手机或家庭电话。
身份证		填写身份证号码。
劳务输出意向		填写个人求职岗位。
提供和劳务时间段		填写期望工作的时间段。
掌握技能（特长）		填写个人的技能及特长。
从业年限		填写工作经验。
培训经历		填写参加过的培训经历。
备注		填写个人的其他信息。

点击提交。
点击重置，重新填写信息。

提交　重置

维护网站安全应该遵守哪些规则？

使用网站时，为了保证资料安全及使用方便，请尽量遵守以下规则：

（1）尽量避免在公共场合（如网吧等）上网登陆办事系统。

（2）不管您在任何场合上网登陆办事系统，离开时一定要点击〔退出登陆〕。有些网站系统没有退出的相应选项，那么这样的系统是不安全的。

◆ 农业信息网域名是什么结构？

现代农业信息网使用的最高域名为"221.gov.cn"、"221.org.cn"。各会员单位根据单位性质分别使用二级域名，各区县政府子平台使用格式为"XXX.221.gov.cn"的二级域名，行业协会和企业单位二级域名使用格式为"XXX.221.org.cn"。

◆ 农业信息网域名命名原则是什么？

（1）"221.gov.cn"、"221.org.cn"域名采用数字、拼音全称（或者缩写）命名，以保持域名的清晰性和简洁性。域名由字母（A～Z，a～z，大小写等价）、数字（0～9）和连接符（—）组成，各级域名之间用实点（.）连接，域名长度为2～12个字符。为了增加域名的可识别性，若单位名中含地区名，则其中的地区名缩写由每个汉字的拼音字母的第一个字符组成。

（2）各区县子平台使用格式为"XXX.221.gov.cn"的二级域名（XXX长度为个2～12个字符），由市农委直接分配"地区全拼域名"及"地区简称域名"。

（3）非政府会员单位使用本单位汉语拼音头一个字母组合代码构成的二级域名，格式为"XXX.221.org.cn"（XXX长度为个2～12个字符）。

（4）未经有关部门的正式批准，不得使用含有"CHINA"、"CHINESE"、"CHN"、"CN"、"NATIONAL"、"beijing"、"bj"、"EDU"等字样的域名；不得使用公众知晓的其他国家或者地区名称、外国地名、国际组织名称；不得使用行业名称或者商品的通用名称；不得使用他人已在中国注册过的企业名称或者商标名称；不得使用对国家、社会或者公共利益有损害的名称。

◆ 什么叫做农通网？

农通网是为企业提供在网上做生意、结商友的诚信平台，在发布产品数量、商铺界面、诚信指数、搜索排名等方面与普通会员有质的区别。

◈ 农民缺失市场信息表现在哪些方面？

（1）供求的量度不能够把握。

（2）相关的优惠政策，农民不能够及时掌握。

（3）国家的行业标准和市场准入规定，农民不能够很快了解和及时办理。

◈ 利用网络帮助农民致富有什么建议？

（1）适合自己的项目。俗话说"隔行如隔山"，因此应尽量选择与自己的专业、经验、兴趣、特长能挂得上钩的项目，这样就会事半功倍。

（2）看准所选项目或产品的市场前景。对于创业者来说，要多考察当地市场，确定所发展项目要有直观的利润。有些产品需求很大，但成本高，利润低，忙了一阵子只赚个吆喝钱的大有人在，这点要注意。

（3）从实际出发，忌贪大求全。瞄准某个项目时，最好适量介入，以较少的投资来了解认识市场，等到自认为有把握时再大量投入，放手一搏，这样才有大的效益。

（4）尽量选择潜力较大的项目来发展。选择项目不要人云亦云，尽挑一些目前最流行、最赚钱的行业，没有经过任何评估就一味发展，要知道，那些行业往往市场已饱和，就算还有一些空间，利润也不如早期大。

（5）周密考察和科学取舍。

◈ 怎样做到周密考察和科学取舍？

（1）看信息发布者的实力和信誉，自然少不了向当地工商管理部门了解情况。

（2）看项目成熟度，有无设备，服务情况如何，能不能马上生产上市等。

（3）看目前此项目的实际实施者在全国有多少，目前经营情况如何等，知己知"细"，百战百胜。

◈ 农民利用网络致富过程中切忌什么？

在项目实施过程中：①不可先交钱后办事，不要拿着自己的辛苦钱，仅凭一纸合同或协议，就轻易付给对方；②不可轻信对方的许诺，在签订合同时就应留一手，以防止对方有意违约给自己带来损失；③不可求富心切，专门挑选轻而易举能赚大钱的项目去干，因为越具有诱惑力的项目，往往风险也越大，如若不注意就会造成巨大的经济损失。

◆ 我国常用的农业信息网有哪些？

（1）中国农业信息网。www.ny3721.com

（2）农博网。www.aweb.com

（3）365农业网。www.ag365.com

（4）中国种植技术网。www.zz.ag365.com

（5）中国农业网。www.zgny.com

（6）金农网。www.jinnong.cn

（7）中国农业商务网。www.sw.ag365.com

（8）中国蔬菜网。www.vegnet.com.cn

（9）中国农业搜索。www.soso.com

（10）中国饲料工业信息网。www.chinafeed.org.cn

（11）中国养殖技术网。www.yute888.com

◆ 综合类农业网站有哪些？

（1）中国农业技术网。

（2）中华名优土特产网。

（3）中国农业网。

（4）365农业资讯网。

◆ 政府类农业网站有哪些？

（1）人民乡镇在线。

（2）中国农业科学院网。

（3）中国农技推广网。

（4）国家粮食局网。

◆ 院校农业网站突出的有哪几个？

（1）中国农业大学网。

（2）湖南农业大学网。

（3）山东农业大学网。

（4）丹东市农业学院网。

（5）江西农业大学网。

（6）四川农业大学网。

（7）华中农业大学网。

（8）新疆农业职学院网。

（9）莱阳农学院网。

（10）河北农业大学网。

（11）安徽农业大学网。

（12）华南热带农学院网。

◆ 农业媒体网站有哪些？

（1）农民日报官方网站。

（2）中国农资市场官方网站。

（3）中国花卉网。

（4）中国绿色时报官方网站。

◆ 商务类农业网站有哪些？

（1）365 农业商城网。

（2）CCTV-7《农广天地》官方网站。

（3）中国农产品深加工网。

（4）中国农业商务网。

◆ 畜牧类网站有哪些？

（1）养殖商务网。

（2）养殖网 – 中国。

（3）中国养殖网。

（4）中国牧业网。

◆ 如果想了解养猪的信息，上哪些网站？

（1）中国养猪信息网。

（2）猪病专业网。

（3）养猪巴巴。

（4）中国规模化养猪服务网。

◆ 如果您想了解养禽的信息，上哪些网站？

（1）中国禽苗网。

（2）中国家禽业信息网。

◆ 兽医相关网站有哪些？

（1）中国禽病网。

（2）中国兽药 114 网。

（3）中国兽药信息网。

（4）兽医中国网。

◆ 有关水产养殖有什么网站？

（1）中国水产网。

（2）中国水产门户网。

（3）中国龙虾网站。

◆ 想了解饲料相关信息，可以上哪些网站？

（1）中国饲料在线。

（2）中国饲料原料信息。

（3）畜产饲料信息网。

（4）中华农牧企业网。

◆ 我国主要的农药网站有几个？

（1）中国农药信息网。

（2）中国复合肥网。

（3）中国农资网。

（4）中国农药网。

（5）山东省农药网。

（6）中国植物保护网。

（7）河南省农药网。

（8）蔬菜植保信息网。

（9）广西植物保护网。

（10）国际植保学网。

（11）北美农药行业网。

（12）植保信息交流网。

◆ 化肥相关网站有什么？

（1）中华化肥网。

（2）中国化肥信息网。

（3）中国化肥资讯网。

（4）中国国际化肥网。

（5）中华化肥农业网。

（6）河南万庄化肥网。

（7）无锡远东化肥网。

（8）江西贵溪化肥网。

（9）广西鹿寨化肥网。

（10）淄博新宇化肥网。

（11）兰州市化肥网。

◆ 蔬菜有关网站有哪些？

（1）365蔬菜网。

（2）国际大蒜贸易网。

（3）中国洋葱网。

（4）中国蔬菜种子商城。

◆ 园林有关网站有哪些？

（1）中国园林网。

（2）园林在线。

（3）中国园林花木网。

（4）中华园林网。

◆ 在哪些网站可以了解花卉相关资讯？

（1）365花卉网。

（2）中国兰花网。

（3）中国兰花交易网。

（4）花之苑。

◆ 在哪些网站可以了解粮油有关信息？

（1）中国粮油商务网。

（2）中国花生网。

（3）康师傅食城。

（4）中国食用油信息网。

◆ 若想了解农业机械相关信息，可以登录哪些网站？

（1）中国农牧机械网。

（2）中国农机互联网。

（3）中国农业机械网。

（4）中国农机总网。

（5）黑龙江省农机网。

（6）农业装备网。

（7）中国农机科技网。

（8）德州农机网。

（9）沧州农机网。

（10）宁夏农机网。

（11）济南农机网。

农业人才类网站有什么？

（1）中国农业人才网。

（2）绿色英才网。

（3）中国畜牧兽医专业。

（4）万行农业人才网。

（5）中国农业网。

（6）中国饲料人。

（7）中国农药人。

（8）中国农业人。

（9）湖北农村人。

（10）中国食品人。

有关农业作物知识的网站主要有哪几个？

（1）中国玉米市场网。

（2）中国食用菌网。

（3）中国棉花信息网。

（4）中国棉花网。

我国农业种子网站有哪些？

（1）中国种子网。

（2）新疆种子管理总站网站。

（3）中国种业信息网。

（4）中国种业商务网。

（5）中国北方兴农网。

（6）中国种业互联网。

（7）中国蔬菜种子网。

（8）北京种业信息网。

◆ **中国农业权威网站有哪些?**

（1）农博网。

（2）中国农业信息网。

（3）金农网。

（4）农产品加工网。

（5）中国养殖网。

（6）中国农业网（北京）。

（7）中国农业网址大全。

（8）中国水产养殖网。

（9）中国农业大学网。

（10）中国园林商情网。

（11）中国饲料行业信息网。

（12）中国农业搜索。

（13）中国三农供求信息网。

（14）中国饲料工业信息网。

（15）中国园林网。

（16）中国蔬菜市场网。

（17）中华农牧企业网。

（18）中国农业科技信息网。

（19）中国农资网。

（20）养殖商务网。

（21）中国林业网。

（22）全球农业网。

（23）农民日报网。

（24）中华名优土特产网。

（25）新农网。

参 考 文 献

1. 徐鹏民，王海，吕光杰，等.农业网络传播.北京：中国传媒大学出版社，2006.

2. 田胜立.网络传播学.北京：科学出版社，2001.

3. 赵志立.从大众传播到网络传播——21世纪的网络传媒.成都：四川大学出版社，2001.

4. 匡文波.网络传播学概论（第2版）.北京：高等教育出版社，2004.

5. 王忠义.网络传播原理与实践.北京：中国科学技术大学出版社，2001.

6. 雷跃捷，辛欣.网络新闻传播概论.北京：北京广播学院出版社，2001.

7. 彭兰.网络传播概论.北京：中国人民大学出版社，2001.

8. 赵晓春.农业传播学.北京：中国传媒大学出版社，2005.

9. 赵苹.农业信息化.北京：经济科学出版社，2000.

10. 孟广军.信息资源管理导论.北京：科学出版社，1998.

11. 常昌富.大众传播学：影响研究范式.北京：中国社会科学出版社，2000.

12. 马丁.数字化经济.北京：中国建材工业出版社，1999.

13. 廖卫民 . 互联网媒体与网络新闻业务 . 北京：中央编译出版社，2001.

14. 郭良 . 网络创世纪 . 北京：中国人民大学出版社，1998.

15. 陈卫星 . 网络传播与社会发展 . 北京：北京广播学院出版社，2001.

16. 屠忠俊，吴延俊 . 网络新闻传播导论 . 武汉：华中科技大学出版社，2002.

17. 怀特 . 广播电视新闻报道 . 北京：新华出版社，2000.

18. 许志龙 . 中国网络问题报告 . 北京：兵器工业出版社，2000.

19. 闵大洪 . 传播科技纵横 . 北京：警官教育出版社，2005.

20. 严峰 . 生活在网络中 . 北京：中国人民大学出版社，2003.